BIM经典译丛

绿色 BIM

BIM经典译丛

绿色 BIM

采用建筑信息模型的可持续设计成功实践

［美］埃迪·克雷盖尔　布拉德利·尼斯　著

高兴华　译

中国建筑工业出版社

著作权合同登记图字：01–2014–0168 号

图书在版编目（CIP）数据

绿色 BIM/（美）埃迪 · 克雷盖尔，（美）布拉德利 · 尼斯著；高兴华译．—北京：中国建筑工业出版社，2016.8
（BIM 经典译丛）
ISBN 978–7–112–19584–8

Ⅰ．①绿…　Ⅱ．①埃…②布…③高…　Ⅲ．①建筑设计－计算机辅助设计－应用软件　Ⅳ．① TU201.4

中国版本图书馆 CIP 数据核字（2016）第 159606 号

Green BIM：Successful Sustainable Design with Building Information Modeling / Eddy Krygiel，Bradley Nies，Foreword by Steve McDowell，ISBN-13 9780470239605

丛书策划
修　龙　毛志兵　张志宏
咸大庆　董苏华　何玮珂

责任编辑：董苏华　何玮珂/责任校对：王宇枢　张　颖

BIM 经典译丛
绿色 BIM
采用建筑信息模型的可持续设计成功实践
[美]　埃迪 · 克雷盖尔　著
　　　布拉德利 · 尼斯
　　　高兴华　译
*
中国建筑工业出版社出版、发行（北京西郊百万庄）
各地新华书店、建筑书店经销
北京嘉泰利德公司制版
北京鹏润伟业印刷有限公司印刷
*
开本：787 × 1092 毫米　1/16　印张：$13^1/_2$　字数：302 千字
2016 年 7 月第一版　2016 年 7 月第一次印刷
定价：**58.00** 元
ISBN 978–7–112–19584–8
（29050）

感谢我的家人，尤其是 Laura、Payton 和 AJ，感谢他们的支持和热忱。同样的，没有 BNIM 建筑师事务所同事们分享的宝贵经验，就不会有这本书。

——布拉德利·尼斯（Bradley Nies）

献给 Angiela，与她在一起，为了她，一切皆有可能。

——埃迪·克雷盖尔（Eddy Krygiel）

致　谢

和建筑一样，本书不是某个人能够完成的。许多人聚在一起贡献各自的专长才创造了呈现在您面前的这本书，我们写作团队能有幸把名字写在封面上。但本书得以出版，仰仗于许多其他人的努力工作。

我们先要感谢 BNIM 建筑师事务所的同事们，他们很愿意让我们进行这次尝试，并且慷慨地给予我们帮助。这里要特别感谢 Steve McDowell（美国建筑师学会资深会员）。感谢他带领我们公司进行设计和创新，并为本书写序。

我们还要向艺术家和摄影家们表达感谢，是他们的作品让本书充满活力。特别感谢 Farshid Assassi，Lyndall Blake，Filo Castore（美国建筑师学会会员），Jean D. Dodd，Paul Hester，Timothy Hursley，David W. Orr，Richard Payne（美国建筑师学会资深会员），Mike Sherman，以及 Mike Sinclair。

非常感谢来自 Sybex 出版社团队的大力支持。真的，他们不断地鞭策我们用标准英语，写完整的句子，并且在漫长的一天要结束的时候开始写作。没人能比他们做得更好。

特别要感谢我们的开发编辑 Jennifer Leland，希望这个项目结束后她还喜欢我们。感谢 Scott Sven 的技术支持，以及 Rachel McConlogue 在语法方面对我们的帮助。同样感谢 Pete Gaughan。最后但并非最不重要，衷心感谢 Willem Knibbe，没有他一直以来的支持，慷慨的赞美和不断的鞭策，所有这些都不会……好吧，他们不让我把剩下的写完。

作者简介

埃迪·克雷盖尔（Eddy Krygiel）拥有10年以上执业经验，现就职于BNIM建筑师事务所，任项目建筑师。作为一个全面的专业建筑师，他的经验包括建筑设计、施工图设计以及施工管理等多个方面。此外，埃迪熟悉实践中先进的整合技术，包括最新的软件系统。从而保证他的项目有最好的表现。

作为项目建筑师，埃迪负责在初步设计的基础上发展施工细节，指导施工图设计、施工技术要求的撰写以及施工管理。他参与项目的全过程，尤其是施工图设计和施工管理。

埃迪在BNIM建筑师事务所负责实施BIM,并且为其他计划实施BIM的公司提供咨询服务。在过去的3年中，他在堪萨斯城地区为建筑师和建筑专业的学生培训Revit，并且在全美国教授建筑工程产业的BIM应用。他已和他人合著多个关于BIM和可持续性的论文和书籍。

埃迪在BNIM有代表性的项目包括国内收入署堪萨斯城服务中心（Internal Revenue Service Kansas City Service Center）、布洛克税务服务中心（the H&R Block Service Center）、Townhomes艺术剧院（Art House Townhomes）、Freight House公寓（Freight House Flats），以及Shook Hardy & Bacon法律事务所办公楼（Shook Hardy & Bacon law offices）等。在其他公司，他曾参与怀特曼空军基地和贝尼迪克坦学院的大型住宅项目。

布拉德利·尼斯（Bradley Nies）（美国建筑师学会会员，LEED 认证专家）是 BNIM 建筑师事务所可持续设计咨询部的构件主管（Director of Elements），堪萨斯大学建筑学学士。

布拉德利拥有 13 年从业经验，曾参与获美国绿色建筑委员会 LEED 认证银奖、金奖和白金奖的多个项目。他曾任 Heifer 国际总部项目的可持续设计顾问。该项目位于阿肯色州小岩城，获 LEED 白金认证并赢得了 2007 年美国建筑师学会十大绿色建筑奖，以及 2008 年美国建筑师学会学院荣誉奖。布拉德利还曾经带领团队开发了 Implement——西雅图的在线可持续建筑工具。

2005 年，布拉德利创立了基于堪萨斯城的建筑废物管理志愿者论坛。此论坛后来进一步发展为网站 RecycleSpot.org。布拉德利曾任两届美国建筑师学会堪萨斯城委员会环保主席。如今正值他就任美国绿色建筑委员会大堪萨斯城地区分会委员的第二年。布拉德利曾多次在中西部地区设计和施工会议上演讲，并且是堪萨斯大学建筑学院的年度客座讲师。

目录

序

伟大的金字塔因为其展现出的设计、工程知识、制造能力和精确程度成为壮美的奇迹。而金字塔的建造者拥有令人难以置信的技艺。他们想象、构思并实现层叠的石堆结构，使今日设计和施工的成就显得没那么了不起。仅采用基本的工具和奴隶的劳动，石材被处理成型并一个个堆叠起来。这是个缓慢的过程，而每一层巨石又作为上一层的脚手架。施工过程中，工人们克服重力，吊起每块巨石并将它们放置在预先确定的位置上。最终，每块巨石都静置在那并承受着上面的重量，一层一层直至地下的沙土。

关于到底这些复杂的结构是怎样完成的仍然有许多未解之谜。设计思想是怎样写到文档上并在成千上万的工人中传达的呢？就吉萨金字塔而言，利用了什么样的工具才能保证金字塔的四个边长仅彼此相差不到 58mm？究竟采用了什么方法组织管理几十年中，成千上万的工人对数百万的石材进行的以现在的眼光来看仍然是很高精度水平的制造和安装？

金字塔的建筑形式简约而且美丽。这些结构作为其设计和建造者不朽的作品而显得更加壮美。每座金字塔都是一个重力作用的三维的图解，每块巨石都被粘结在确切的位置以与自然相平衡。我们永远不会知道建造者是真的懂得设计的科学，还是仅仅因为可用工具的限制才选择了这种建筑形式。

Eero Saarinen 懂得自然的力量。距金字塔的时代许多世纪以后，他与同事、工程师、数学家和建造者合作，实现了与重力的平衡，从而将他赢得大奖的设计带入现实。从密西西比河岸升起的是托马斯 · 杰斐逊愿景的丰碑。正如人们熟知的，圣路易斯拱门作为一个倒转的悬重曲线，在无剪力、纯压力的作用下屹立至今。实现这样的建筑需要在设计和施工的各个方面进行创新。

他的团队在设计中采用数学公式来确定建筑形式，截面设计，以及整体建筑尺寸。高碳钢和混凝土被结合起来以创造一个建筑形式、结构、耐久性、美学和可施工性的平衡。为了提供新的用途和舒适性，新型电梯和其他建筑系统被发明出来。施工过程中需要依靠未建成的结构承受工人、工具和材料的重量，直到将曲线两肢连接起来的关键部分安装好，而设计中即考虑了施工的需要。曲线两肢从地面相距 630 英尺的地方开始升起，到距离地面 630 英尺的空中对接，这需要极高的精度。要实现顺利对接，大于 1/64 英寸的误差都是不允许的。最后的部分只能在自然的帮助下滑入位置。能使两肢确切就位的，唯一足够强大的力量是太阳。

1965年10月28日早晨，日光照射在拱门的两肢上，将缺口扩宽到足够大，使最关键的部分能够被准确地插入，从而完成拱门。

金字塔和圣路易斯拱门都是设计和施工大规模创新突破的成果。我们的时代需要相似规模的进步，使我们认清自己对于整体的，激发灵感的设计的需要。我们正面临建筑业前所未有的急速发展。在未来的20年中，我们将创造比今天多一倍的建筑空间。创新是地球上维持生命的基础。我们正处在一个关键点上，而正确的创新必须成为未来环境的一部分。

我们能问对问题，大自然就能给出答案。与很久以前金字塔的建设者，以及之后的Eero Saarinen一样，本书的作者正在向自然询问。埃迪·克雷盖尔（Eddy Krygiel）和布拉德利·尼斯（Bradley Nies）正在利用建筑信息模型工具以及整合设计思想的力量，实践新的设计和建造方法，并取得了意义深远的成果。他们的工作是在BNIM建筑师事务所完成的。BNIM在可持续设计领域有着很长的历史。在BNIM工作的经历中，他们发现了许多关于设计和建造流程的新问题。这些问题包括可持续性、设计、施工流程效率、施工质量、制造方法、设计和建造者的角色和责任、人体健康和舒适、耐久性以及我们行业的未来等。

通过对这些问题的回答，克雷盖尔和尼斯为我们公司贡献了领导力，带领设计团队采用新的设计和施工方法。同时采用BIM与绿色设计原理，在团队不断提升的过程中，我们的项目和研究经历了设计最早阶段的分析建模。通过设计建模评估用户舒适度，帮助客户、设计师和建造者理解空间和体验的质量。在全过程中研究采光和能耗。在对建筑和场地建模和设计的过程中，水资源的使用和废物排放被减少甚至消除。制造和施工流程在设计过程中作为关键的问题被考虑。建筑垃圾被识别并再利用，作为其他产品或用途的资源。

圣路易斯拱门作为托马斯·杰斐逊愿景壮美而且有力的地标，它也提醒我们要不断提升自己设计和施工水平。它能与自然的万有引力相平衡，但同时也非常依赖资源，需要以污染、排放废物、全球变暖和资源消耗等形式向自然索取。到了该向前迈进的时候了。

克雷盖尔和尼斯的主张将会引领我们创造出更美丽的、更绿色的、可再生的建筑，并实现三重底线的效果——对所有人有益，对环境有益，对客户和社区的经济负责。作为可持续设计和建筑信息模型在设计和施工中应用方面长期的领军人物，克雷盖尔和尼斯整合了二者的原则和益处，以实现创新高效的成果。

当今，协同化设计和施工团队正怀着新的抱负创造更好的建筑，成就了新的设计和施工的方法。凭借这些方法创造的建筑会努力实现与自然的平衡。它们收集能量，获取并净化需要的水资源，高效率地利用资源，并最大限度地展现建筑之美。“生态建筑”这个术语与这种设计和施工方法相关。这些可持续建筑依靠的是创新和协同设计团队。他们得益于科学的流程，以理解并建模与自然和建筑住户当前需要相平衡的高性能成果。设计者和建造者采用BIM和其他设计和施工工具，在最大化美感、效率和功能的同时，将对环境的影响减到最小或直接将其消除，从而实现这些成果。本书介绍的工具和设计方法使这些成为可能——以推动即将到来的全球建筑业的急速发展。

Steve McDowell

BNIM 建筑事务所总裁

导　言

> 建筑学中最危险的事情莫过于将整体问题割裂成一个个独立的问题进行处理。如果我们把生命切割成一个个单独的问题，我们就切断了创造美好建筑艺术的可能性。
>
> ——阿尔瓦·阿尔托

感谢您阅读《绿色 BIM：采用建筑信息模型的可持续设计成功实践》。本书介绍了当今建筑工程领域正在蓬勃发展的两个运动：可持续设计和建筑信息模型。

任何一个项目，无论是建筑项目还是出书项目，或者任何一个您想有好结果的项目，都意味着大量的工作。我们不会撒谎。即便如此，它也意味着很多快乐，而且我们很享受设计师与合作伙伴协同工作将项目实现的过程。更重要的是，驱使我们完成这本书的动力是帮助整个行业弄清该如何借助 BIM 软件和经过验证的设计方法，更好地应对我们对地球气候不断加深的影响。

在本书中，当我们考虑可持续设计的策略时，有必要了解一些关于这类策略如何与 BIM 结合的重要概念。相对于建筑学和可持续性来讲，BIM 还是一门新技术。所以很多用来评测可持续设计策略效果的工具，无论新旧，在 BIM 模型里都不能直接使用；因此，需要向其他应用程序中导出数据，或从其他数据库导入数据。

分析采用的工具包括比较复杂的如 IES（VE）这种需要几个月时间才能掌握的建筑耗能和日照整体分析软件，也有常用软件，例如微软的 Excel。某些情况下，团队可能需要从外部资源输入信息，例如天气数据库或者材料属性数据库。随着行业对文件格式的不断标准化，数据集的开发，以及业主、客户和设计师们对应用程序开发者更高的要求，BIM 与可持续设计更好且更无缝的整合会逐步实现。

在书中，我们已经努力避免推荐某个绿色建筑评估体系或应用软件。本书的目的在于介绍最好的可持续设计的实践，并展示如何运用 BIM 来实现最佳的可持续解决方案。然而，对市场上现有的每个应用软件或评估体系都精通是不现实的，所以很有必要提醒大家，我们的实践中所比较的是一些适用于我们工作流程的软件程序。同时也很有必要指出，我们很多客户都推崇美国绿色建筑委员会（USGBC）的“能源与环境设计领袖”（LEED）绿色建筑评级系统。

本书中有很多软件的截屏。我们的实践中，在 BIM 方面，我们使用 Autodesk's Revit Architecture（http：//www.autodesk.com/Revit）。至于用来辅助我们的设计形成可持续解决方案的应用程序，我们采用一系列不同层次、不同阶段的设计软件，例如：

- IES<VE>（http：//www.iesve.com）
- Ecotect（http：//www.ecotect.com）
- Green Building Studio（http：//www.greenbuildingstudio.com）
- eQUEST（http：//www.doe2.com/equest/）
- EnergyPlus（http：//www.energyplus.gov）
- Daysim（http：//www.daysim.com）
- Radiance（http：//radsite.lbl.gov/radiance/index.html）
- Climate Consultant（http：//newton.aud.ucla.edu/energy-design-tools/）
- WUFI-ORNL/IBP（http：//web.ornl.gov/sci/btc/apps/moisture/）

最后但绝不是不重要的：

- Microsoft Excel（http：//www.microsoft.com/office）

是的，我们知道这看上去是个范围很广的列表，但是仍有更多可供选择的软件还未列出。然而，在本书中，我们会讨论如何将列表中的一些工具流程化地利用起来，并且寻找到解决问题最佳的方法，以帮助您处理在进行更可持续设计的过程中即将面对的各种问题。

当您在阅读本书的过程中，请牢记我们是尽量为所有人写的。我们行业中的一些人已经对可持续设计和 BIM 有了足够的认识。还有一些人对 BIM 有很深的了解，但是对可持续设计知之甚少。同样也有同行觉得他们有必要对两者都再学习学习。在本书中，我们尽量照顾到所有群体。

在第 1 章，我们以对可持续设计和 BIM 的综述开始，讨论了建筑工程行业是如何走到今天这个重大抉择关头的，以及为什么我们需要采用新的手段和方法解决遗留下来的问题。这些问题是很长一段时间以来逐渐形成的，例如大型团队信息管理的流程问题，劳动分工专门化，及其如何对效率产生负面影响等。其他问题围绕着可持续性展开，例如气候变化、材料全球化、人类健康和生产效率等。因为实施可持续设计或 BIM 都是公司文化、设计和交付方法的重大改变，所以我们对最佳实践方法的讨论包括工作流程，整合项目团队，并提供一个可持续设计的执行顺序。

在后续章节，本书继续讨论可持续设计的核心概念以及我们对其关键问题的更深层次的理解，涉及建筑围护结构、系统、材料和朝向。通过加入水资源及能源利用相关内容，我们完成了对建筑需求、影响以及与自然环境共存的机会的探讨，既从宏观上（全球范围）又从微观上（局部范围）。

最终，我们将 BIM 技术与可持续设计相结合，讨论了如何利用 BIM 模型中存储的信息更好地指导建筑设计，以及如何与项目团队共享 BIM 带来的好处。

全书以我们对未来简要的设想和展望为结尾。希望它们能够凭借 BIM 给可持续设计带来的价值而尽早实现。

我们希望您喜欢《绿色 BIM》，能够利用我们的知识和经验帮助您的实践，并且在我们向更可持续的未来前进的同时，与他人分享您的创新。

祝大家一切顺利，

埃迪·克雷盖尔（Eddy Krygiel）

布拉德利·尼斯（Bradley Nies）

第 1 章

"绿色"介绍

最好的预测未来的方法是去创造未来。

——艾伦·凯

本章将介绍建筑专业术语"绿色"和"可持续"的含义，并解释它们为何成为建筑业乃至全球文化的一个重要的话题。

可持续性

本书作者们职业生涯开始的时候，正是美国建筑师学会会员、BNIM 建筑事务所的主要创始人 Bob Berkebile 认为是他职业生涯期间建筑业开始发生重大转变的时期。这一年是 1995 年，建筑师们开始使用"绿色"或"环保的"这样的术语去描述他们的项目和做项目的方法。各专业间交流沟通、合作的经验以及市场转型不仅使建筑学专业人士，也让涉及建筑环境的设计、施工以及运营的其他专业人士对"绿色"的含义有了更深的理解。今天，我们以"可持续性"的角度思考这个问题。

可持续设计简史

可持续思想的实践由来已久。如果我们观察那些基于北美本土文化的建筑，可以发现它们为适应当地的气候和地区特点，在结构选材和布局上展现了高超的技术。举个例子说，位于格陵兰岛的极北之地（Thule），由加拿大北极中部居民建造的冰屋，就地取材，以创建蓄热体的方式建造，并具有良好的抗风性。另一个例子是印第安帐篷，由当地的天然植物和动物原材料制成。帐篷质轻，容易运输，方便再次使用，并被设计得能够利用自然对流来进行供暖和散热。西南部的普埃布洛印第安人（也就是人们常说的阿那萨吉人）利用天然形成的悬崖和洞穴，加上当地土制材料制成的结构（图 1.1），作为一部分第一批农业文明的发源地。他们对太阳和岩石构造的了解足以使他们能够利用被动太阳能技术来进行散热、供暖和采光。

图 1.1 Mesa Verde 国家公园的绝壁宫殿（图片来自 Jean D. Dodd）

随着时间的推移，人类文明逐渐发展到了静态，而建筑则被赋予了不同的意义。文明结构和休闲娱乐的需求赋予了建筑文化和政治意义。人类不再仅以生存为目的建造建筑。手艺精湛的工匠们建造的那些鼓舞人心的、优雅的、能够造福多代人的建筑正是这个过渡时期的一些例子。如梵蒂冈的圣彼得大教堂，莫斯科的圣巴西尔大教堂，以及西班牙格兰纳达的阿尔罕布拉宫，都历经了数百年的岁月并依然屹立至今（图 1.2）。

图 1.2 圣彼得大教堂，梵蒂冈（图片来自 Brad Nies）

随着工业革命的到来，标准化的建筑构件可批量生产，并且比过去的熟练工人所生产的更加高效优质。工业革命的目的就是节约人力的同时为人类社会创造更多物质财富。预加工和标准部件的时代由此开始。在这样的工业模式下，人们很少重视自然资源的真正成本。绝大多数自然资源被认为是丰富的、无限的、廉价的东西。

图 1.3 温赖特大厦，世界上最早的摩天楼之一，1891 年（图片来自 Brad Nies）

到了 20 世纪初，人类开始精通预制构件，从全球各地运输原料。在这个阶段，建筑仍然被设计成长方形并采用可开关的高窗来进行自然采光和通风。然而，电灯、电梯以及其他机械系统技术的发明在未来几十年内快速改变了我们的建筑环境（图 1.3）。

随着暖通空调系统等相关技术的蓬勃发展，建筑行业从以气候、文化以及地理环境为依据进行设计的模式，转变为在所有情况下都遵循统一标准的模式。我们的建筑环境依赖于先进的技术标准。这些标准的绝大部分已经写入建筑规范，进而关联到建筑产品认证中。绝大多数建筑采用人工照明、供暖和制冷，并且我们的建筑原料来自全世界各地。从 20 世纪中期开始到现在，人类，尤其是北美洲人，在完全不考虑当地气候的情况下，不断地在各个气候带建造建筑。

我们认为，直到 20 世纪 60 年代，人们才开始意识到人类对自然环境的影响，尽管确切的起因仍然不清楚。当时一个关键的里程碑是 1962 年 Rachel Carson 的畅销书《寂静的春天》——该书于 1987 被 Brad 的高中化学老师列为必读书。另一个里程碑事件即 1964 年《荒野保护法案》的通过。

《寂静的春天》讲述的是毒药、杀虫剂、除草剂以及其他同类产品造成的广泛的生态退化，是关注此类问题的第一本书。

《荒野保护法案》建立了史上第一个国家级荒野保护系统。而且，依据美国内政部所提供的数据，该法案将美国大约 900 万英亩的荒地以标明保护区的方式保护起来。

这股热潮在 20 世纪 70 年代依然持续着，越来越多的人意识到人类对自然环境产生的直接影响。有两件 70 年代的事件至今还在影响着我们，即"世界地球日"和"美国环境保护署（EPA）"。

1970 年的春天，一位来自威斯康星州的参议员 Gaylord Nelson 提出举行一场关于环境的专题讨论会，即"世界地球日"。据估计，截至 1970 年 4 月 22 日这天，已有超过两千万的美国人参与了这年的示威游行。而今，"世界地球日"由非营利组织"地球日网络"统一协调并在 175 个国家举行。"地球日网络"声明"世界地球日"已成为"世界上最大的非宗教节日，每年有超过 5 亿人庆祝"。

"美国环境保护署"（EPA）也是在 1970 年由当时的总统尼克松建立。该机构一直致力于"保护公民健康和环境"。

同样，也是在 20 世纪 70 年代，一部分设计专业人士和建筑住户开始了解到，标准化设计和施工的做法已然严重偏离了最初对自然法则的遵循。此次短暂的绿色建筑活动的起因是原油短缺以及当时的政治和环境运动。因此这部分的运动主要针对节约能源。然而，到 70 年代中期，石油禁运、阿以冲突以及越南战争结束后，人们又回归到无视生态的状态。此状态一直持续到 20 世纪 90 年代初。

这种状态只持续了十年多，然后发生的一些重大环境事件，警告了我们需要纠正自己的行为。人们也重新陷入了对环境的思考。这些负面的事件是"纽约爱河废物污染事件"、"油轮阿莫科·卡迪兹溢油事故"、"三英里岛核泄漏事故"、"英美对南极臭氧层空洞的发现"，以及"埃克森·瓦尔迪兹号溢油事故"。而在 20 世纪 80 年代末发生了一件积极的事件，即采用《蒙特利尔协定》——一项国际公约，规定逐步淘汰可导致臭氧空洞的物质的生产。

可持续设计的最近趋势

那么，最近这些关于绿色设计和施工的讨论又是从何时开始的呢？我们认为其始于 20 世纪 90 年代美国建筑师学会（AIA）环境委员会（COTE）的成立以及美国绿色建筑委员会（USGBC）的成立。

在 20 世纪 70 年代的绿色建筑运动期间，美国建筑师学会成立了能源委员会。根据该学会的历史文件，为了提高能源利用率，该委员会成员曾起草文件，帮助美国建筑师学会游说美国国会，并与政府机构共同合作。但不幸的是，因为能源价格越来越低廉，委员会的一番努力付之东流。1989 年，在密苏里州圣路易斯举行的美国建筑师大会上，该委员会的领导们继续努力，将能源和环境问题作为设计的一项重要议题在大会上讨论。美国建筑师学会堪萨斯城分会主席 Kirk Gastinger，以及候补主席 Bob Berkebile，提出了"拯救危险地球计划（CPR）"。此计划倡议协会资助相关研究，并编制出一份资源指南以帮助建筑师及其客户更负责地执行建筑项目。在国家对 CPR 计划的支持以及美国环境保护署 100 万美元拨款的共同推动下，美国建筑师学会 / 环境委员会（AIA/COTE）于 1990 年的建筑师学会大会上成立。

美国建筑师学会/环境委员会（AIA/COTE）

在与行业合作伙伴、各类团体、非营利性组织以及政府机构关于可持续设计的不断讨论中，AIA/COTE 一直是一个重要的参与者。AIA/COTE 为整个行业的共同进步做出两项关键成果。第一项是 AIA/COTE 初期的首要任务，即从 1992 年到 1998 年，编制并颁布了《环境资源指南（ERG）》。第二项成果是 1997 年发动的 AIA/COTE 十佳绿色工程计划，该计划至今仍在执行。

《环境资源指南》最初由美国环境保护署资助，并由 AIA/COTE 的早期成员和由非建筑专业合作伙伴组成的环境科学顾问组（SAGE）共同完成。打造《环境资源指南》旨在为建筑师及其他从业人员提供一份参考数据，来比较不同的建筑材料、产品和系统带给环境的影响。该指南以精简的方法完成，并为建筑材料从最初的提取到生产到最后报废处理或重新使用的整个过程对环境产生的影响设置了统一的衡量标准。《环境资源指南》论证了以下可持续设计的基础理念。

- 关于解决方案的讨论一定是跨学科的。
- 应当共享最新的知识（即使是在发展中的）以获得更广泛的观点和理解。
- 每一个人都能为更好的认知作出贡献。

AIA/COTE 十佳绿色工程计划（网址：http：//www. aiatopten. org/）旨在分享成功建筑案例的整体理念，便于他人借鉴。自项目之初，美国能源部和美国环境保护署均给予了支持。当前，EPA 能源之星计划、美国能源部以及绿色建筑公司（Building Green Inc.）均为该计划的奖项提供赞助（图 1.4）。

图 1.4 得克萨斯大学护理学院 2006 年 AIA/COTE 十佳绿色工程获奖者（图片来自 Richard Payne, FAIA）

但凡由持美国执照的建筑师设计并在特定日期前完工的项目均可参与该计划。项目团队可在网上提交电子版的项目介绍，并提交一份打印的报告。项目根据AIA/COTE的十项“可持续设计和性能度量标准”进行评估。

- 设计和创新
- 针对区域/社区的设计
- 土地利用和场地生态
- 生物气候学设计
- 采光和通风
- 水循环
- 能量流和能源未来
- 材料和施工
- 使用期限，动配合
- 集体智慧和反馈环

由跨学科专家组成的评委会审查项目组提供的定性和定量信息后，为其中十个项目颁发十佳奖项，来表彰当年的最佳绿色建筑。AIA的数据显示，该奖项的申请数量在逐年增加。第一年只有大约15个项目参与。1998—2004年，数量仅仅从20增长到45左右。到了2005年和2006年，报奖项目数量徘徊在60—65之间，而到了2007年，项目数量一下子猛增到了100。

美国绿色建筑委员会（USGBC）

美国绿色建筑委员会（网址：http：//www.usgbc.com）是于1993年成立的非营利性组织，致力于探索和改进可持续设计的实践。AIA/COTE指导委员会的几位元老成员也参与了USGBC最初的指导工作。但USGBC与AIA/COTE相比有一个显著区别，即该委员会不单是基于任何一个职业，它包括建筑行业中各专业的从业者。USGBC的主要成果是LEED（Leadership in Energy and Environmental Design）的绿色建筑评估体系，对此我们将在本章的“绿色建筑评级体系”一节中进行更深入的介绍。

由于USGBC为绿色建筑的测量评估制定了标准，它也奠定了自己作为公认的绿色商标的地位，成为制造商、建筑设计师、承包商及业主争相角逐的第三方认证——证明其所执行的方案、提供的材料或生产的产品符合绿色建筑标准。与《环境资源指南》（ERG）相似，LEED也培训了建筑施工行业人士、业主和设计师，同时也让消费者意识到更高品质并且更环保的建筑的存在。LEED项目和USGBC成员数量的快速增长也用事实证明了这一点。USGBC一份2007年的报告显示，他们目前有12400个成员组织或企业，是5年前数量的4倍。这些公司的员工们加入了超过72个地方分会组织，而参与“绿色建筑”国家级会议的人数也超过了2万人。USGBC称，2007年共有超过30亿平方英尺的建筑参与了LEED计划（图1.5）。

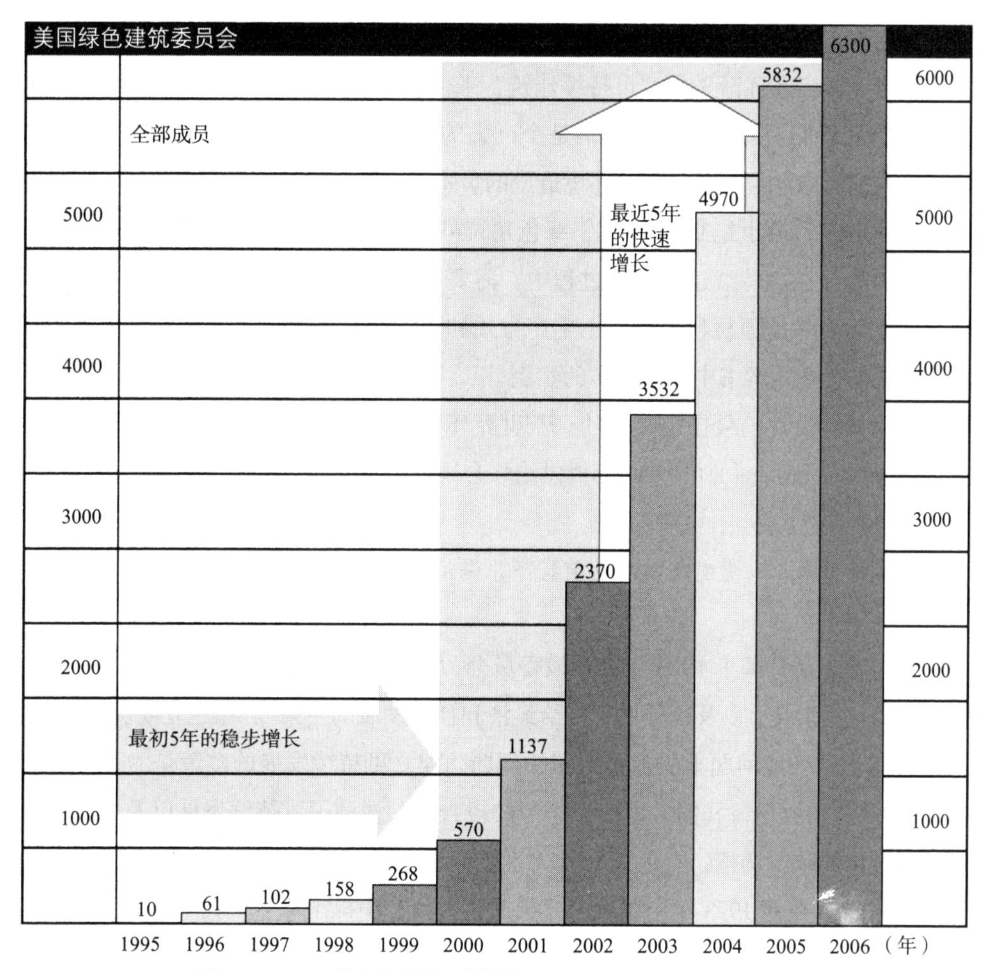

图 1.5 USGBC 的会员增长（资料来自：USGBC, Greenbuild 2006）

美国建筑师学会环境委员会（AIA/COTE），美国绿色建筑委员会（USGBC）以及其他团体已经定义了绿色建筑是什么，并仍在孜孜不倦地引导着整个行业。不幸的是，绿色建筑的定义仍然存在广泛的争议，甚至存在于在我们为日常使用而创立的体系中。绿色建筑就是可持续的吗？如果一个建筑没有达到完全的可持续性，那它还是绿色建筑吗？随着我们认知的不断深入，我们的问题也随之而来。

定义可持续设计

在继续讨论前，我们应该明确“绿色”和“可持续”的含义。您认为什么是“绿色”？当然，您所理解的含义必然与您周围的人略有不同。事实上，这个术语最近这几年才进入到行业外的大众视野中。在 2005 年，如果您告诉别人您在设计一个绿色建筑，您需要接着解释您指的是环保的“绿色”，而非颜色绿色。简单来说，这就是此术语一直以来的使用方法—— 一个绿色建筑与过去三十年内建成的建筑相比，它对自然环境造成的影响最小。不过，直到最近我们才能够量化该影响。

如今，行业内已经逐渐采用“可持续建筑”来代替“绿色”。这使得可持续设计的定义更为复杂了。但从我们对建筑的思考来讲是个巨大的进步。可持续建筑设计比绿色设计更好，因为比起单纯地考虑建筑建成对自然环境造成的负担，可持续设计需要考虑更大范围的影响。

举个例子来说，20 世纪 90 年代初，绿色建筑可能包含一些在一定程度上能够被循环使用的原材料。而如今在可持续建筑设计过程中，需要考虑该材料的整个生命周期。设计师、承包商以及业主需要考虑原材料的产地、生产方式和流程、耐久度、再用性，以及是否可再回收利用等。我们会在这本书中提及更多的实例。

那么，可持续设计的最佳定义是什么？世界环境与发展委员会，也被称为布伦特兰委员会（Brundtland Commission），在 1987 年提供给联合国的报告中，提供了可持续发展的最佳定义：

在不损害未来人类发展需要的前提下，满足当代人需要的发展。

此报告中称，联合国于 1983 年成立该委员会，为了解决日益严重的问题——“人类环境和自然资源的加速恶化，以及这种恶化带给经济和社会发展的后果”。在建立委员会的过程中，联合国大会意识到环境问题本质上是全球的问题，建立可持续发展的政策是为了所有国家的利益。在 1987 年的这份《我们共同的未来》的报告里，谈到了可持续发展以及为实现可持续发展所需要做出的政策调整。

John Elkington 在他 1998 年出版的书《餐叉食人族》中提出了一个关于可持续发展定义的更为深刻的认知。他描述了一个叫作“三重底线”的计算方法。在这种计算方法中，除了经济表现外，各方需要考虑他们的环境表现和社会表现（图 1.6）。这三个领域，分别代表了人类、地球以及繁荣，俗称可持续性凳子的三条腿。我们相信达到这三个领域的最佳平衡的决策即为可持续发展的解决方案。

在对可持续性有了更广义的思考和理解后，建筑行业仍在探索其更深层次的意义。现今业界使用的术语仍不严格，“绿色”和“可持续”可以互换使用。根据已制定的可持续设计的标准原则，一些有领先意识的思考者已经检验了一些设计，并指出绿色设计和可持续设计间的不同。2000—2010 年间有两个文献论述了这些差异。

一份文献是 2002 年的《建筑的可持续性》，由 BNIM 建筑事务所与 Keen 工程公司，Oppenheim Lewis 公司，Hawley Peterson & Snyder 建筑事务所，以及 the Packard Foundation 物业管理委员会的密切合作下共同完成。文献免费下载地址：http：//www.bnim.com/fmi/xsl/research/packard/index.xsl。这份文献分为两个部分，包括《可持续性报告》和《可持续性矩阵》，描述了 David 和 Lucile Packard Foundation 公司的洛斯阿尔托斯（Los Altos，美国加利福尼亚州）项目在早期设计阶段的一项实践的过程和结果。

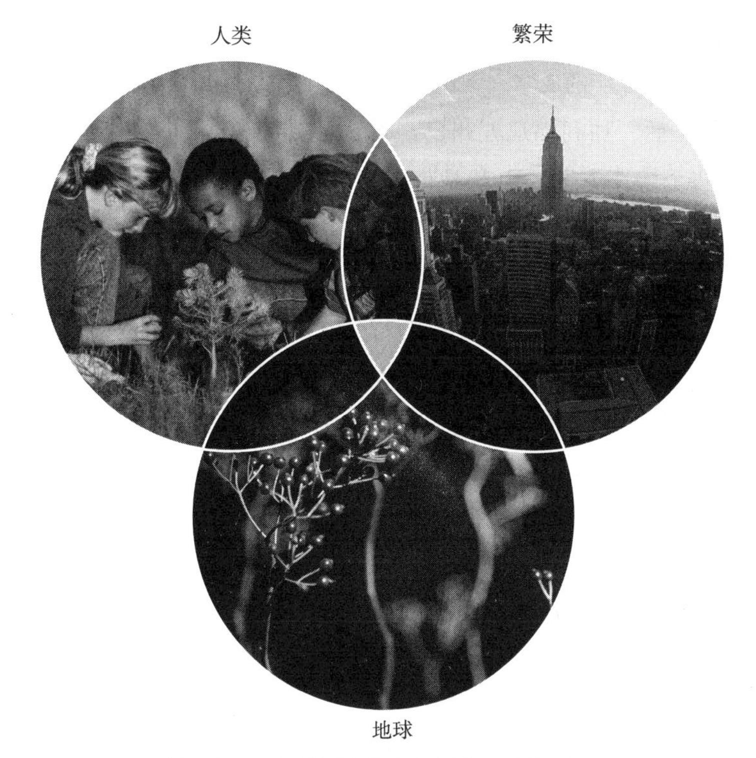

图 1.6 三重底线（图片来自 BNIM Architects）

《可持续性报告》和《可持续性矩阵》是为了回应 Packard Foundation 的询问。Packard Foundation 询问如何来开发一个决策工具，用于说明不同层次的绿色应用对项目的影响。为解答这个问题，文献中设计了六种解决方案，都基于相同的项目、地点并均满足相应的建筑规范，只通过改变设计来提高环境表现。其中四个解决方案分别满足了美国绿色建筑委员会（USGBC）的 LEED 评估体系（更多信息详见本章后续部分）里的四个绿色建筑认证标准；一个解决方案是市场中标准的设计；最后一个解决方案超越 LEED 体系的可持续设计标准。这六种解决方案带来的影响分别按照建筑形式、能源、污染、对社会的外在成本、进度计划（设计和施工），以及短期和长期成本（设计和施工）来量化。

超越 LEED 标准的解决方案的设计被定义为生态建筑（Living Building）。在《建筑的可持续发展》这篇文献中，生态建筑意味着：从运营的角度看，全年给环境带来的影响为 0。它所需的能源和水资源自给自足，自我清洁废物，并且不排放任何污染。报告的作者们也指出一个真正的可持续建筑在设计和施工的过程也会减轻对环境的影响。

在查阅报告时，很多业界专业人士主要感兴趣的是每个解决方案的生产成本溢价。与市场价格相比，这些绿色解决方案，从 LEED 合格级，到银级、金级、白金级，分别超出 1%、13%、15% 和 21%。而最具可持续性的解决方案，生态建筑，生产成本溢价与市场相比要高出 29%。然而在未来 30 年中，它却比市场上的建筑在施工、占有和运营成本方面有更高的性价比。这才是经济意识敏锐的人应该注意的地方——总成本。数据显示，生态建筑运营一百年也不会产生常规建筑30年的成本。

而今，仅仅5年后，加利福尼亚州已经修订了其建筑规范。《建筑的可持续发展》里环境表现最差的两个解决方案，也就是市场标准的建筑设计和LEED合格的设计，均不满足现行的加利福尼亚能源规范。这使得现在的生态建筑与市场标准建筑间的溢价差距只有14%。

另一份描述了绿色设计与可持续设计间区别的文献是2006年由Integrative Design Collaborative公司完成的《环境负责设计的轨迹》(Trajectory of Environmentally Responsive Design)。文献中的设计模式见图1.7。图中附上了目前已讨论的思想，并进一步深入。文中将一个可持续设计看作中性的，或者如文献中Bill MacDonough所指出的那样：一个可持续设计是“100%无害”的。要获得一个真正对自然环境和社会环境负责的设计解决方案，我们必须超越可持续设计，开始思考我们的人造环境如何主动修复地球，甚至作为地球再生系统的必要的组成部分。

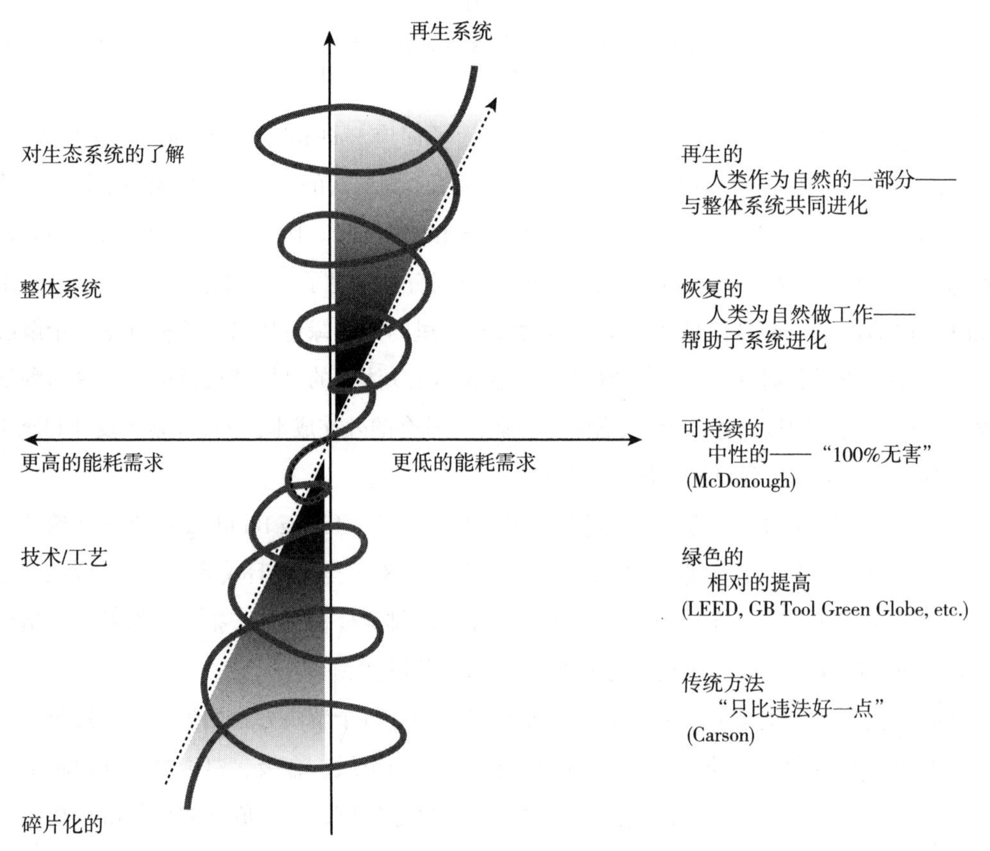

图1.7 环境负责的轨迹(图片来源和版权归于Integrative Design Collaborative and Regenesis)

可持续设计为什么重要？

既然我们对可持续性的理解更深了一步，那么让我们聊一聊它的重要性。如前所述，众所周知的可持续性凳子的三条腿是：人类、地球和繁荣。人性决定了我们每个人可能会对其中一条更看重一些，但是如果我们能在三者间更平衡，我们的解决方案会更好。

人类

作为设计师，保障生命安全的责任是我们道德规范中的一项。从传统上讲，责任一般是对我们建筑内的住户而言的。但现实是，我们做出的决定对人类的影响是超出某一个建筑或地点的。从建筑的材料和产品的生产厂商到该建筑周围的居民们，每个人都会被我们的决策影响。

有一些常用的建筑材料被怀疑或者证实是含有毒素、致癌物、内分泌干扰素，以及其他有害化学产品的。在生产的过程中，或类似火灾这样的突发事件中，甚至有时候只是正常居住，人们就可能暴露于这些有害物质的威胁之下。并且在封闭的环境中，建筑围护结构材料里自然形成的废气会大量囤积。行业已经从石棉处理过的材料，以及铬化砷酸铜（CCA）处理过的木头吸取了教训，这些材料带来的短暂利益与其对建筑居民带来的长期的潜在危害相比得不偿失。当有合适的替代品的情况下，我们应该杜绝这些材料的使用。而当一种材料已经不被信任，建筑行业必须努力开发出更多的替代品。

其他影响居民健康和幸福的因素同样重要，包括噪声、温度、湿度、空气的自由流通、采光、景观，以及控制这些因素的能力。绝大多数业主应该时刻关注员工们的健康，因为往往人力成本已经超过建筑的生产成本和经营成本，更不用说吸引和留住顶尖人才的花费了。有时，人力资源是公司最昂贵的投资。

美国绿色建筑委员会（USGBC）已经编制了许多关于绿色建筑与人之间的关系的研究报告。这些文章可在他们的网站“绿色建筑研究”页面上免费下载：http：// www.usgbc.org。许多研究已经发现绿色建筑有益于人们的身体健康并帮助人们提高效率。例如，学校里学生们更好的考试成绩；医院里病人提前出院；零售业里更好的销售业绩；工厂里更高的产量；办公室里更高的工作效率等。

地球

Rachel Carson 以《寂静的春天》让人们开始关注我们对地球的影响。自那开始，人们制定了很多度量标准来比较过去、现在和未来。这些年来，建筑环境在其中扮演着重要的角色。

根据美国绿色建筑委员会（USGBC）和美国人口普查局的资料显示，美国的人口占世界人口的 4.5%，而美国建筑却每年消耗着整个世界 30% 的能源以及 60% 的电力。建筑带来的能源消耗导致了污染、臭氧损耗和全球变暖，而这些问题也给所有生物的健康带来问题。传统的建筑材料所需的自然资源，要么是不可再生的，比如塑料和钢铁；要么是消耗的速度大于再生的速度，比如原始森林的原木。根据 USGBC 的数据，美国建筑每天消耗 50 亿加仑的饮用水冲厕所，超过世界上所有人每天足够的饮水量总和。美国绿色建筑委员会的 LEED 参考指南还发出警告，典型的北美商业建筑工程项目每平方英尺会产生 2.5 磅固体废物。

2005 年，Greg Kats 领导的一家清洁能源策略咨询公司，Capital E，为说明这个问题，研究了所有 LEED 认证的建筑。计算结果显示，绿色建筑平均减少了 30%—35% 的碳排放，节省了 30%—35% 的可饮用水使用量，以及 50%—97% 的可填埋废弃物。

当前备受关注的一个度量指标是碳排放量。由于碳化合物占温室气体的 80%，所以“碳排放量”这个术语已经成为温室气体排放量的代称。建筑的创造过程中有很多环节可能产生温室气体排放。首先我们想到的是建筑运营所需的能量。在美国，能源主要依靠火力发电厂，也是最不清洁的能源之一；其次，建筑施工的过程中产生的排放，包括原材料的采伐、制造以及运输；最后，建筑的选址：如果绝大多数用户必须开车才能到达建筑所处的位置，我们就默认地造成了一个额外的碳负荷。

根据 Architect 2030（网址：Http：//www. architecture2030.org；一个非营利性的，无党派的独立机构），美国能源信息协会（EIA 负责说明建筑材料的内含能以及建筑运营过程所需能量）的数据显示：美国的建筑造成了世界上 48% 的温室气体排放量。

繁荣

一般来讲，绝大多数公司的决策都是以繁荣为导向。繁荣的重要作用一直在延续，常常让一些“三重底线”思想者们惊异不已。我们知道，如今的绿色建筑有成本效益，而且可持续设计的成本效益的投资回报时间如今在不断缩短。

很多建筑所有人最关注的一点就是绿色建筑的生产成本溢价。如前所述，2002 年的文献《建筑的可持续发展》指出成本溢价随着建筑绿色等级的升高而不断上升。一个生态建筑与一个市场上标准建筑的生产成本差距高达 29%。当第三方证实了这个数据之后，就没人建造生态建筑了。

2003 年，Capital E 调查了 33 个加利福尼亚州的 LEED 认证的建筑，发现所有 LEED 级别的平均生产成本溢价其实不到 2%。国际工程造价管理咨询公司 Davis Langdon，评估了全美国达到 LEED 标准和未达到 LEED 标准的项目，发现建筑设计绿色等级并不一定决定生产成本。Davis Langdon 在其 2004 年的报告《绿色成本核算》中对此观点进行了论述，并在 2007 年的《绿色成本的重新审视》中再次论述。

很多用来为人们创造更健康空间的方案可以节约物业运营成本，但是通常节约的这些成本与之前提到的生产力提升相比微不足道。员工生产力 1% 的提高比这些物业成本的节约更为重要。考虑到薪酬和福利，人力资源才是公司最昂贵的投资。

无论您最想与凳子的哪条腿看齐，您要确保您也同样看重其他两个来获得平衡，从而为您的投入获得最高的整体回报。

绿色建筑评级体系

Brad 第一个参与的建筑项目是一所小学。项目组问到业主是否有环保目标，他们这样回答："有，我们 25% 的厕所隔断要使用再生塑料。" 利用了这种时髦的产品，他们就觉得已经对地球尽到自己的责任了。我们中很少人意识到，我们解决问题的很多决策实际上有绿色建筑的思想在里面。在那个项目中，与之前的模型相比，项目组把每间教室的窗户增加了一倍，提供可操作的窗户，并在公共空间和聚集区设计了具备阴影和眩光控制功能的采光天窗。很多研究者已经证实，这些设计创造了更好的环境，有利于在校师生的健康，提高了他们的工作和学习效果。它们也代表了绿色建筑评估体系的标准。

根据 Fowler 和 Rauch 的《可持续建筑评级体系概论》(2006)，市场上现有超过 34 个绿色建筑评价体系或环境评估工具，并且这个数字很可能在增长。我们认为这些绿色建筑评价体系中，以下五种最为突出：

- "建筑物综合环境效率评价体系"(CASBEE，日本)
- "可持续建筑工具"(原名 GBTool，加拿大)
- "建筑研究机构环境评估守则"(BREEAM，英国)
- "绿色环球"(Green Globes，美国)
- "能源与环境设计领袖"(LEED，美国)

某种程度上说，创建这些评价体系或工具都是为了推进环保的建筑设计、施工以及运营手段，并把建筑环境和市场转变成我们传统上的理解的样子。它们都提供评分系统，从而可以将那些声称自己高效能的项目公开比较，至少在每种体系内部可以这样做。

下文将基于我们的经验、相关组织网页上文件、评估体系指南以及对这些体系相关工具的研究，提供对这五种先进体系的评价。并为您提供各组织的网页。

建筑物综合环境效率评价体系(CASBEE，日本)

CASBEE(http://www.ibec.jp/CASBEE/english/)是最新的评估体系，创建于 2001 年，由日本的学术界、业界专家和政府组成的"日本可持续建筑协会"(JSBC)合作研究而成，应用于日本。该体系针对"新型建筑"(NC)、"现有建筑"(EB)、"改造建筑"(RN)、"热岛"(HI)和"城市开发"(UD)均有开发。只有 2004 年的新型建筑(NC)版本有英文版，但可在 CASBEE 网页上免费下载。

CASBEE 区别于其他的体系的一点是，它是以一个新要素"建筑物环境效率"(BEE)作为整体表现评估的基准。该要素有两个关键组成部分，一个是“建筑环境负荷”（L），定义为在假想的封闭区域内该建筑对外部世界的影响；另一个是“建筑环境品质和性能”（Q），定义为在假想的封闭区域内该建筑带给建筑用户的改善。该体系鼓励使用者把该项目边界假想为私人和公共财产间的分界线。BEE 在该评估体系中按下列等式所示：

$$\text{建筑物环境效率（BEE）}=\frac{\text{建筑环境品质和性能（Q）}}{\text{建筑环境负荷（L）}}$$

总的说来，100 个子项目按照 Q 和 L 的三个主要类别评分。Q 的标准基于三个方面，包括室内环境、服务质量、建筑用地内的室外环境因素。L 的标准基于能源、资源和材料以及建筑用地外部环境因素。每个得分项采用五分评价制，最低为 1，最高为 5，达到一般水平评为 3。比较建筑环境品质和环境负荷降低程度的结果如图 1.8 所示，好建筑需具备高品质的建筑环境和最少的环境负荷。项目的最后分数放在了图片上，级别从 C（差），B-（略差），到 B+（好），A（很好），S（优秀）。我们未发现任何美国的项目使用过这个评价体系。

可持续建筑工具（SBTool，加拿大）

可持续建筑工具（SBTool）（http：//greenbuilding.ca/iisbe/sbc2k8/sbc2k8-dowload_f.htm）是现阶段的绿色建筑工具。其作为加拿大自然资源部发起的“绿色建筑挑战”行动的部分成果，启动于 1998 年。2002 年，“可持续建筑环境国际促进会”（IISBE）接管“绿色建筑挑战”行动，并重新命名为“可持续建筑挑战”（SBC）

与 CASBEE 相类似，SBTool 也是一个根据环境表现评估建筑的系统工具。整个体系有 116 个参数分布在 7 大类别里。这些类别是：

- 建筑场地选址、项目规划和发展
- 能源与资源消耗
- 环境负荷

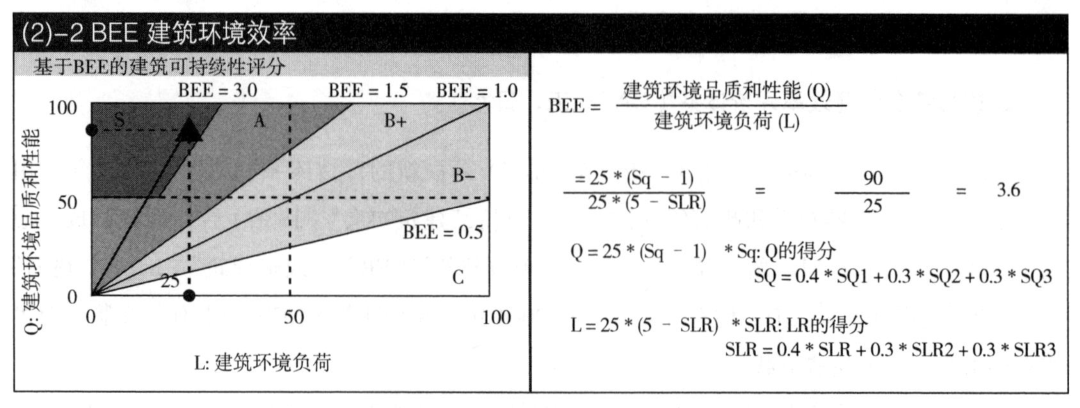

图 1.8 CASBEE 计算工具的图像结果

- 室内环境品质
- 服务品质
- 社会和经济方面
- 文化和体验方面

该系统一项独有的特点是它对当地的需求和情况具有高度可适用性。这是该体系有意为之的，也是为什么世界上超过20个国家能够参与“可持续建筑挑战”（SBC）行动以及SBTool的开发工作。作为高度可适用性的一个表现，建筑性能与国家推行的基线或基准相关。“可持续建筑环境国际促进会”（IISBE）指出，除非国家建立了基线值，否则评分是无意义的。也就是说，对一个地区来说，只有在当地性能基准确定后，它才能作为一个等级评估工具。为了具有更好的灵活性，“可持续建筑环境国际促进会”（IISBE）也宣传说，SBTool适用于各种规模的工程项目，无论是商用建筑还是住宅，新建筑还是改造建筑。

该工具的使用分为三部分。第一部分是根据项目所在地区评估并选择合适的标准；第二部分是由设计团队表述项目整体信息；最后一部分是填写评估表格，该评估表格建立在之前两部分的表格信息的基础之上。鉴于当前的发展阶段，“可持续建筑环境国际促进会”（IISBE）仅推荐在设计评估中使用该体系。

建筑研究机构环境评估守则（BREEAM，英国）

“建筑研究机构环境评估守则”（BREEAM）(Http：//www.breeam.org）广泛应用于英国。其始于1990年，是这五种评价体系中最早被创建的。据BREEAM称，该守则版本根据英国建筑法规定期更新。BREEAM根据建筑在下述领域的表现评估性能：

- 管理
- 健康与舒适
- 能源
- 运输
- 水
- 材料和废物
- 土地使用和生态
- 污染

该守则规定，由专业培训过的评估师来完成整个项目的评估过程。首次评估一般在设计的最后阶段，而最终评估在用户入住后完成。所有经过BREEAM质量保障机构BRE培训过的建筑专业人士均可成为BREEAM评估师。

分数根据每个领域的表现来判定，并通过一个综合加权的过程合并分数。最后，建筑评估结果有：合格、好、非常好、优秀。并且授予该项目一份认证证书。尽管BREEAM最初仅适用于两种建筑类型——办公建筑和住宅，但是现在已经适用于各种类型的建筑：办公建筑、住宅、工业建筑、商住两用建筑、监狱、零售业建筑和学校。

很多英国机构要求建筑获得BREEAM评级，包括英格兰策略联盟（English Partnerships）、英国商务部（the Office of Government Commerce）、儿童、学校和家庭部（the Department for Children Schools and Families）、英国住宅管理机构（Housing Corporation），以及威尔士议会（Welsh Assembly）。BREEAM已经在很多国家流行起来，而且开发了BREEAM国际版来帮助推广其应用。此外，BREEAM还作为许多其他评估工具的基础。

绿色环球（Green Globes，美国）

Green Globes（Http：//www.greenglobes.com）是从BREEAM发展而来的评估体系之一。Green Globes最初于2000年作为BREEAM的一个在线版本出现，应用于加拿大的现有建筑物。在2002年，它被改编成适用于新型建筑设计的版本，并于2004年转换为美国版本，并由绿色建筑倡议（Green Building Initiative，GBI）负责分配和运营。最近，GBI被美国国家标准协会（ANSI）认证为标准研发组织，并且他们现在正努力使Green Globes成为一个官方的ANSI标准。

Green Globes本身是基于问卷调查使用的。为实现目标，团队在设计环节的每个阶段都需回答调查问卷，并查看针对他们答案的建议。此评价体系是基于工程文件调查表。评分系统总分1000分，涵盖系统的7个主要部分：

项目管理——政策和实践	50分
场地	115分
能源	360分
水	100分
资源，建筑材料和固体废物	100分
排放物和废水	75分
室内环境	200分

最终Green Globes的评分表现为“Globes”的数量，从最低的1个到最高的4个。而Globes的数量取决于获得的分数占总分的百分比。

1 Globe	35%—54%
2 Globes	55%—69%
3 Globes	70%—84%
4 Globes	85%—100%

Green Globes独特的一点是，它是基于全生命周期评估（LCA）的；绝大多数的“资源”分数都与LCA相关。GBI称：“LCA意味着根据建筑材料的整个生命过程来进行评价，考虑内涵能、固体废物、水和空气污染、温室效应等环境影响因素。”为了让建设项目团

队更好地理解这些环境影响，GBI委任雅典娜学院（Athena Institute，北美的LCA的先驱组织之一）与明尼苏达大学和Morrison Hershfield咨询工程公司共同创建了ATHENA构件生态计算器。该计算器提供了常见建筑构件的环境影响，并始终对外免费使用（http：//www. athenasmi.ca）。

创建Green Globes体系的最初目的之一就是提供一个简单的，在线的自测系统。然而，与其他评估体系相比，这样做虽然具有灵活性并节省成本，但也使得评估的可信性受到质疑。为此，Green Globes最近建立了一个第三方认证系统。由Green Globes培训的注册建筑师或通过GBI认证的工程师来执行审核。预认证在施工图阶段后即可获得，而在Green Globes认证人员审核完工项目之后，才能获得最后的评分和使用Green Globes证书的资格。通过第三方认证的建筑将获得一块用作展示的匾额。据Green Globes估计，整个评估过程的平均花费在4500—5500美元之间。目前尚未有机构采用Green Globes为其建筑进行评估。

能源与环境设计领袖（LEED，美国）

美国绿色建筑委员会（USGBC）于1998年提出绿色建筑评估体系LEED，用于新建建筑的评估，是之前提到的五个评估体系中第二早的。该评估体系有两个关键的基本特征。首先，它创建了一个开放的、基于多人意见的过程。众多建筑业内人士，包括美国能源部在内的业界专家都作出了贡献。其次，与其他评估体系相同，LEED的使用与否基于自愿。创建LEED的一个深层次目标就是建立一种绿色建筑的衡量标准，能够使众多建筑在同一起跑线上被评估比较。在LEED刚推出的那段时间，许多美国从业者发现很难理解竞争者和建筑产品生产商关于其产品和建筑有多环保的宣传内容。

凭借其要求的第三方认证，LEED帮助人们更好地区别哪些建筑是表现卓越的绿色建筑，而哪些不是。LEED新建建筑体系（LEED-NC system）根据建筑在环境表现的五大方面以及一个附加的领域——创新策略——组成的评估体系来对其进行评价，总分为69分（图1.9）。五个主要分类和相应的分数如下：

- 可持续的现场（14分）
- 水资源利用效率（5分）
- 能源和大气（17分）
- 材料和资源问题（13分）
- 室内环境质量（15分）
- 创新与设计（5分）

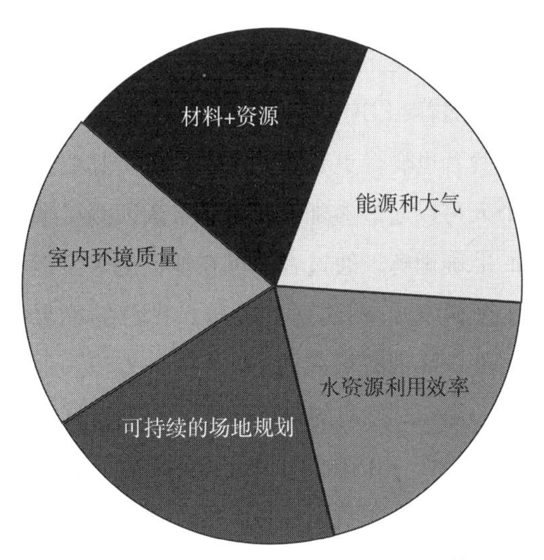

图1.9 美国绿色建筑委员会LEED评估体系的五大方面（图片来自BNIM Architects）

除了这些分数外，申请LEED认证的项目还需满足七大先决条件。这些条件被认为是一个绿色建筑的基础，例如建筑污染防治、回收计划、禁烟环境、不含氯氟烃制冷剂、基本的建筑试运营、高于室内空气质量最低限值、达到能耗表现底线。2007年6月26日以前，一旦满足这七大先决条件，项目团队即可获得申请的分数。直到这天，为了响应利益相关者对更先进节能手段的迫切需求，美国绿色建筑委员会决定将前面两项“优化能耗表现”的分数也设为先决条件。

为了展示取得的分数，项目团队必须借助LEED-NC参考指南，通过在线系统提交文件来证明该项目是如何有资格获得各项分数。施工图阶段后，项目团队可以提交设计分数进行初步审查。只有当建筑完工后，项目团队才能提交整个项目给美国绿色建筑委员会来申请证书。每个分项分数会相加得到最后的分数，从而决定应授予该项目什么级别的证书。证书的四个级别以及对应的分数范围如下：

LEED合格	26—32分
LEED银奖	33—38分
LEED金奖	39—51分
LEED白金奖	52分以上

成功认证后，建筑业主将获得一块挂在建筑里展示的牌匾。这个明确、简单、经过验证的体系在美国建筑设计与施工行业立刻风靡起来。尽管最初创建LEED是为了在美国国内推广，如今获得LEED认证的建筑已经遍及13个国家。

自创立至今，美国绿色建筑委员会已经三次更新了LEED-NC，每次更新都力图使得该体系更加具挑战性并更容易使用。不仅如此，美国绿色建筑委员会还建立了一些LEED的特殊版本，分别适用于商业建筑主体和外表皮（CS）、室内环境（CI）、既有建筑（EB）、住宅（H）、学校（S）以及商户（R）。截至2007年6月，已有超过900个建筑获得LEED认证，并有接近7000个已注册的申请。

随着LEED进入市场，整个建筑产业、业主以及设计从业者均受到了良好的培训，并且消费者也变得更有环保意识。负责其相关培训的一个关键部分是LEED专家认证项目（AP）。个人可以通过参加LEED专家认证测试来证明自己对LEED体系的精通以及对绿色建筑实践的准确理解。通过者即可在他们的名字后面使用LEED认证专家的称号。这已成为设计和施工公司中另一个层面的竞争。我们在可持续建筑项目上的合作伙伴之一，KEEN Engineering公司就曾经拥有最多的LEED认证专家。他们为庆祝这些人的成就，赠予每人一件带有KEEN Engineering公司的绿色商标的运动套衫。这可以成为一种有趣的公司内部竞争。我们每年也会为所有的BNIM Architects公司员工组织LEED认证培训班。

最好地证明了LEED项目的受欢迎程度和好处的一点是，许多联邦政府机构、州和自治市也要求LEED认证。美国绿色建筑委员会的网站上汇集了如下事实：

- 美国农业部、农林服务部、美国卫生与人力资源部、美国环境保护署、美国国家航空航天局（NASA）、史密森学会（Smithsonian Institution）、美国陆军、美国海军及美国联邦服务管理局的所有建筑均要求获得 LEED 认证，其中的一些要求达到金奖标准。

- 超过一半的美国各州政府有法律规定一定规模的项目必须获得 LEED 认证，其中 6 个州政府要求提交实际的证书。92 个城市将 LEED 标准纳入某种形式的法令，绝大多数针对市政自有项目。
- 华盛顿（特区）自 2008 年起就发布条款要求私人建筑项目需通过 LEED 认证。
- 2008 年 1 月，堪萨斯州的格林斯堡，成为美国第一个要求全市的建筑均需通过 LEED 白金认证的城市。

尽管这些为建筑行业创立的评估体系一直以来都很伟大，但却没有一个是为了创造（或指导项目团队来创造）可持续建筑的——仅是为了创造绿色建筑，不比过去几十年我们见过的建筑差罢了。

生态建筑：可持续设计不远的将来

尽管美国绿色建筑委员会将 LEED 引入市场仅短短 9 年，却已经改变了很多专业人士的设计过程。在 2006 年的“绿色建筑”大会（美国绿色建筑委员举办的国家级会议）上，Cascadia 地区的绿色建筑委员会发布了“生态建筑挑战”（LBC）（http：//www.cascadiagbc.org/lbc）标准认证体系，并带有 Cascadia 绿色建筑委员会 CEO Jason F. McLennan 和美国建筑师学会资源会员 Bob Berkebile 的声明。

与其他现行的绿色建筑评估体系不同，LBC 是根据建筑的实际表现来进行评价的，而非设计该建筑时的目标。顾名思义，从运营和施工的角度看，生态建筑必须对环境的年度影响为零。根据 16 个不同的目标，或者说先决条件来评价建筑。简单地说，一个建筑项目要么符合条件，要么不符合。

这 16 个先决条件分布在六个方面，如下所示：

- 场地设计
  - 负责任的场地选择
  - 发展的极限
  - 与生态环境的交换（Habitat Exchange）
- 能源
  - 净零能耗
- 材料
  - 材料红名单
  - 建设过程碳足迹
  - 行业责任

- 合适的材料 / 服务半径
- （回收或防治）建筑垃圾的领导地位

- 水资源
  - 净零水资源使用
  - 可持续的排水
- 室内环境质量
  - 文明的工作环境
  - 有益健康的空气 / 源控制
  - 有益健康的空气 / 通风
- 美观以及灵感
  - 美观和精神
  - 激发灵感和教育意义

1997 年，Brad 曾与 Bob、Jason 以及一个全专业的综合专业团队共同合作了蒙大拿州州立大学地震中心的项目。该项目开始定义了生态建筑理念。不幸的是，该建筑从未建成，但是它却成功定义了很多（生态建筑）需达到的基准。在我们看来，William McDonough + Partners 公司完成的奥柏林大学的 Adam Joseph Lewis 中心，在这些获得高分的建成建筑之中最具有代表性（图 1.10）。然而，我们相信，在不久的将来会有很多真正的生态建筑，因为目前 LBC 正如 9 年前的 LEED 一般处于初始阶段。随着业内经验丰富的综合设计团队的盛行，我们会继续前进，建成有利于环境的建筑项目，最终建成完全再生的建筑项目。

图 1.10 奥柏林大学的 Adam Joseph Lewis 中心（图片来自 David W.Orr）

第2章

建筑信息模型（BIM）

一座伟大的建筑，从不可计量开始，设计时必须借助可计量的手段，而到最后又一定是不可计量的。

——路易斯·康

BIM是建筑设计行业用于项目的设计和出图的新兴工具。不仅如此，它还可用作增进项目所有利益相关者间沟通的一个工具。这个工具已然改变了设计师们与其咨询顾问及施工人员间的工作模式。并且通过为行业提供更方便的可量化的绿色设计工具，它能引导整个行业在可持续方向上进一步发展。

在本章，我们将阐述BIM对于整个项目团队的意义，以及它如何帮助团队熟悉可持续设计工作流程的基本原则。

什么是BIM？

在建筑、工程和施工（AEC）行业，有些人误以为BIM不过是一款软件而已。尽管软件是这个过程的一个必要环节，但是BIM不仅仅是一个应用程序（我们会在本章通篇有更深入的解释）。当我们提到BIM时，我们在讨论的是BIM创造的方法论和流程。

另一方面，一个“BIM模型”，在语法上原本是错误的，现在却成了一个常用的代名词，用来指代一个用软件基于BIM流程创建的数字模型。

在建筑设计和施工行业，BIM是较新的设计和制图流程方法论的一个转变。BIM囊括了整个建筑的所有信息，一整套设计文件存储在一个集成数据库内。所有的信息都是参数化的，并且相互联系。在模型中对任何对象的更改都会导致项目其他部分的联动，并在所有视图中即时反映。与通常基于二维CAD表现的建筑不同，一个BIM模型呈现了该建筑施工和装配的实际情况（图2.1）。

图 2.1 BIM 模型（图片来自 BNIM Architects）

BIM 被定义为在设计环节中，创建并利用协调的、统一的、可计算的建筑项目信息，使用参数化信息服务于设计决策，生成高质量工程文件，预测建筑性能，进行成本预算，以及制订施工计划。

一个 BIM 模型的使用贯穿整个设计环节和施工环节。举例来说，它通过参数化修改建筑的设计信息来帮助设计团队加速整个设计进程。如果您在平面图中移动了一个墙，这个修改可以直接反映在建筑立面、剖面及其他相关视图中。当设计团队加工该模型到一定程度后，就可以交付给建筑承包商，使其能够利用该模型来实现对设计意图的现场可视化，从而理解建筑建成后的样子。不再仅靠二维图纸中的抽象形状来想象建筑的实际形态。承包商还可使用该模型来进行工料估算并获得实时材料用量。所以在墙的例子中，承包商马上就可以知道建成这道墙需要多少石膏板或隔热材料。最终，业主可以通过使用 BIM 来对材料和供给进行合理的安排，从而实现对建筑及其相关信息的运维管理。

BIM 改变了建筑设计师和承包商如何看待整个建筑过程，从初步设计到施工图，再到施工阶段，甚至到完工后的建筑管理。使用 BIM，您创建一个 3D 的参数模型用来自动生成一些建筑的传统表示方法，例如平面图、立面图、剖面图、详图以及进度计划表等。图纸不再是一些手动调整的线条，而是对该模型的可交互的展示。基于模型的工作模式有一个保障，就是任何一个视图中的一点改动，都会推送至模型的其他所有视图中。如您移动了平面图中的元素，这些改变会动态地显示在立面和剖面图中。如果您在模型中移除了一个门，软件会同时在所有视图中移除这个门，而且您的门窗表也会更新。这个强大的系统带来了前所未有的对质量和图纸协同的控制力，同时还提供了快速分析能源使用和材料消耗量的工具。图 2.2 形象地展示了这个概念。

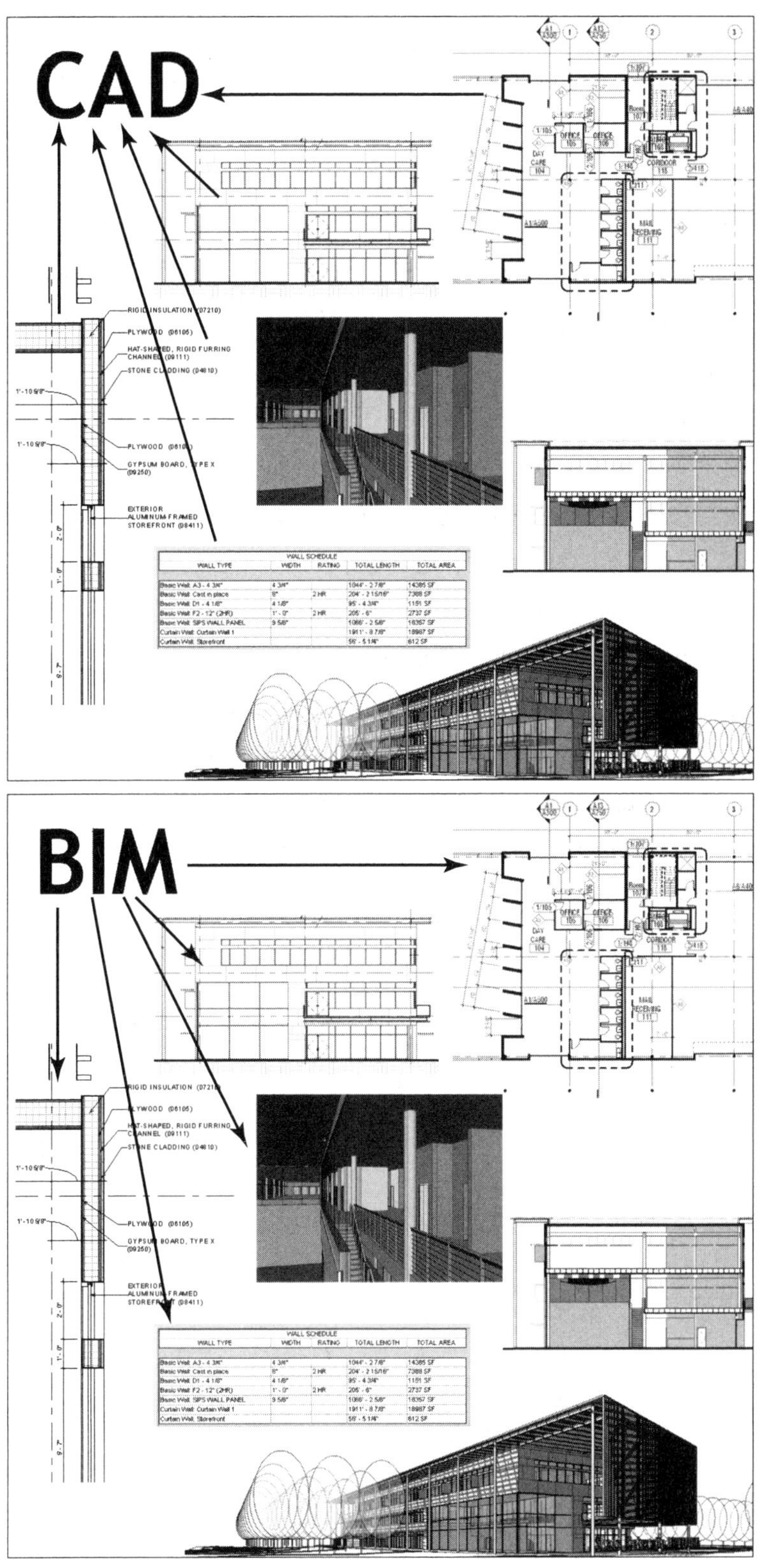

图 2.2 CAD 系统下和 BIM 系统下的图形示例

在一个基于CAD的设计方法中，每一个视图都是单独画成的，且图纸之间没有继承关系。基于CAD的图纸只是一些手动生成文件的集合。而在一个基于BIM的系统中，所有关键的操作都在BIM模型中执行，因而这个BIM模型有能力生成平面图、剖面图、详图等。

为什么BIM很重要？

BIM当然不是市场上仅有的工具，但是因其强大的对复杂大型项目信息的管理能力，它对设计师、承包商及业主的重要性日益增长。在我们详细谈论BIM的定位之前，让我们来研究一下我们方法和思维方式改变的原因。

在过去的一百年中，设计和施工行业发生了巨大的变化。由于有更多相互联系的，集成的系统加入，建筑变得愈加复杂。在此期间，我们增加了许多建筑系统和其他设计的层次，这些系统和层次空前复杂。试想现代的办公建筑，在过去100年内，我们增加了数据和电信系统、空调系统、安保系统、可持续性、地下车库，以及增强的建筑围护体系等。图2.3展示了当前完成建筑设计包含的一些层次。

随着复杂性的提高，建筑师、业主及承包商都需要去适应这些变化。这些新增的层次已然要求建筑师在设计项目时提供更多的文件，这就意味着交付的文件中会有更多的图纸。这也需要更多的时间来协调这些不同的系统，承包商需要协调和管理这些额外的交易和现场安装程序，业主需要更具知识的人才来维护这些系统。这些专业性、规模以及复杂度的提高，也带来了建筑全生命周期内的时间和成本的上升。上述因素以及其他原因共同造成了整体建筑性能的下降以及更多的能源消耗。

为了更详细地分析这些因素，我们有必要了解更多过去几十年设计和施工行业的背景信

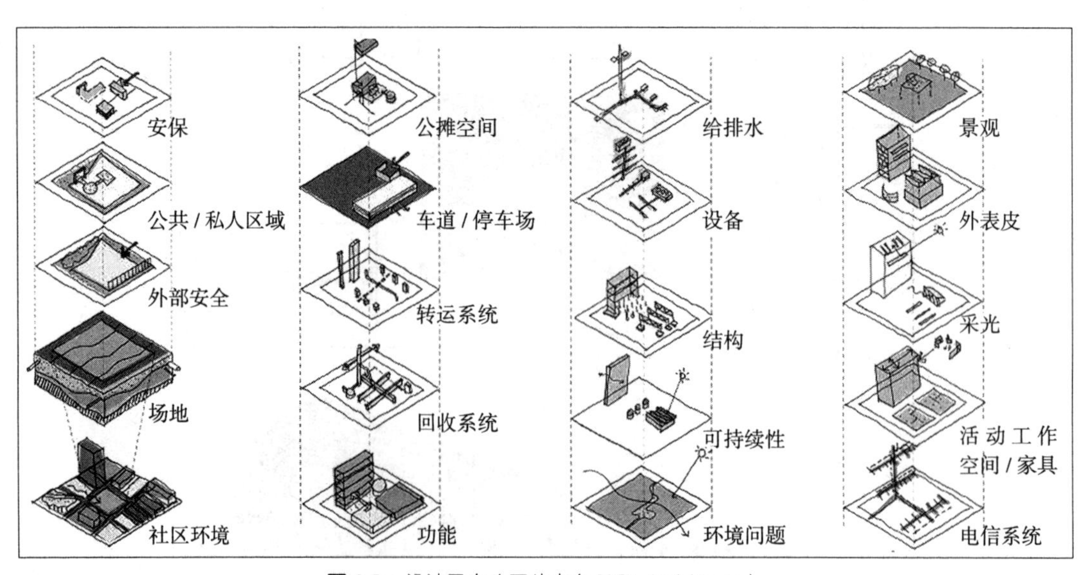

图2.3 设计层次（图片来自BNIM Architects）

息。通过查看行业的历史趋势，我们可以了解到关于时间、能耗及其他资源曾经的使用情形。如果我们不作出工作方式的改变以适应日益变化的设计和施工环境，我们只能眼看这种趋势继续。

接下来的分析会让我们更好地理解，我们应该在何处集中力量来实施这样的改变。图 2.4 是一张表格，显示了 1900—2000 年各个产业内材料的消耗量（以吨为计量单位）。较高的部分代表的是建筑业的用量，其他的区域分别代表其他产业的用量。尽管在过去的 100 年内，所有产业的用量都有所增加，建筑业却是最显著的。建筑业的材料用量在第二次世界大战之

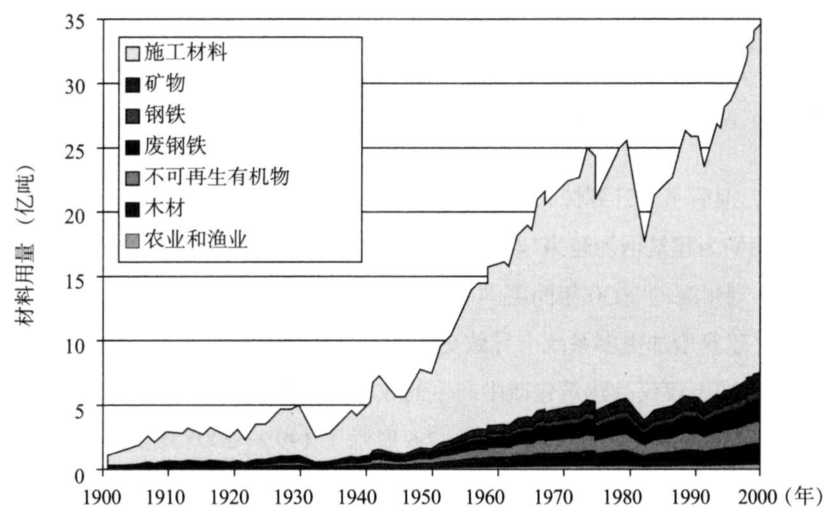

图 2.4 过去 100 年内各产业的材料用量（图片来自 U.S.Geological Survey website）

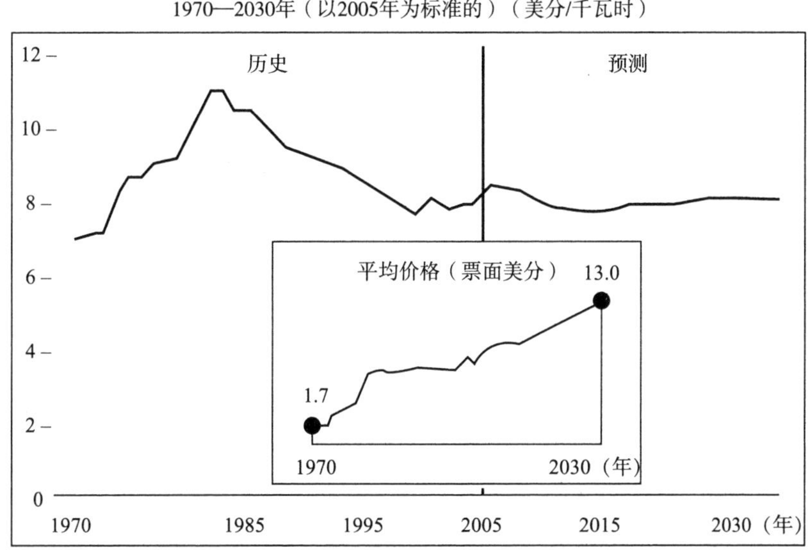

图 2.5 美国建筑的能源消耗（图片来自 Energy Information Administration, Annual Energy Review 2003, DOE/EIA-0384(2003) (Washington, DC, September 2004).Projections:Table A8.）

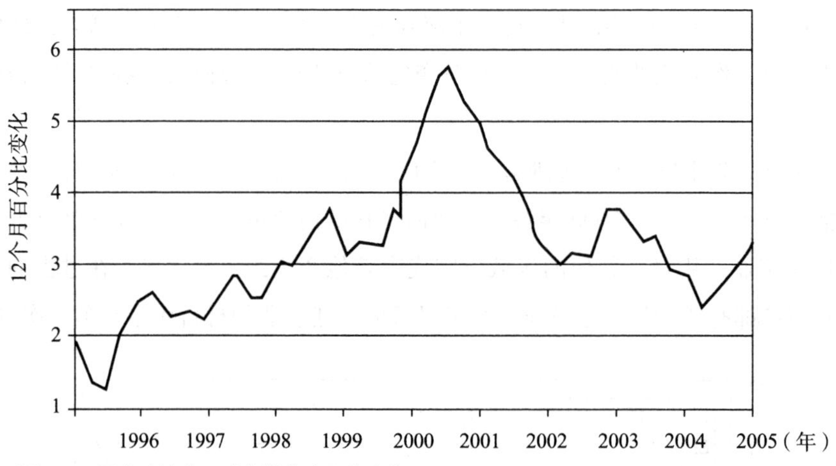

图 2.6 国家建筑劳工成本指数（图片来自 Department of Labor, Bureau of Statistics）

前一直相当平稳，但后来上升到惊人的水平。

此外，随着我们为建筑增加越来越多的系统，这些系统的运行和操作需要更多能量。图 2.5 展示了从 1970 年到预测的 2030 年间美国电力的平均零售价格。在这 60 年的时间内，价格增长为 764%。一个建筑增加更多系统会导致更多的材料使用，同时运营这些系统需要更多的电力。业主最终承担的不仅仅是建筑建造中产生的成本，还有建筑全生命周期的运营成本。

建筑施工过程的人力成本也在增长。图 2.6 展示了 1995—2005 年这十年的国家建筑劳工成本指数。图中显示，每季度的建筑人工成本增幅在 1.4%—5.8% 之间。通货膨胀、专业化以及建筑复杂度的提高是造成这些成本增长的一些因素。

这些趋势表明建筑正在变得愈加复杂，建筑的建造和运维需要更多的资源，同时也就意味着更高的建筑生命周期成本。随着这些成本和建筑复杂度的逐步上升，我们淹没在越来越多的用来管理建筑的信息和数据中。

为了适应这样的上升趋势，我们必须找到更好的方式来协调这些信息，与各相关方清晰地沟通，并更好地理解我们在全球生态中的角色。我们通过可利用的工具发挥出现有资源的最大价值，并使我们的工作更加高效。

理解 BIM

那么，这一切意味着什么？在传统的设计和施工图制作系统里，设计师会用铅笔或者基于 CAD 的应用程序画出一系列文档。这些图纸或者是打印出来的纸质文件，或者电子档，是一系列单独的文件，相互之间并没有任何内在的关联。这是严格意义上的通信和信息分配的表示方法。这些图纸只是纸上线条的集合，而这些线除了图像传达以外没有太多其他意义。这就是建筑师以及其他设计师们工作了无数个世纪的方式。鉴于当时的建筑复杂程度，这些图纸能够作为设计意图和施工方法之间有效的沟通手段。图 2.7 是一份手绘图，同时显示了西

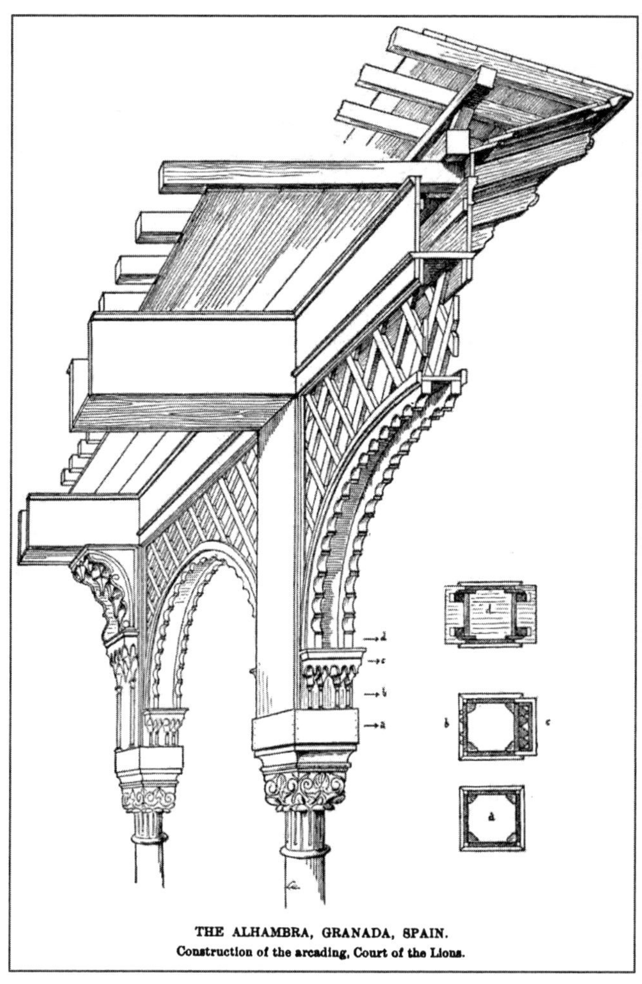

图 2.7 西班牙阿尔罕布拉宫的结构和建筑细节（图片来自 A Dictionary of Architecture and Building, Russell Sturgis,The Macmillan Company, 1901）

班牙格拉纳达的阿尔罕布拉宫的结构和建筑细节。

BIM 的方法论旨在适应这些新增的信息，让一个项目内所有的利益相关者可以采用新型的信息交流沟通方式。这包括设计团队（设计师和咨询顾问），施工人员（承包商和分包商），以及业主们（建筑开发商和设施管理者）。这些团队的每个人都需要一种更高效的方法来分享如此大量的项目信息。

BIM 的目标是通过在一个单源模型中囊括所有信息，从而让人们看到整个建筑或项目的全貌。使用 BIM，我们只需在一个地方画出或改动建筑的构件，然后让系统自动将这些改动内容传至交付成果的所有视图中。所以，当您在构建您的设计图时，它在创建立面、剖面和详图，进度计划表和能量负载。如果您在立面上做出一个修改，它会在平面、剖面，以及其他视图中自动完成修改，反之亦然。

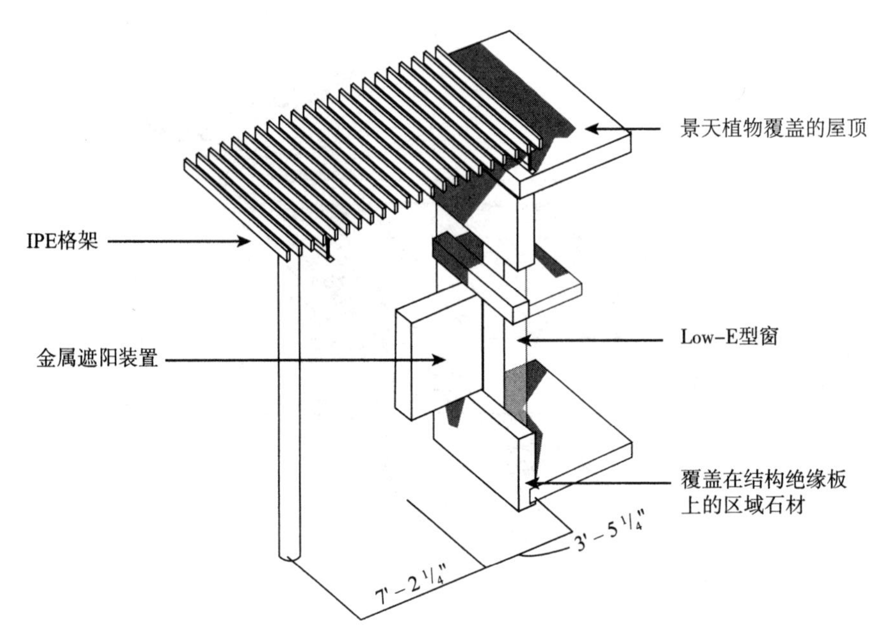

图 2.8 一个展示了材料属性和遮阳的 BIM 轴测投影

关键在于，您在哪里开始这个修改并不重要，因为做出改动的是底层模型。系统会完成其他视图以及其他模型信息的展示。不仅如此，BIM 还能够将关键的建筑信息嵌入模型中。所以，传统的建筑设计技术只允许您在图纸上做注释来增加关于围护结构性能的信息，而一个 BIM 模型在模型内就可以包含关键的数据，例如 *R* 值、材料属性、可再利用性等等。

图 2.8 是一个轴测图，类似之前的阿尔罕布拉宫柱详图的素描，但它是从一个 BIM 模型中创建的。除了这个视图中展示的注释、尺寸、可施工性之外，我们还能获得遮阳、热工性质、屋顶区域以及其他的项目数据。

BIM 的基本益处

BIM 是一个不断地改进的方法，而非一场剧烈的变革。进化带来成功，而非革命。基于 BIM 的设计方法的基本益处很好理解：

3D 模拟 vs. 二维表达 一份二维建筑图纸只是建筑的一个表达形式，抽象为平面、立面、剖面图，有时会需要透视图和轴测图。BIM 则是建筑及建筑构件的 3D 模拟。该模拟模型不仅仅表达了不同构件是如何组合的。它也可以预测冲突的发生，展示不同建筑设计的环境变量，并且计算材料用量和建设周期。

精准 vs. 估计 通过在实际施工前模拟施工过程，BIM 为建筑的质量和数量方面增加了相当水平的精确性，也超越了过去的设计过程。BIM 中可实时展示建筑材料使用量和环境变量，而不再需要手工估算。

高效 vs. 冗余 上述益处也为 BIM 项目增加了一定程度的高效性。在 BIM 项目中我们只需画一次构件，而非先画平面图，再画立面图，再画剖面图，从而我们能够节约时间并把这些额外的时间专注在其他设计问题上。

方法的改变

现在业界标准的设计和施工图制作过程大体如图 2.9 所示。为了更好地描述这个过程，我们需要理解一点，建筑设计是一个周期循环并不断改进的过程。与整个项目团队分享想法并协调信息之后，我们就可以开始对项目中自己的部分做出调整。一个标准的建筑项目的流程大体如下：

- 建筑师画出一个建筑的设计，并把相关信息给咨询顾问共享。
- 不同的顾问（单独作业的情况下），会再用建筑师图纸的一部分来创造他们自己专门负责部分的一系列新的图纸。
- 顾问们的图纸会与建筑师共享，然后建筑师会据此来调整自己的作品。通常会导致建筑结构、给水排水、暖通等专业大部分重画的局面。
- 在项目过程中，某种程度上说，所有的图纸（通常只以打印版的形式）都会与承包商或施工方共享。然后承包商会将图纸分发给不同的分包商，这些分包商再用自己的专业技能在原图的基础上做深化。
- 承包商会创建具有更多细节的详图，但这些图纸均是基于原设计图。

在这些相互独立的团队分别绘制自己图纸的情况下，有一个用于检测和制衡的系统来保证信息交流的准确性和有效性是很有必要的。在传统的模型下，分包商会将他们的图纸寄给承包商来审核。承包商会根据需要审阅这些图纸的参与者的数量复制图纸，并发送给建筑师。建筑师会进行校审，同时也将副本复制给各个顾问来进行校审。所有的改动均通过手动批注到一份图纸中，然后再返还给承包商并发给下属的分包商来进行进一步的修改和说明。

这个完整的信息分享链存在很多错误传达的可能，还存在由于错误检查造成的很多冗余的信息。如果能利用 BIM 与生俱来的优势（见图 2.10），我们就可以消除很多冗余的错误，改

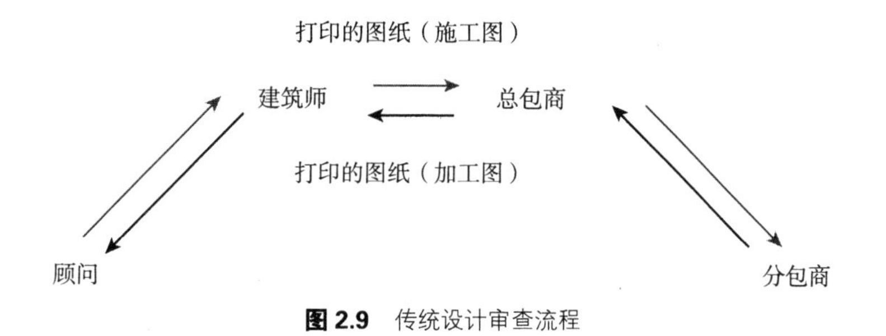

图 2.9 传统设计审查流程

善沟通，并集中更多的时间在改善设计和推进施工上。

在一个理想的基于 BIM 的系统里：

- 建筑师会与顾问们一起在一个单独的建筑模型上工作。可以是一个模型，也可以是由很多内部互联构件组成的模型。
- 当该模型制作到一定程度时，会传给承包商以及施工团队，进一步根据各自的专业知识来进行加工。
- 在建筑施工的过程中，BIM 模型可以根据现场施工的变更做出调整。
- 调整过的模型会与建筑业主和物业共享。该模型将含有必要的各内置系统的产品信息，来帮助物业来维护该建筑。此模型还可以在未来人事变动时或者建筑扩建时发挥作用。

现在我们讨论这种基于 BIM 的整合设计模式。我们可以看看这个模式包含哪些不同的组成部分，见图 2.11。

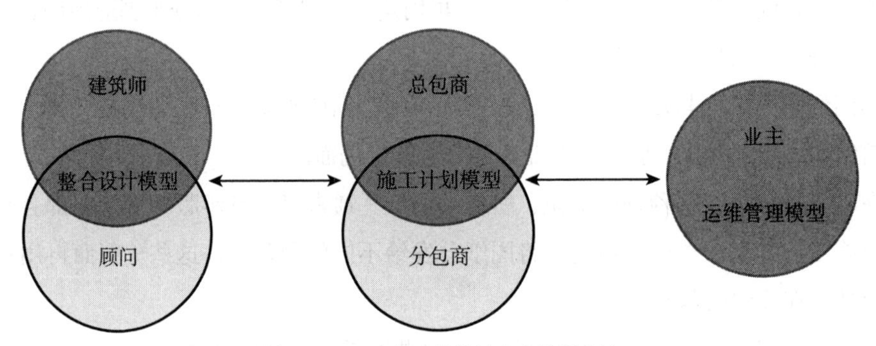

图 2.10 一个整合的设计审查流程方法

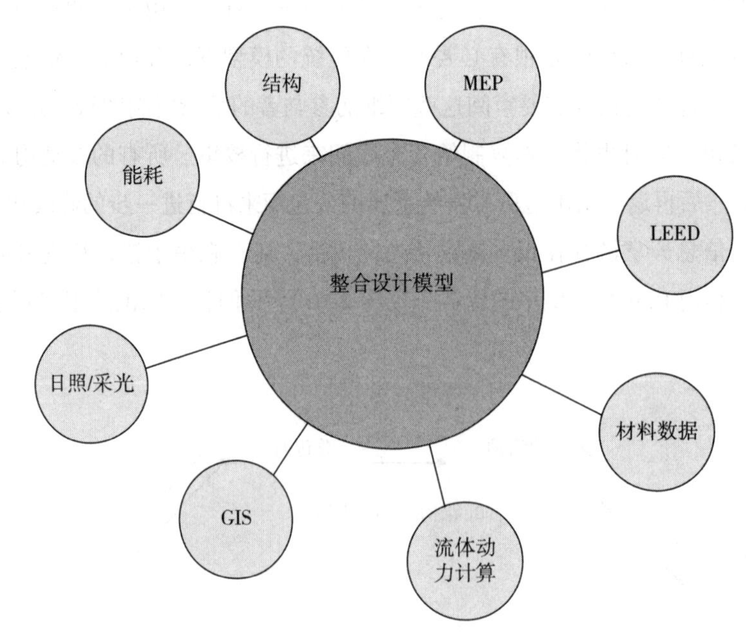

图 2.11 整合的设计模型

这些不同的专业相互影响并共同构成建筑模型，我们来看一下到底结构、设备、能耗、采光，以及其他因素是如何影响设计方向的。我们也可以开始画出它们之间的关系，而这种关系在更传统的方法中可能不那么明显。其中有些专业（例如结构和设备）在过去是独立的系统，而将它们整合在一个设计模型中可以使我们看到它们在一个建筑里是如何相互影响的。采光专业会对建筑朝向和结构形式给予反馈。根据玻璃装配情况，采光还可以影响建筑的设备要求（例如日照得热量）。我们还能通过用于计算气流的计算流体动力学（CFD）模型查看一些此类影响。地理信息系统（GIS）的数据会提供我们在全球的相对位置，从而得知我们与某些产品和材料的距离，我们能获得多少日照，以及当地气温范围是多少。如您所见，所有这些变量都很容易影响到建筑的设计。

不只是文件

BIM 曾一度被定义为“一种通过一次性画图而加速整个设计图制作的过程”。

自 BIM 在设计和施工行业出现以来，BIM 模型带来的很多益处就慢慢为人所知。所有这些额外益处的根源，主要是 BIM 可以在一个数据库里虚拟实现一个建筑的所有阶段。这使得我们可以仅通过以不同的方式“观察”数据库的视图即可获得该建筑不同的画面。这些视图可以是平面、立面、剖面图或进度计划表。所有增加到该建筑的数据库的一切都是可计算和量化的。通过利用这种报告信息的方式，我们可以从多种角度查看同一个项目，从而节省了信息交流的时间。

这些益处从概念设计和施工图制作，延伸到施工阶段，直到使用阶段。随着 BIM 的应用势头的增长，越来越多的想法变得可以实践，并且容易整合到设计和施工过程中。让我们来研究一下 BIM 的优势所在以及它是如何影响最后完工建筑的：

整合文档 由于 BIM 模型的所有图纸均放置在同一个整合的数据库或模型中，文件协调变得相对自动化。由于 BIM 是基于一个数据库的结构，当一套图纸的表格增加了视图时，参考文件会立刻发生调整。随着建筑复杂程度的日益提高，一套施工图中的图纸数量不断地增长。50 年前一个建筑可能只需 30 或 40 张图纸，而如今需要多达 4 倍的数量。如果手动调整会费去大量的时间，因此能够自动地调整所有的这些信息是非常有用的。

通过将多专业的信息整合进建筑设计图纸中，我们可以获得额外的益处。由于建筑是三维建模的，我们可以很容易将建筑的、结构的及设备的模型叠加在一起，然后检测建筑内是否存在碰撞和冲突。很多 BIM 程序可以自动执行该过程，并提供关于碰撞构件的报告。

设计阶段的可视化 设计阶段的可视化是 BIM 另一个容易实现的目标。同样因为 BIM 是三维的，我们几乎可以马上看到该建筑的任何一面。这不仅是设计过程可视化的强大工具，也在将设计理念传达给项目团队成员、客户、承包商以及监管机构时起到很大作用。其不仅在建筑的设计阶段起到辅助作用，还有其他一些好处。如图 2.12 所示，我们可以展现正午时日照对该建筑的影响，从而便于我们向业主团队解释为什么合适的遮阳装置是有必要的。

举另一个例子，我们曾用一个生动的 BIM 模型来向当地的消防局长展示在一个紧急事件中，消防车从距离现场不同的方向接近该建筑的有效路径是怎样的。

材料数据库 同样因为 BIM 创建了虚拟建筑的数据库，建模过程中的各个构件都可以带有物理属性。比如，当您在 BIM 中添加一个墙时，您在两层石板中间添加了一个 $3\frac{5}{8}$ 英寸的金属立杆，或 $7\frac{5}{8}$ 英寸的混凝土砌块，或者这墙在设计中用的任何材料。因为这个墙有高度和长度，所以数据库会允许您为墙或其他模型中的物体创建信息表。您可以快速查看当前设计模型中指定类型的墙的长度和面积（图 2.13），或者这些墙可以被分解成相互独立的构件，并且创建一个用于显示项目中一共有多少平方米石膏板的一览表。当墙（或其他元素）在模型中被添加或删除时，所有这些材料和面积的信息都会自动更新。

因为我们已经知道模型中的量化信息，所以针对这些信息引入单位成本并推导出项目概算成本就非常容易了。任何 BIM 模型都不可能将建筑所有组件包含其中，理解这一点非常重要。为所有螺栓、铆钉、防水板、填缝料，或其他许多项目中的构件都建模是不现实的。完全考虑建筑错综复杂的内容，或者特定场地的意外开支，同样也不现实。然而，如果能通过

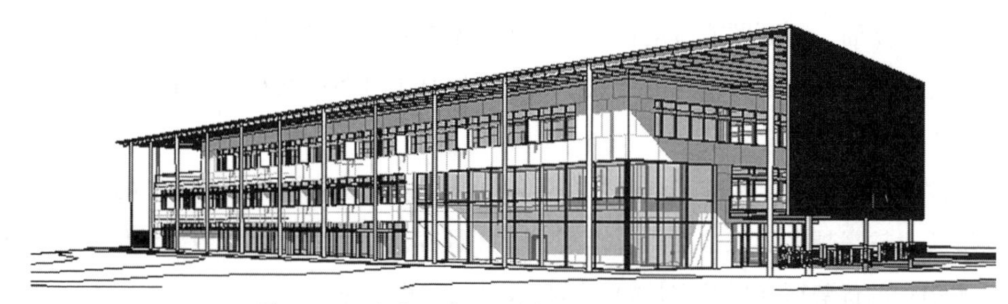

图 2.12 可视化设计（图片来自 BNIM Architects）

墙表				
墙类型	宽度	等级	总长度	总面积
Basic Wall: A1 – 6 1/8" 2 HR	0'–6 1/8"	2 HR	724' – 5 5/8"	12151 SF
Basic Wall: A2 – 5 1/2" (1 HR)	0' – 4 7/8"	1 HR	1736' – 8 1/16"	16079 SF
Basic Wall: A3 – 4 3/4"	0' – 4 3/4"		4536' – 3 15/32"	37736 SF
Basic Wall: A4 – 4" – Soffit	0' – 4"		788' – 1 1/32"	1965 SF
Basic Wall: A4 – 7 1/4"	0' – 7 1/4"	1 HR	1247' – 0 3/8"	12090 SF
Basic Wall: Exterior – Cement Board	0' – 7 7/8"		187' – 3 1/2"	7360 SF
Basic Wall: Exterior – Glass Bay	0' – 7 1/4"		160' – 1"	3287 SF
Basic Wall: Exterior – Wood Slat	0' – 7 1/4"		207' – 3 7/32"	3972 SF
Basic Wall: Exterior – Zinc	0' – 8"		115' – 10 13/32"	3798 SF
Basic Wall: Exterior – Zinc – Cap	0' – 8"		217' – 9 29/32"	6336 SF
Basic Wall: F1 – 12" (1 HR)	1' – 0"	1 HR	919' – 7 13/16"	9353 SF
Basic Wall: F2 – 12" (2 HR)	1' – 0"	2 HR	262' – 3 5/32"	2961 SF
Basic Wall: N1 – CMU Wall	0' – 8"	2 HR	1270' – 2 15/16"	20075 SF
Curtain Wall: Storefront			550' – 2 3/32"	5631 SF

图 2.13 一个关于墙类型、长度和面积的列表

与概预算工程师和承包商紧密合作来得到单位成本，就能做到对项目整体成本有个大致的概念。虽然不确切，但必然可以辅助设计。

可持续策略 BIM 特有的好处之一是可以利用从其他程序模型中提取的建筑几何信息，从而加速一些可持续设计专业需要进行的分析。例如能耗分析或日照分析（图 2.14）。我们也能够利用 BIM 自动统计面积和数量的能力来自动计算：

雨水收集 能够通过计算屋顶面积来确定水箱尺寸。

太阳能利用率 为太阳电池板计算建筑与太阳的相对位置以及屋顶面积。

再生成分比例 通过在 BIM 中向进度计划和材料中添加自定义的变量，我们可以计算特定材料或整个项目的再生成分比例。

图 2.14 采光分析（图片来自 BNIM Architects）

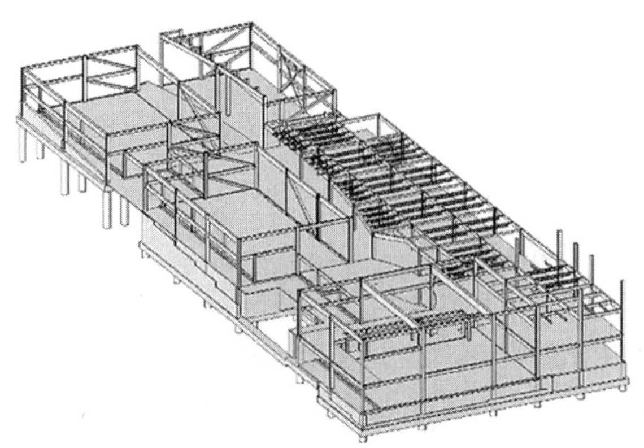

图 2.15 用于施工阶段模拟的 BIM 模型

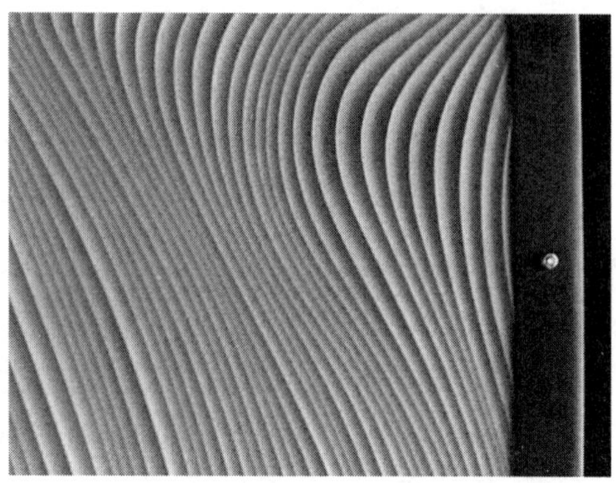

图 2.16 数控刳刨门板详图

施工计划 将建筑可视化地向工程人员展示也能在施工现场节省时间。对 BIM 熟悉的承包商能够利用它确认项目中一些通过传统的工程文档无法快速查看的区域（图 2.15）。这些区域也可以快速捕捉并反馈给设计团队，要求对其在项目的这个部分进一步加工。在施工现场，能够利用 BIM 在规则的时间间隔内将模型分成独立的施工阶段。

图 2.16 是一个放大的 7 英尺 ×7 英尺电脑数字控制（CNC）刳刨门板。通过将模型信息直接输入电脑控制的刳刨机中，我们可以用与制造者最少的反复沟通，创造出很复杂的图案。这种从设计意图直接到制造的控制能力，是设计者所能拥有的更高级别的能力，在此之前是无法实现的。另外，数字工作流程中包含更少的文书工作，从而节省下来的费用使项目更能负担得起这些门。

使用状况和设施管理 项目建成后，BIM 仍然可以作为业主有用的工具。因为它不但能统计建筑模型中任何元素的数量，还能对其进行定位，所以 BIM 可以作为资产管理和设备追踪的有效工具。

总之，除了创建一系列优质的施工文档之外，BIM 还有许多作用。如果您正在研究它们中的任何一个，有些核心的概念是这些用途所共有的：

- BIM 是一个能够帮助管理材料、组件和视角关系的数据库应用。
- 电脑会计数——并且它们能比您计数计得更准。显而易见，只要电脑这样做，能够动态地计数并且利用一个模型将材料和组件量化是一个巨大的好处。
- BIM 是三维的——BIM 不仅将建筑设计可视化，而且能够使查看者直观地观察太阳对门窗布局和建筑外表皮的影响。这同样意味着整个项目的几何信息数字化存储，并且能够在应用程序之间传递，用于设计和制造的各个方面。

建成后资源

尽管我们的堪萨斯城办公室只有 100 人左右，我们会频繁地重新布置资源以适应项目变化和需求。我们采用一个自己的 BIM 模型与其他应用程序串联，来追踪硬件和家具，并定位雇员。当根据不断变化的项目需求重新分配职员时，我们也能进行移动、添加和变更。下图显示了我们采用的一个 BIM 模型，该模型运行在特定工作站上的设施管理软件中，用于定位资源。

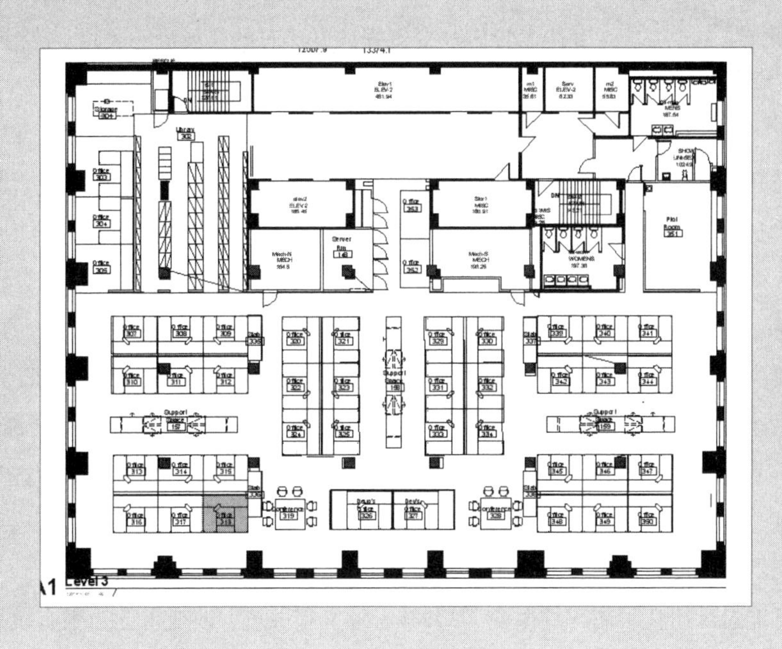

向 BIM 转型

作为相对新的设计和文件编制方法，BIM 是未来产业进步的巨大潜力所在。为实现预期的效果，BIM 的成功实施需要事先做好计划。虽然更换软件是其最基本的途径，但 BIM 的实施并不仅如此，还包括方法和工作流程的改变。BIM 的成功实施会改变您对项目阶段的划分和设计预期。请记住，BIM 是一个持续改进并细化的方法论，并不是一个剧烈变革。向基于 BIM 的方法论转型需要时间和许多项目迭代（图 2.17）。首先您了解了方法和工作流程，可以开始对独立的项目过程逐步做出改变和提高，来达到更好的效果。对那些能实现更好效果的项目重复实践这种有用并创新的概念。

对于任何方法论的改变，如果能处理所有要素就可以获得成功。项目的成功不仅是在财务和时间层面上，还决定了团队能否再现成功的结果。向 BIM 转型的一个难点是可预见性。

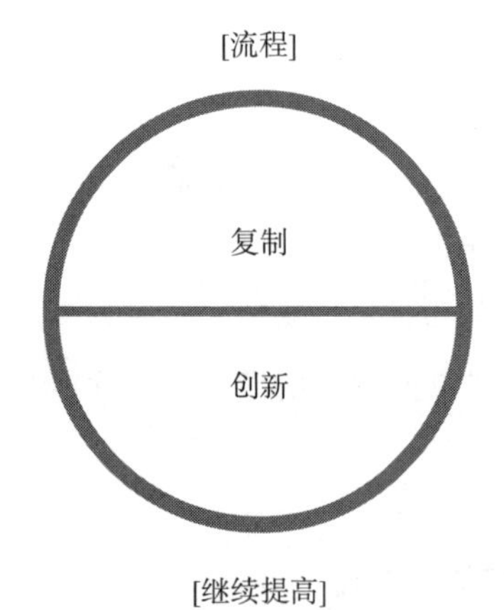

图 2.17 重复和创新

任何系统或方法如果是可预见的，即使本身再低效，那么它在一定程度上也是成功的。如果您能说 x 努力 +y 时间能产出 z 成果，那么这个系统即使低效，它也有个确定的舒适水平。转型到 BIM 后，系统会自动地变得不可预见，因为团队成员需要体验新的系统，用既有成果来建立一个舒适水平。不再是 x 努力 +y 时间产出 z 成果了。

图 2.18 是一个流程变化曲线：幸福度随着时间变化。幸福度代表当您改变流程或方法时的总体满意程度，它将财务、个人、职业和情感目标结合成一类。

任何创新最开始就会马上带来幸福度的上升。以得到一个新手机为例，您马上会因为它的新功能非常兴奋，比如摄像头或者蓝牙，使幸福度增加。

最终您会达到一个临时收益递减的点。您为理解新流程或设备所付出的努力似乎超过了您从改变所获得的价值，于是幸福度开始降低。在我们手机的例子里，您也许不会添加联系人，或者没法和您的日历同步，再或者不会设置时间和日期。最后您会达到曲线上的一个点，在这一点您需要决定坚持住还是撤回到您原来的流程或设备（您会把 SIM 卡放回旧手机么？）

您到了一个岔路口。如果回到原来的流程，那么熟悉和可预见性会马上增加幸福度；但这样做仅能与原来持平，并且永远也没法达到比改变前更高的层面。如果您坚持新的流程，当您挣扎着度过改变期时，幸福度会降低（挫败感上升）。然而，最终新的方法会变得可预见并且舒适，您的幸福度会达到新的高度。

尽管这可能过度简化了流程的改变，但其核心意义很关键。改变可能会很有挑战性。然而，为了实现更高目标并适应千变万化的行业和全球环境，我们需要重新思考我们的流程来获得成功。

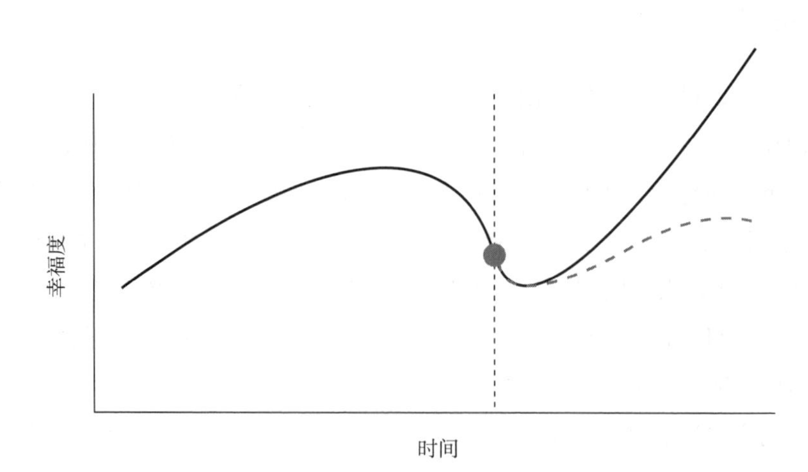

图 2.18 幸福度随时间变化

我们办公室的转型

在 2001 年，我们尝试了第一个 BIM 项目。那时，我们面临的是前所未有的最大规模的项目：一个 112 万平方英尺的办公楼，包括一部分历史保护建筑、新建部分以及比六个足球场还大的地下停车场。我们决定将这个挑战视为一个机遇，并且努力推行一个新的文件交付流程，即 BIM。我们买了 Autodesk 的 Revit 5.1，并且雇了 Autodesk 的实施服务（有才能的 Phil Read）来培训我们，教我们如何启动项目。其中的挫折和挑战我们已经概括地讲了很多，但最后还是很成功的。项目比计划提前七个月完成。

有了这次胜利，我们迫不及待地开始了第二个 BIM 项目。结果是场灾难。Revit 开发团队曾经有一个名为《十件不要在 Revit 中做的事》的小册子。其中八件是从这个项目总结出的。

可能这次失败最大的原因仅仅是因为我们对 BIM 过度热情并且太着急用 BIM 做过多的事情。当时，没有员工或其他公司能够在那场危机中提供支持。

当您从二维转型到 BIM 时，保持过程可控至关重要。从这个项目开始，当采用实验性的并且基本未经检验的方法论继续前进，我们已经能够在提供可预见性方面做得更好了。

BIM 作为一个工作流程

为了更好地理解 BIM 在大型项目流程中的影响，让我们先探讨此类项目中设计团队的角色。建筑设计的基本流程十分简单。对于外行来说，设计者的角色仅仅是：

- 设计
- 建造

这两个步骤在公众眼中是最显而易见的、典型的，它们包括提出杰出的、创造性的想法（概念），然后在建筑形式中执行。但把想法从制图桌带到现实中完成还需要其他团队成员，而在这个有限的视野中我们很少见到他们。在实际设计过程中还会发生很多事。好的设计变成一个更加丰富的过程，包括：

- 倾听
- 研究
- 设计
- 建造

● 使用
● 学习

在项目生命周期中，每一个环节都十分重要。它们适用于整个项目被想象并建造的宏观层面；或者当针对一个特定的建筑构件或系统时，这些环节也适用于项目的微观层面。

这个过程不是线性的，而是迭代的。作为设计者，我们不能一次就完成这些步骤，而是一遍又一遍地反复做。我们在纸上动笔之前就开始思考客户和建筑的需要。随着我们对想法和材料的研究，设计开始成形。设计逐渐展开，我们在建筑形式中采用那些想法的一部分来进行原型设计、建模和实验。我们试验（或使用完成的建筑），然后从结果和这个循环中学习精髓，再重新开始。随着我们在各种建筑构件和系统中重复这个流程，最终一个建筑开始成形。当它完成，我们就能从本项目多方面的成功中学习，然后开始下一个项目。一个成功的项目一般需要重复许多次这些步骤。尽管获得最好的结果可能需要尝试多种途径，但是许多项目没有那么多时间。

您可能会想，“好吧，我知道这些。这和 BIM 或者可持续性有什么关系？”BIM 和可持续设计的项目流程所采用的方法都有些不同。如果想要成果是可持续的，工作流程中必须做一个显著的改变。

Lewis 和 Clark 州立办公楼

为了说明这个流程，让我们来研究一个在 BIM 广泛可用之前完成的项目。尽管我们的例子是从多个项目中选取的，但这里所描述的流程可以视为一个典型的采用传统设计方法的可持续项目。

随着我们在各种设计迭代中反复工作，项目团队最终会创造出一系列模型。我们在这里使用“模型”这个术语是比较轻率的，因为它们并不都是真正的物理模型或数字意义上的 3D 模型。但它们是创造项目所需的具体想法、思考和概念的集合。一些专门是用于可视化的，一些是分析用的，一些纯粹用作出图的。然而，少了这些模型中的任何一个，就无法了解建筑的最终建成形态。所有这些模型都在项目流程各个部分使用。让我们讨论一下各个模型的重要性：

物理设计模型 这个模型用于研究建筑的几何结构、外部形态、建筑体量。建立大体积物理模型用于研究建筑的独立构件，例如遮阳装置。图 2.19 显示了这些模型中的一部分。作为一个微观层面迭代流程的例子，遮阳模型为了展示其与建筑形式的关系被物理建模，然后再在数字化设计采光和能耗的模型中被数字化创建，从而测试它们的性能和采光特性。

日照分析模型 建立这个模型是为了理解建筑外表面的遮阳效果。建立一个体块模型来理解太阳与建筑的位置关系，并创造一系列遮阳方法，来帮助建筑学表达太阳与建筑形式的

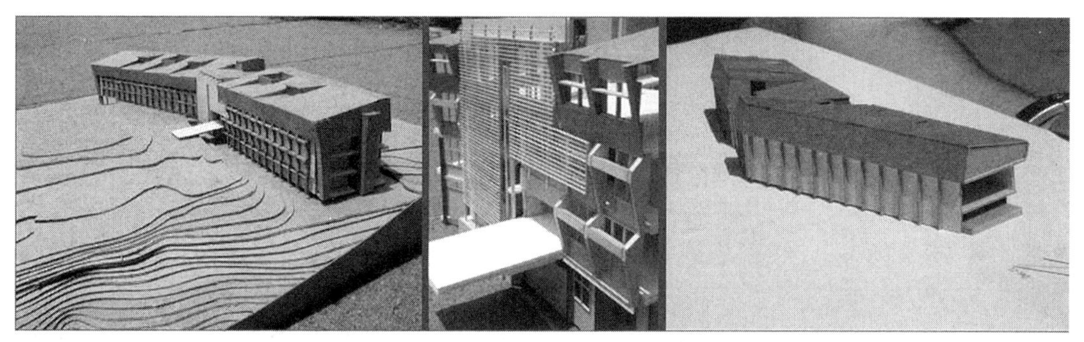

图 2.19 物理设计模型（图片来自 BNIM Architects）

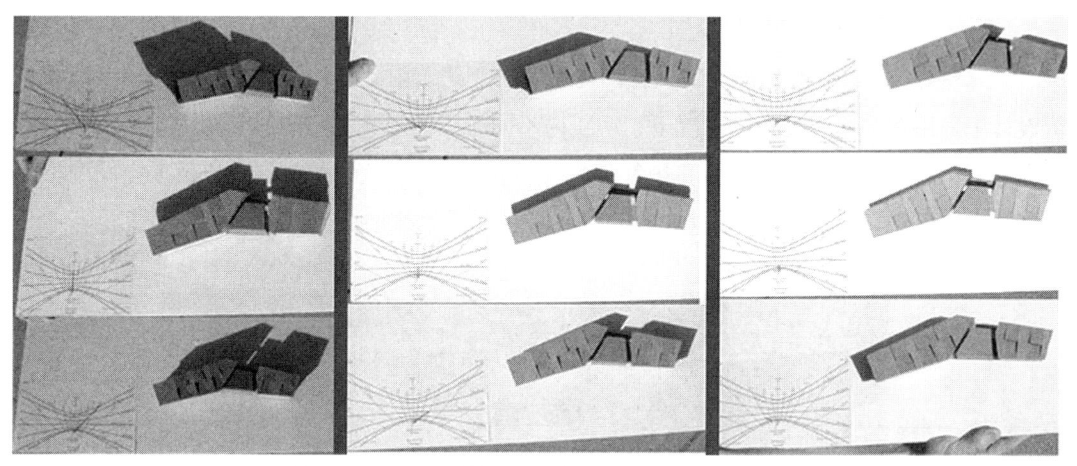

图 2.20 日照设计模型（图片来自 BNIM Architects）

关系。在这个明显的非数字格式中，模型被拿到外面并且对着图 2.20 中各模型左侧的太阳图旋转。尽管看起来很基础，但它准确地展示了太阳队建筑的照射。

数字设计模型 这个模型（图 2.21）是设计方与客户和业主团队沟通时采用的建筑 3D 图形表达。一般在设计阶段早期使用这种模型的简化版，更细致的渲染模型通常在展示材料里使用。

图 2.21 数字设计模型（图片来自 BNIM Architects）

能耗模型 建立能耗模型是为了理解建筑物的能量负荷及需求。这个模型开始说明并帮助预测建筑的电力需求以及这些系统是如何集成的。当我们给建筑加上更多的照明和电气设备，制冷的需求通常也会增加。人的因素也要考虑进去。根据居住者的数量和他们的活跃程度，我们需要适当调整供热或制冷的总量。图 2.22 是 3D 能耗模型，图 2.23 是一个设计早期的热负荷的图示。

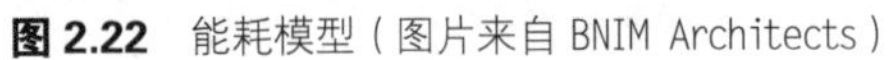

图 2.22 能耗模型（图片来自 BNIM Architects）

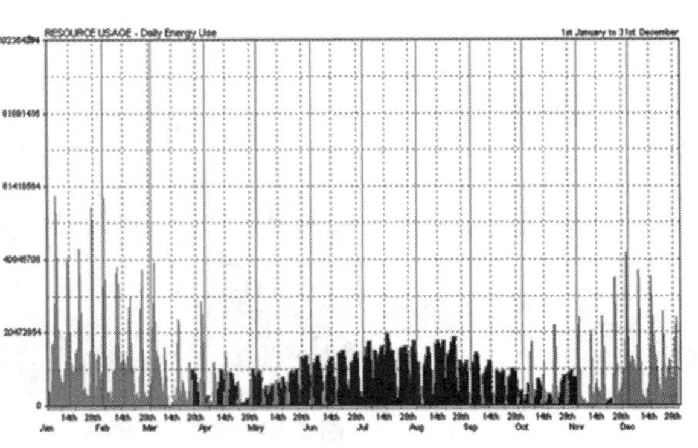

图 2.23 模型的能耗数据

采光模型 采光模型（图 2.24）被设计用来研究建筑内具体的采光量。此类模型能够分析设计中采用不同遮阳设施的情况下，一年内不同时段的采光量。通过计算建筑所接收的太阳能总量，它还会影响能耗模型和热负荷。在图示模型中，利用等高线可以读取空间内不同英尺烛光等级。

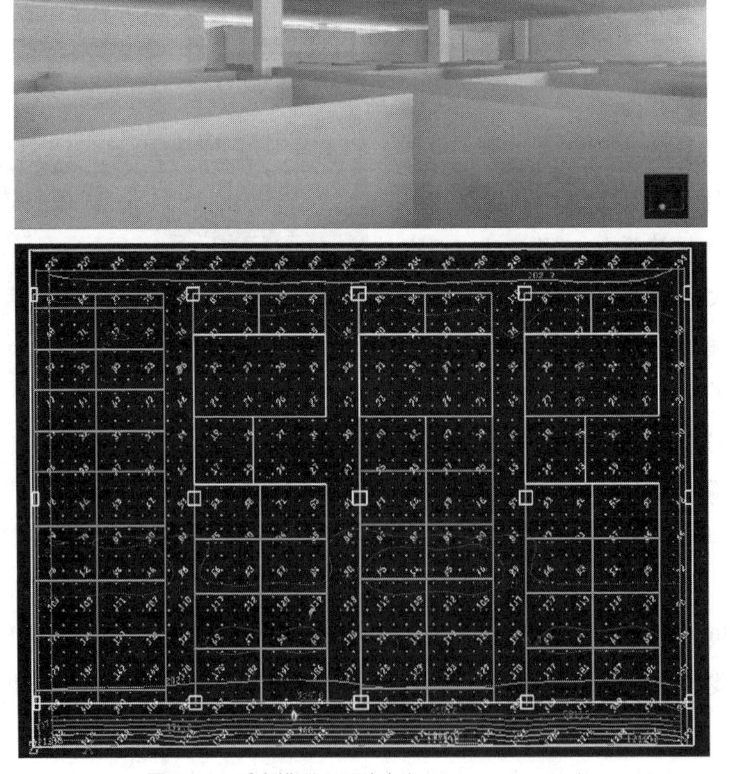

图 2.24 采光模型（图片来自 BNIM Architects）

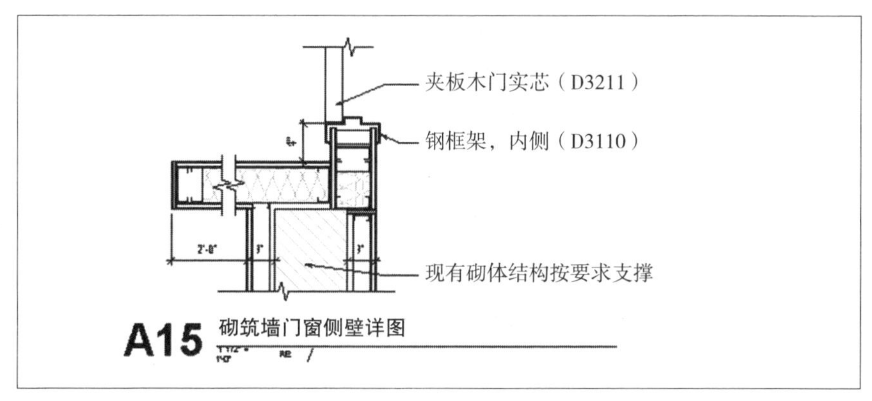

图 2.25 BIM 模型中的施工详图

施工文档模型 尽管本例并不是一个真正的“模型”，但它是个用于把项目建立起来的沟通工具。许多方案和想法由前述那些模型尝试或检测，最终它们需要被记录到一个系统中，这个系统要易于被施工团队理解和分发。图 2.25 是一个 CAD 中创建详图的例子。

成功地按照设计完成项目需要所有上述模型；然而，仅仅为了处理几何信息改变对各种模型的影响，各个模型的创建变成了一系列完全分开的工作。以遮阳模型为例。需要创建一个模型来查看阴影状况，一个模型来测试它们避免阳光直射的功能，一个模型来测量和分析允许进入建筑空间的光照量，还需要施工文档将这些信息传递给施工团队。这些模型中的任一个一旦改变，都会影响到设计、形状、材料以及遮阳篷的位置。因为所有这些特性都是相互影响的，所以可以想象其对沟通和管理信息工具的需求。有了这个工具才能使所有这些改变相互同步。

BIM 的范围

自从 Lewis 和 Clark 州立办公楼项目之后，我们能够采用 BIM 将那些独立的分析和设计功能整合到一个几何模型中。尽管大部分工作不能在一个 BIM 模型中直接实现，但 BIM 模型可以作为这些工作的基础。这样就避免了对建筑几何冗余的修改。请记住，一个好的 BIM 模型是包含基本几何信息建筑组件的数据库。借助这些数据库的特性和功能，我们能够超越纯 2D 设计和出图，实现更多可能。采用数据库驱动的建筑信息模型能做的一些事：

输出模型几何 我们能将 BIM 模型导出到不同的分析软件中，例如能耗、太阳能、采光等，从而获取并重用建筑几何信息。在我们自己的工作中，运行一个能耗模型一半的时间消耗仅仅在另一个程序中重作建筑几何上。如果能节省这部分时间，就可以加速项目进程并允许更多轮设计迭代。

计数 它不是个电脑么？BIM 软件善于给模型中的元素计数。它不仅能计算每个东西的数量（例如门），还能计算墙的面积、材料的体积以及空间的大小。

分类 如果您不能快速挖掘出您需要的信息，即使能直接获取创造建筑需要的许多数据也没用。BIM 是一个数据库，程序是很善于进行数据分类的。

计算（简单加减，等等） 在我们的数据分类并计数之后，我们能对这些数据进行多种计算以获取新的信息。例如，如果一个项目中我们现场浇筑的混凝土包含 15% 的粉煤灰，我们要知道项目一共需要的粉煤灰的体积，就只需在模型中生成一个表来算出这个量即可。

沟通 在所有例子中，模型被设计为快速提供项目指定部分信息的工具。一个项目的文档中可以包含报告，从而能更好地将设计过程中的关键问题通知项目团队成员。

将下方列出的功能结合起来给了我们无限的可能。图 2.26 探究了一部分这些功能，并且展示了它们中可能的内在联系。在下一章，我们将探讨可持续设计的关键要素。

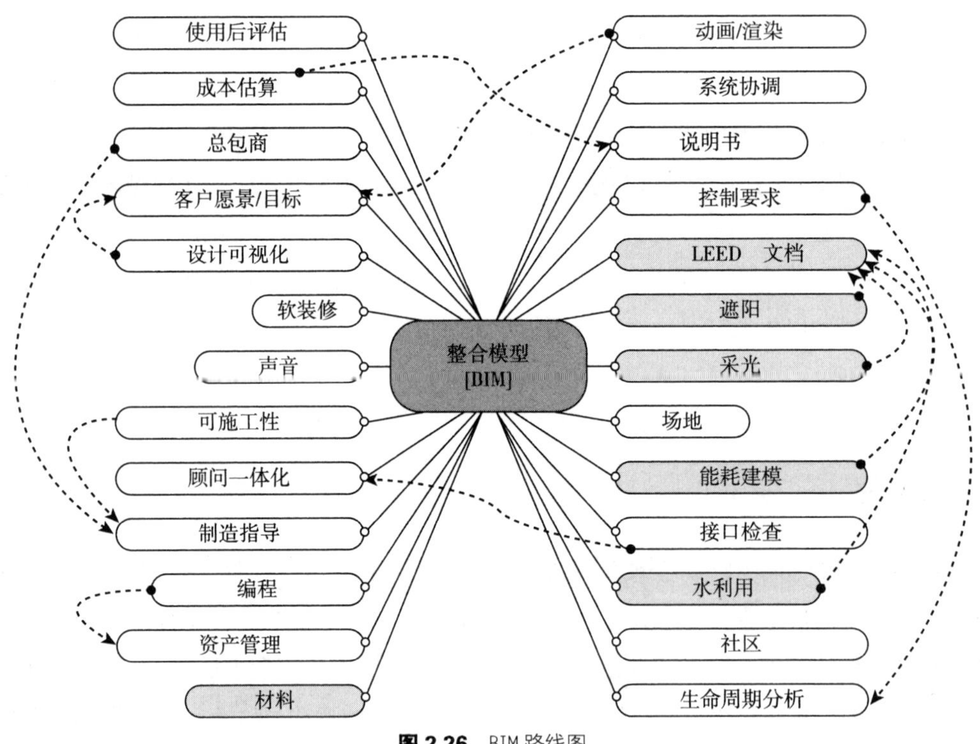

图 2.26 BIM 路线图

第3章

整合设计团队

没人能比所有人知道得更多

——佚名

近年来，建筑设计和施工的流程和技术变得越来越复杂。设计师的工作越来越离不开其他专家的帮助，比如顾问或承包商。向专业领域集中的趋势已经促使了一个运动的发展，这个运动将业主、设计师、承包商、顾问和主要分包商联合在一起，变成一个整合设计团队。整合设计的基石是：跨专业共享知识的能力，项目团队坚持的实力，以及项目团队激情的能量。合作、坚持和激情是开发出最可持续解决方案的必要因素。

职责的转变

因为我们领域中的复杂性增加，专业性急速提高，我们已经不再能像100年前那样对项目有个整体的视野。文艺复兴时期，像伯鲁乃列斯基（Brunelleschi）那样的建筑师能有机会以建筑大师的身份工作（图3.1）。这种典范允许一个人拥有建筑设计和施工过程中需要的全部知识,一定程度上是因为当时的建筑系统相对简单。“整合”可以说是自动的。文艺复兴之后，建筑大师这个角色分成建筑师—承包商。

几世纪以来，随着建筑技术继续发展，产业继续划分和细化。建筑变得愈发复杂，建筑系统需要更深层次的专门化。而集中的专门化使设计和施工专业变得更加碎片化，甚至因为各专业都在竞争优先级导致相互之间有时是对立的。特别是20世纪以来，与其他产业相比，我们产业中的碎片化导致了效率剧烈的下降——我们自身流程的效率和我们创造的建筑的效率都在下降。

图 3.1 伯鲁乃列斯基设计的穹顶，佛罗伦萨，意大利（图片来自 Brad Nies）

为什么要整合设计

建筑大师创造的那种纯粹（建筑师和建造者是同一个人）不再是一个可靠的选择。尽管没必要去哀悼建筑大师模式的混杂，但理解它对于现在模式的影响还是有好处的。当今世界需要的设计层是很多的——结构、景观、管道、数据、供暖、制冷、安保、电力、照明、控制和可访问性等。层的数量和它们之间复杂的相互作用提出了对一个整合的设计方法的要求，正如它们需要 BIM 一样（图 3.2）。

我们仍然必须忍耐许多存在了几个世纪的、相同的、传统的设计条件，例如：

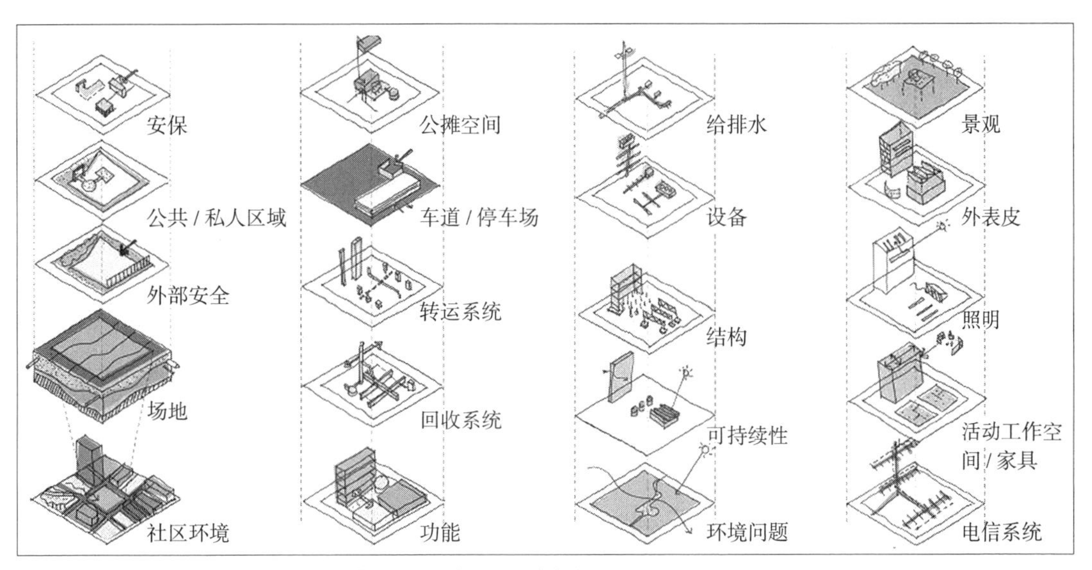

图 3.2 设计层（图片来自 BNIM Architects）

- 施工现场的实际情况
- 设施的可用性
- 符合建筑规范和地方法规
- 尊重环境法规和要求
- 预算

这一系列约束要求团队人数越来越多，每个人负责他们专长的信息和解决方案。个体的知识的深度本身不成问题，但如果从分散来源收集的信息没能有效地整合，那就有问题了。

如果我们要理解并在整合的基础之上建造——自然和人类本性之间的整合，建筑和自然环境之间的整合——我们需要重新思考我们对设计和施工实践的态度。今天，团队拥有更多知识和信息，而不是个人。为了获取需要的知识，我们必须走向整合设计实践，其包括业主团队、设计和施工团队以及整个社区，从而创造一个更加整体的设计和更加全球化的解决方案。

Arthur C. Nelson 在他的讨论文章《走向新的大都市：重建美国的机会》中指出："到 2030 年，大约一半美国人所居住、工作和购物的建筑将会是 2000 年以后建造的。" 仔细思考一下 Nelson 令人震惊的预言。在不到半生时间内，下一代设计和施工团队将对全球建筑环境产生重大影响。

牢记建筑工程领域新得到的紧迫感及其意味着的影响力，我们的讨论以环境，以及自然和人类本性的联系开始，后者始终非常吸引人但经常被忽略。在这个特别的十字路口，可以看见我们的路线图首先指向整合，既是技术上的也是文化上的整合。我们没把自己今天所处的位置看作争论的时间，而是改变我们思想和行为，并且着手处理我们理解的设计的最终极挑战：自然和人性的整合，建筑和自然环境的整合，我们和它们的整合。如果建筑师的首要责任之一是保护生命安全，那么不妨认为这就是生命安全的终极关注。

我们作为一个社会或一系列社会的行为影响全球经济、文化和气候，这如今已经不再有任何疑问。无数的期刊文章、电视广播、新闻故事、书籍、报告、环境倡议组织，以及基金项目证明了地球明显并必然的轨迹。

例如近些年，关于人类影响气候变化的文章已经走出了《科学美国人》杂志，每年都使《时代》、《新闻周刊》、《名利场》等杂志的封面变得优美。获 Al Gore 学院奖纪录片“难以忽视的真相”在美国全国广播公司（NBC）、探索频道、美国有线电视新闻网络（CNN）和美国家庭电影院（HBO）点燃了一系列聚焦环境变化的电视特辑。2007 年 11 月有一阵，NBC 晚间新闻有一个“绿色在美国”每日节目。美国公共广播公司（PBS）的“建造绿色”，科学频道的“环保技术”，以及天气频道的“Heidi Gullen 博士的气候代码”，都是专注于可持续性的每周节目。

看来我们测算和定位自己环境灭亡的能力超过了我们理解它的能力或决心，更别提为此做些什么了。尽管无能，我们还是在被最近一些反映我们产业态度转变的迹象鼓舞着。有人可能会说是专门化、区分化和个人主义的自大和无知的态度造成了我们今天这步田地，这也许意味着应该做出改变了。那么我们的设计和施工产业该怎样做呢?

当其他产业已经找到平衡资源、时间和生产力的高效的方法的同时，建筑产业反倒创造了更多的废物，效率还更低。我们相信低效和浪费很大程度上是因为信息孤立的产业趋势。通常，工作在同一个项目的团队不共享数据，互相强迫对方刷新信息或者为此支付费用。分离主义没能解决它试图解决的诉讼或质量控制的问题，反而降低了效率并更加浪费。

据美国绿色建筑委员会称，美国的建筑对全球环境危机所应负的责任是惊人的。美国的建筑应对如下负责：

- 70% 美国电力总消耗
- 39% 美国主要能源总使用量（包括产品燃料消耗）
- 12% 美国饮用水
- 40%（每年 30 亿吨）全球的原材料使用

制造了：

- 38% 美国总二氧化碳排放
- 1.36 亿吨美国的施工和拆除废物（大约每人每天 2.8 磅）

解决方案必须包含相反的原则：连通性、整合性以及相互关联。这个问题不仅关系到改变我们的生活，还要改变我们思考和工作的方式。仅仅是少用一些原材料并减少排放还不够。

一个变革的文化需要团队协作和相互联系的精神，这正与我们当前隔离的并且有对抗倾向的状态相去甚远。

我们能够看到缺乏沟通导致更高的初始成本，以及更长时间的低效率的一些例子是：当工程师根据经验方法设计暖通空调系统，但没有被包络在建筑设计中。另一个例子是当业主要求插塞荷载 4 瓦每平方英尺而其实测的可用值才接近 2 瓦每平方英尺。 一个我们最常见的沟通失败是承包商提出的价值工程条款（value engineering items）不满足建筑师或工程师对性能的要求，比如廉价的窗户系统或低效的机械设备。

真正可持续性的一个基础原则是所有建筑系统自身的整合以及它们与项目外部经济和环境现实的整合。当全体设计团队能够积极地相互分享关于整个建筑的工作，真正的集成就变得更加真实并引人注目。积极分享需要一个允许畅通并连续的沟通方法。

团队成员

20 世纪 90 年代中期，业主对一个项目的决策主要就是选一个好建筑师。尽管这个选择主要取决于资格，但最后设计费用也影响许多业主的决策。今天，建筑师仍然是设计团队中的领导者，但是尽管一些业主仍然把注意力集中在建筑师上，其他专业也正变得愈加重要。我们发现业主同样也在通过增加内部员工话语权，更早雇用承包商和听取社区诉求来实现更多价值。

设计者

除建筑师之外，项目中的设计师通常由内装设计师、景观师、土木、结构、设备、电气和给水排水工程师组成。在 20 世纪末又加入了一些专业的顾问，例如成本估算、声学、食品服务、屋面、石工、防火、安保、数据和电信等方面的专家。

专业化仍然在发展并分割着各设计专业。现在有了更新的专业，例如外观工程师、灯光工程师、可再生能源顾问、佣金代理商和最后加入的可持续设计顾问。考虑到如果业主已经选了设计费最低的团队，养活这些专业的钱是很有限的。

尽管上述设计师基本都是建筑或工程专业人士，但有些团队还引入了其他学科的专业人员，例如产品制造商、化学家、生物学家、生态学家以及其他科研人员。不管专业出身，只要他们能为项目带来价值，这些专家的引入就是重要的。每个专业领域都有看待问题的不同角度，并且能以不同的方式参与解决方案的研究。与建筑的构件和施工相比，创意是很便宜的，应该以开放的姿态获取来自各方的好创意。今天的通信技术创新使团队成员能够在远离现场的情况下参与项目。

一个整合团队

蒙大拿州立大学地震中心是 BNIM Architect 早期的一个高度协作的项目。该项目扩展了传统项目团队，并且是美国绿色建筑委员会 LEED 最初的试点项目。它也是四个由美国国家标准技术局（National Institute of Standards and Technology）赞助的示范项目之一。从加利福尼亚到英格兰，来自各地的专家组成了该项目团队，他们确立了新的获取全世界最好创意的标准。这个列表太长，所以无法复制到我们的书中，但团队成员包括建筑师、工程师、承包商、制造商、教员、学生、行业研究员、政治家、史学家、生态学家、生物学家、物理学家、经济学家，以及材料、采光、可再生能源、生物废物处理系统、系统集成等专业顾问。您可以从美国国家标准技术局网址 [http：//www.fire.nist.gov/bfrlpubs/build00/art112.html] 下载关于此项目的完整的报告。

地震中心的透视图（图片来自 BNIM Architects）

业主

目前我们仅讨论了业主能任用的可能的设计团队成员。别忘了业主团队的组成。在过去，业主的团队很小，可能包括一些高层管理者和一部分设施管理团队，也可能没有。我们相信业主方面有大量利益相关者是非常重要的。利益相关者是在项目团队中没有日常工作的使用者和决策者。我们推荐发现并邀请横跨传统组织层级的利益相关者，从顶层指挥者到建筑工程师。令其提供他们对于组织的新设施及其运营的观点，这将使团队更加团结一致。

承包商

我们应该讨论的另一个团队成员是承包商。当今以及 20 世纪下半叶比较常见的情况是，承包商在设计和施工文档完成之后被带入团队。在这个被称作“设计 – 投标 – 建造”的传统交付方法中，承包商会收到一系列表达设计意图的图纸和说明文档，在很少与建筑师或业主沟通的情况下，就被要求提交一份做这个工作的投标。业主会以此选择最有资格并出价最低的承包商。然而，以我们的经验，结果往往是最有资格的承包商被忽略，出价最低的竞标者被选中。因为在相对较少的时间里要做太多工作，无法完全解释施工文档。难道承包商也作为设计和文档编制团队的一部分不是更好么？我们相信承包商越早加入越好。在本章后续部分我们将分享一些大型绿色建筑案例，这些项目分别通过三种主要的设计交付方法：设计—投标—建造，担保最高价格，以及设计—建造。

社区

我们不能忽略社区的参与。当一个单独的建筑项目对社区十分重要，或当这个项目重新定义了社区和街道，必须允许社区成员在项目早期加入。如果项目团队在整合社区的过程中耽误得太久，可能会减少社区的支持。

最可持续的解决方案是完全整合的，如果当作决策时所有相关方未能都在设计桌上，完全整合的可能性就大大降低了。毫无疑问，协作越早开始，成功的机会越大。图 3.3 显示了一个整合设计团队图。现在，考虑考虑，在您决定需要谁在桌子边上之后，您如何整合所有这些专家的力量？

合作、承诺和激情

一个合作的，为项目目标投入的，或对找到最优解决方案有激情的团队能够创造好东西。我们相信一个综合了所有这三个方面的团队能够有机会创造出伟大的事物，也许能建立一个前所未有的新标准。

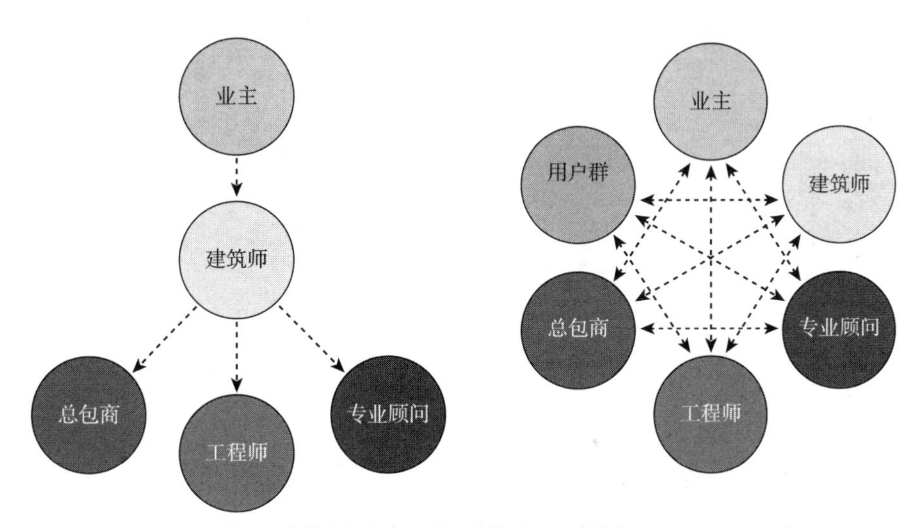

图 3.3 传统团队模式和整合设计团队模式（图片来自 BNIM Architects）

合作

对话的机会是我们工具集中的一个有效工具。通过相互对话，我们学习并研究出对特定设计问题更深的理解。携手工作，而不是单独在我们各自的办公室工作，可以使我们找出最优的解决方案。与顾问的早期对话和我们导师教我们的过程正相反——把底图画好并交给其他专业，好让他们能开始实现我们的设计。

为了启动一个协作的开放标准，每个团队成员必须知道其他成员是谁以及他们能给项目带来的价值。使专家们相互尊重通常是我们第一次研讨会或团队会议就包括的内容。每当有人要加入团队，都以自我介绍开始。陈述您是谁，您为什么是项目团队的一分子以及您希望贡献什么，这样做十分重要。

自我介绍之后是一些全团队知识分享，让大家都能理解每个团队成员是从哪着手以及他们认为项目该往哪发展。对话分享知识的部分最好由业主开始，因为在雇用项目团队之前，业主已经对他们想要的东西有了想法，但可能还未与团队交流。为了最终产品成功，设计和施工团队成员应该越早明白他们的努力方向越好。对于许多团队成员来说，首个研讨会就是第一个倾听业主的想法并提问题的机会。图 3.4 展示的正是如此：整合设计团队和业主团队在研讨会中分享最初的想法。

图 3.4 项目启动阶段知识分享会议（图片来自 BNIM Architects）

设计和施工团队成员应当以分享他们职业陈述的方式来分享最新的信息。在这些对话中，我们介绍了混合着我们对可持续性理解的设计，以及二者与我们即将进行的项目之间的关联，从而分享我们最近的想法。多年以来，设计对话细节的部分在改变，各领域的阐释深度应当针对不同的听众进行调整。

因为市场趋势，业主已经对可持续性有了更深层次的理解，并且需要更少的团队内部培训。然而，还总有一部分业主团队被要求考虑可持续解决方案，尽管他们自己还没有概念。我们建议团队中其他人与这部分人接触，并帮助他们从自身角度理解可持续解决方案的好处。越多专业有相同的底线式的思考（baseline type thoughts），整个团队成员之间就越能相互质疑，从而设计出高质量的可持续建筑。

当所有团队成员理解了业主对项目的愿景，并且每个利益相关方都有机会分享项目中潜在的机遇之后，就该为项目建立一些明确的原则了。将业主的使命与愿景与客观实际结合起来即可研究出项目的原则。基于这些原则，团队应该开始建立目标。原则和目标应该足够强大，在项目过程中面临困难的决定时也应该适用。整体目标应该包含可量化的阶段性目标，从而使团队能够清晰地看到他们离成功实现目标还有多远。请记住在任何项目中，有些目标能够实现，但也总有一些是实现不了的。然而，在项目早期阶段，尽量别被束缚。找出实现目标过程中必须克服的障碍，并且为了实现预期结果而克服它们也同样重要。

用一个例子来说明项目原则和目标是如何整合进一个项目的可持续策略中的。假设我们的项目正在与一个业主协作，这个业主的使命包括消除饥饿。水是生存的基本条件，并且绝大多数食物的生产需要水资源;因此，我们这个案例的业主希望这个建筑成为节约用水的典范。基于这一点，项目综合团队可以提出一个这样的项目原则：将水视为珍贵的资源。相应的可量化的项目目标可以是：防止项目现场水流失。

在确立原则和目标的对话中，全体项目团队将理解哪些工作可以快速推进，哪些需要更多时间和精力才能完成。提出清晰的原则和目标也能使主要决策者获得项目团队的全面支持。这种支持在项目后期，事情不如前期运行得流畅的时候将显得十分重要。通过对话，明确了业主的承诺，授权了设计团队。下面我们研究一下业主的承诺以及项目团队激情的必要性。

业主的坚持

一小部分设计公司已经为绿色解决方案奋斗了几十年。随着 USGBC LEED 绿色建筑评估体系的发明和应用，其他许多设计公司和承包商快速地加入这个挑战。然而，更重要的是当今开发商和业主需要更高性能解决方案这个市场潮流。

提前确立目标

1998年，在一个项目初审入围之后的面谈中，业主的要求包括“把您的绿色思想放在家里”。大概三年之后，业主搬进去之后问能不能给新建筑弄个USGBC认证。他们这样要求是因为竞争对手们的建筑那时都已经获得了认证。不幸的是，已经太晚了。如果他们在最开始就对绿色的概念采取开明的态度，那么这个项目达到认证的目标并不难实现。最近我们有一些潜在的业主在资质审核阶段要求我们提供之前设计建筑的整体能源表现以及绿色认证。

我们希望强调的是，制度上的保证是实现可持续解决方案最重要的因素之一。为了使项目团队向一个正确的方向积极努力，这个方向必须有一个可靠的保证。这个保证必须传递给被雇来完成项目的专家们。传递这些保证是那些设计和施工解决方案中要实现的使命导向的价值的关键。如果这些保证在内部矛盾出现的时候失效，那么设计和施工团队实现最好的解决方案就变得十分有挑战性了。

我们见过业主方的项目领导层在项目中期（甚至是施工中期）换人，仅仅是为了脱离项目团队在初期已经确立了的可持续发展目标和期望。当业主方面的保证失效，所有为清晰地确立愿景、原则、目标的那些对话所带来的好处便会全部消失。

项目团队的激情

为了获得更高层面的成功，我们必须考虑到项目团队的激情。人类的本性就是会在他们内心感兴趣的事情上表现得格外好。如果他们是可持续设计的拥护者并且积极主动地执行它，那么团队将会实现更高程度的可持续性。

如果一个团队推行可持续解决方案仅仅是为了服从业主的期望，那么业主选择这样的团队就是阻碍自己的发展。USGBC LEED项目是一个改变市场的有效工具，但仅仅是一个指导方针和出发点。如果一个没有经验的团队仅仅是为了项目需要才采用绿色建筑评分系统工具或试图实践可持续设计的方法论，那么他们将会发现前路是非常险峻的。如果他们强烈地希望实现更好的解决方案，这种激情能够部分弥补经验的缺乏。

每个业主都应寻找一个有愿望和能力找到创新解决方案的项目团队。这类解决方案可能都不在绿色建筑评分系统的范围内。只有通过创新才能发展可持续设计和施工的解决方案。一个有激情的团队联合一个有清晰目标的坚定的业主可能会在满足预算和质量控制的前提下，将项目做得比最初预期的还要好。

在过程中促进整合

当一个设计团队成立，项目预期明确，业主坚定，并且每个人都对能够实现的东西很有激情，那么设计的流程就可以开始了。在团队努力实现可持续建筑的同时，持续沟通是必需的。保证持续沟通的一个好方法是项目研讨会。项目研讨会的数量取决于项目类型、项目进度和可用的经费。

请记住在设计早期推行各种概念与建筑的其他成本相比要便宜得多。以我们的经验，到方案设计的最后阶段，仅花费了 20%—25% 的设计费，但已经决定了大概 70%—80% 的环境影响和运营成本。可以用模拟结果的方式检测这些早期的概念，从而能够在许多智力和经济投入之前进行必要的改变。在设计早期阶段改变设计决策比等到全体项目团队都进入施工图阶段或更糟的情况——项目已经部分开工时再做改变要有效得多。

您应该在各个初始阶段都开一个全体团队的研讨会：设计前期阶段、方案设计阶段、深化设计阶段。如果能开两到三天，研讨会将会最有效，但还是取决于项目大小、复杂度及可用经费。随着团队进入到项目后期，比如施工图阶段或施工阶段，整个团队依然作为一个整体进行工作很重要。不过，这些阶段的合作也可以根据需要以小组的方式进行，只要确保各阶段的信息及时地与其他团队成员分享即可。

设计阶段研讨会

研讨会是整合设计团队的一个标志。在研讨会上，全体成员一起完成项目的各个方面。设计过程的每个阶段都会有一定数量的研讨会，每个项目都会根据情况调整研讨会的数量。

设计前期

在设计前期阶段，第一个研讨会应该开在项目现场或附近的地方。第一天的内容应该包括实地考察。考察业主目前正在使用的建筑设施，与业主探讨他们的愿景、原则和目标。应该意识到这种探讨可以在一到三天内（根据项目大小来定）在任何地点进行。一个独立的建筑可以在一天内讨论完——但总体规划要更长时间。让我们用一个建筑的例子继续讨论。

设计前期研讨会的第二和第三天可以用来与全体利益相关者重新确认前一天做出的决定，从而对项目、场地、建筑类型和气候达成共识。也应当讨论其他项目需求，例如合规管理、地方规定以及控制计划流程等。然后，团队就可以开始针对一些主要项目系统做重点决策。可以展示一些早期的想法和图表，例如结构、设备、电气、给水排水、围护和表皮系统、建筑位置、场地开发、约束条件以及机遇。

建筑师最好能将设计前期研讨会的信息记录下来，写入一个能够在项目全周期参考查看的文档中。每个团队成员为这个文档提供他或她的专门技术。在把这个文档分发到项目成员手中之前，业主应该审查并批准这个文档。在项目执行之前，要求每个团队成员理解其中的内容。这个底线建立起来之后，团队就能进入方案设计研讨会了。

方案设计

在第一个方案设计研讨会中，项目团队提出一些建筑和场地整体设计的概念方案。方案的数量取决于项目要求，一般来讲是三到四个。团队将在以后几周让专家们以更高的视角，从性能、成本、环境影响方面测试每个方案。这些分析不会太复杂，但依靠经验、简单的模拟和数量级的计算。这些结果将会与目标确立阶段定下的指标相比较。

在第二个方案设计研讨会中，项目团队将会检查结果并优化方案。一个方案里的一些表现较好的策略可以适用于另一个方案。团队应该采用最好的部分并重新加工方案，这样可以将方案筛选至两个，最终选择某个概念方案之前应再分析一遍。

虽然建筑的美感和优雅很重要，但获胜的方案应当具有最好的使用性能和最小的环境影响，同时又能满足规定的预算。基于完整的信息，项目团队可以编制一份报告，包含如下内容：当前做出的所有决策的摘要、场地和建筑设计、程序确认、环境影响报告、项目进度和成本估算。这个报告也应该包含当前预算范围内可考虑的选项，或当有更多资金时可以考虑的选项。在进入下一阶段之前，业主应当审查并批准此设计方案并确认项目预算。

深化设计

随着项目继续进入深化设计阶段，研讨会将着重改进总体设计。建筑、结构、设备、电气和给水排水系统将更深程度的整合并且检查他们对施工进度、初始和长期运营成本、建筑性能以及环境的影响。

雨水径流

我们曾经在一个设计和制造仓库的项目团队中工作。这个项目所在的地区的雨水径流是个关键问题。项目的目标之一是将雨水径流量减少到城市的要求以下。方案设计早期的策略包括采用一个集中的有大型植物的绿色屋顶（green roof）。同时，团队将结构形式定为钢结构。钢结构系统最能满足业主对于美学、简洁、耐久和建造速度的要求。如何将这两个选择整合到一起呢？

因为加重的绿色屋顶的重量，需要更多结构支撑，但这样就会增加成本并限制横跨距离，导致空间内需要比预期的更多的钢柱。通过与土木工程师和景观设计师讨论后，设计团队发现他们仍然可以实现同等的雨水径流减少。他们一同决定采用一个仅

3—6 英尺厚的延展的绿色屋顶，并保持结构系统的轻盈和成本高效性。径流减少的措施，例如透水块石路面和绿化带，可以被用来弥补加重的绿色屋顶和延展的绿色屋顶的差别。没有团队中建筑师、业主、结构工程师、土木工程师、景观建筑师的整体考虑，就不可能实现这个解决方案。

有许多解决方案像“雨水径流”栏目中描述的那样，设计早期的策略以及这些策略相互整合的方式需要改进才能实现项目目标。在同一张桌子上一起工作能够让这些解决方案更高效地出现，而不是等它们在审查的阶段才被发现。

施工交付手段

随着设计和施工产业开始成功地重新接受一些过去的策略和实践，以及一些新技术，有一些关于到底什么是对于“三重底线表现”最好的交付手段的争论。是经过时间考验的“设计 - 招标 - 施工”法，还是“担保最高价格”，还是“设计 - 施工”法？在这一节我们将探讨一些中心地段建筑的例子，并且您将会看到没有一个方法就一定比其他方法好。

设计 - 招标 - 施工

设计 - 招标 - 施工是一个建筑师们采用了几十年的文档流程。设计 - 招标 - 施工在设计阶段阻止了承包商的参与或其与业主及项目团队的互动。正如名字一样，建筑师和顾问设计项目然后发送给一批相互竞争的承包商。业主在项目预算和承包商声誉之间权衡，最终做出选择。承包商一旦竞标获胜，就会加入项目团队开始施工。

设计 - 招标 - 施工流程最初是为了帮助业主获得承包商最低廉的价格的手段，以此来节约成本。随着时间的推移和建筑产业复杂度的增加，设计 - 招标 - 施工这种方式制造了一些设计和施工团队之间的敌对状态。承包商无法在早期介入设计过程来提供其关于可施工性的专家意见，导致设计团队只能猜测在项目中传达设计意图所需要的细节程度。设计团队如果没有经验丰富，沟通紧密的预算师，同样也会为如何在预算范围内进行设计而很伤脑筋。

理论上讲，设计 - 招标 - 施工作为一个流程并未把自身设定成一个与可持续解决方案相关联的整合方法。然而，像密苏里州杰斐逊市 Lewis 和 Clark 州立办公楼那样的高性能绿色建筑，用实例展示了一个团队如何协作克服设计 - 招标 - 施工方法的缺点。

由 BNIM 建筑事务所设计，12 万平方英尺，USGBC LEED-NC 铂金认证的办公楼，仅耗资 151 美元 / 英尺。本项目受密苏里州自然资源部（MoDNR）委托，为其设计办公楼并展示

图 3.5 Lewis 和 Clark 州立办公楼（图片来自 BNIM Architects）

他们保护和恢复密苏里州自然资源的使命。项目团队所面对的挑战是要在不增加成本的情况下，设计一个能够创造可持续发展新标准的办公楼。专注于能源效率、健康工作场所以及资源管理工作（图 3.5）。每个决策都在一个高度整合的设计环境中解决多专业问题。从设计阶段开始高度协作，并在白金认证后与新加入的承包商继续深入合作。项目的效果超出了业主预期的目标，而且在自然资源部的标准预算之内。

本项目成功的一些因素：

整合设计 为了在有限的预算内实现铂金等级，并且还没有承包商在设计阶段介入。设计团队内部的高度协作是平衡项目经济和环境两个方面所必需的。

合作 业主、住户和设计师之间高度的热情与合作——由专家研讨会和社区拓展支持——是促进一个“能做”精神的关键。此精神激励着热切的施工团队，他们很努力地去为项目获得额外的分数，做得比预先设定的目标还要好，尽管设定目标时他们没在场。施工团队从未做过绿色建筑，但因为他们在此项目的合作参与，从此被这个全国奖项所认可。

设计 建筑形式、朝向、围护和系统被整合起来从而最大化全部工作场所的能耗表现，最优化采光、视野和热舒适。该设计比基准建筑的能源利用效率高 60%。每个空间中的可操作窗户减少了对机械通风系统的依赖。地板下空间允许住户控制热舒适。采用的建筑材料，如地毯、油漆、塑封剂和胶粘剂，仅含有极少的挥发性有机成分（VOCs）。

资源用量 85% 的材料来自一个垃圾堆的老结构。75% 的新材料来自 500 英里半径范围内。通过与密苏里州惩教局的职业进取计划合作，设计团队重新设计了该州标准系统家具，使其兼容绿色环保协会标准。联合的努力改变了计划中未来项目的实践。新的场地规划将所有雨水收集到生态湿地、分层撒布机（level spreader）以及本地植被之中。一个 5 万加仑的水箱用于收集雨水再利用。无水小便器和低水量设备进一步降低了可饮用水的用量。前 13 个月节约了 405000 加仑水资源。

协商担保最高价格

协商担保最高价格（GMP）交付方法的目标是通过为即将施工的建筑设定一个最高价，来限制施工价格。这让业主比较舒服，因为他们将在设定的价格范围内完成一个项目，当然，除非有协商所基于的文档之外的变更。在担保最低价格方案中，业主仍然是分别雇佣设计和承包商，但承包商能够在设计早期介入，从而为协作和团队承诺提供更好的机会。

位于阿肯色州小石城的 Heifer 国际中心，是 GMP 建设交付方法的一个范例。该项目开发面积达 22 英亩，位于小石城市区东部被美国环保署划为“棕色地带”的地区。第一期工程为占地面积 9.4 万平方英尺的办公楼。近年来，该办公楼先后荣获了“2007 年度美国建筑师学会（AIA）委员会十佳环境工程奖”和全美国著名的“2008 年度美国建筑师学会荣誉奖”。该项目于 2006 年完工，并获得了美国绿色建筑委员会 LEED-NC 铂金认证。项目团队包括 BNIM 建筑事务所的咨询事业部“Elements”，其作为 PSRCP（Polk Stanley Rowland Curzon Porter）建筑事务所执业建筑师的可持续设计顾问。图 3.6 是完工后的项目实景，项目成本为 190 美元 / 平方英尺，不含土地费用。该项目团队的成功，主要归功于业主的承诺。

图 3.6 阿肯色州小石城 Heifer 国际中心（图片来自 Timothy Hursley）

2003年，大部分前期工作已经完成。应业主的要求，Elements加入到项目中来，为现有的设计团队提供可持续设计方面的知识，以期促进实现Heifer国际中心的绿色设计目标。一开始，围绕Heifer的使命，我们开展了一系列的生态专题研讨会。在研讨会期间，项目团队进一步拓展了Heifer内部绿色团队的目标，并对设计设定高标准。随着新知识和可用资源的出现，并在业主追求的可持续发展使命的带领下，整个项目团队充满激情，全力以赴。

业主承诺的具体例子是，要求回收利用97%（以重量计）的现有13座建筑物和相应的现场铺路材料。Heifer首先清理了所有的危险部分，然后利用了建筑物的可回收利用材料，如砖头等，然后把其余部分材料，分别交给工人、承包商和社区来回收建筑材料。这样一来，建筑物就剩下了砖石墙、水泥地面、钢结构、一些不可回收的墙壁和屋顶材料。清除了不可回收利用的材料并回收钢材后，项目组在社区内找到新的拆迁公司，在现场将剩下的混凝土和砖石材料等粉碎。粉碎后的材料可以用于现场孔洞的填充，用不完的出售到其他施工现场。

另一个例子是，Heifer对水资源利用做出的努力，带动了整个团队思维和协作。在生态专题研讨会期间，Heifer已表达了他们对水资源利用的承诺：该项目要成为珍惜水资源的范例，因为在他们所有的项目所在的国家里，美国对于水资源的利用最不加注意。项目组秉承了Heifer使命驱动的价值观，打造了一个除了厕所污水外，所有现场水资源零流失的项目。

最先表现了Heifer对水资源极度重视的是停车场中利于雨水渗入的透水路面系统。多余的水进入当地生态湿地过滤，并最终被存储在沉积池中。沉积池里的水在重力作用下，自流进入环绕建筑物的人工湿地，蜿蜒穿过项目所在地，为生物创造新的栖息地。项目完成后几个月，鸭子和其他野生动物搬进湿地。3万平方英尺的屋顶上的雨水，被收集在一个5层高，容量达4.2万加仑的水塔内。这部分水被补充到一个单独的用于存储盥洗室和空调冷凝水的灰水储存罐中，这些存储罐再向厕所和冷却塔供水，这部分供水量约占项目用水总量的90%。

设计－建造

最近几年，“设计－建造”交付方法备受欢迎。事实上，设计－建造法的合作伙伴，包括设计者和建造者，共同受到与业主签订的合同的约束。在前面给出的另外两个例子中，设计团队和承包商都是独立的实体。采用设计－建造方法，设计师和承包商并不需要是同一家公司，但其目标是创造一个更加统一的团队。

设计－建造法的典型成功案例是位于堪萨斯州奥拉西市的Sunset Drive办公楼（178美元/平方英尺）。采用设计－建造法，该楼由堪萨斯州约翰逊县的McCownGordon建筑公司建造，占地面积约127000平方英尺，约翰逊县的7个部门在里面办公。2006年竣工时，该项目获得了美国绿色建筑委员会 LEED-NC 黄金认证(图 3.7)。项目组利用整合的团队，将承包商、设计师、顾问和分包商在项目初期就聚集在一起。项目组的这种整合方法，使得建筑的承包商和分包商能够对设计理念进行现场分析。这种整合过程注重早期阶段的成本和可施工性分析，以减少重新设计，并寻找创造性的方式来抵消部分更昂贵的项目支出。

团队工作方法的一个例子是设计过程中设备、电气、给水排水（MEP）分包商和 MEP 工程师的整合。他们一起评估设备和控制系统，以最大限度提高效率，但仍维持预算水平。另一个例子是钢结构承包商建议改变结构网格间距，显著节约材料成本。钢材方面节约下来的资金可以投资到更高效的 MEP 系统。由于过程中分包商的早期参与和加入，效果就好多了，并且利用再生和本地制造的材料更容易实现 LEED 目标，现场回收也更容易实现。

图 3.7 Sunset Drive 办公楼（图片来自 Brad Nies）

一站式交付方式最好吗？

从上述例子中可以看出，从项目成果的角度来讲，与项目团队协作、组织的承诺及项目团队的热情相比，交付方式显得并不那么重要。我们介绍的每个项目其交付方式都不同，前期投入也相对合理，而且每个项目的环保水平都很高，所有项目都比规定的能源利用效率底线高出 50% 以上。

一种新的交付方式有可能成为最佳选择：精益建造（http://www.leanconstruction.org）。精益建造是以生产管理方法为基础的项目交付方法。根据精益建造方法，建筑师，承包商和业主通过合同被绑定在一起，联系紧密。

精益建造的主要特点如下：

- 建筑及交付过程统一设计，可以更好地展示和支持客户意图。
- 这项工作的设定贯穿于整个过程中，以实现项目交付水平上的价值最大化，减少浪费。
- 所有的管理和提高性能的努力，都旨在提高整个项目的质量，因为这个目标的实现比降低成本或增加任何行动的速度更重要。

继续前行

您的下一个项目就要来了。行动起来，把注意力放到关键点上：切实掌握各级组织利益相关者的承诺，组建一支充满激情的项目团队（最好是经验丰富的），在交付方法允许的前提下，尽早把所有设计和施工专业人员带入项目。不管您采用什么样的方法，一定要目标远大，互相协作，享受过程。

第 4 章

可持续解决方案的方法论

如果人类能少花点时间证明自己能够战胜大自然，多花点时间去品味大自然的美，尊重大自然的规律，那么我相信人类会有一个更加美好的未来。

——E · B · 怀特

前面我们已经探讨了可持续发展相关的概念及其对团队的影响。我们还需要进一步研究这些概念对我们的设计会产生什么样的影响。因此，下面我们将介绍一下操作顺序，帮助设计团队实现更加可持续的目标。项目过程中，在正确的时间考虑具体问题可以最大限度减少负面影响，并维持较低的初始成本和运营成本。一旦您懂得了如何在设计全过程中创造可持续解决方案，您就掌握了 BIM 的力量。

操作顺序

如第 1 章所讨论的，要制订可持续解决方案，需要扩展传统思维。在设计过程中，作出一项决策必须考虑更多的因素和更长时间。通常情况下，我们的同事、客户或其他专业人士常常会要求我们把可持续设计的过程分解成几个不同的便于理解的阶段，也就是我们要讲的“操作顺序”。它是由下列通用方法衍生而来的，用于减少建筑物的能源消耗：

1. 了解当地的气候状况
2. 减少负荷
3. 使用自由能
4. 采用高效的系统

基于能量消耗的方法论，我们扩展思路，制定出了贯穿整个设计过程的操作顺序，以适用于建筑物的能源利用、水资源利用、材料的使用，以及场地设计：

1. 了解当地的气候、文化和地域特点
2. 了解建筑类型
3. 降低资源消耗的需求

4. 使用免费 / 本地资源和自然系统

5. 使用高效的人造系统

6. 使用可再生能源产生系统

7. 抵消其他的负面影响

了解当地的气候、文化和地域特点

如果您认为了解当地气候、文化和地域特点听起来像是一件重要但却不需要动脑子的事情，那么您是对的，而且您可能已经有了优势。然而，想想那些在过去 30 年设计和建造的，又没有这个基本概念的建筑吧。

了解当地的气候特点，是项目组面对的第一个挑战。要想弄清楚设计者忘记考虑气候特点会产生什么样的后果，最简单的方法就是看看这些采用玻璃幕墙的办公楼图片。图 4.1 向我们展示了位于芝加哥和休斯敦的一些类似的办公楼。这两个城市的气候特点完全不同，但却建造了如此相似的玻璃幕墙办公大楼。在美国，从迈阿密（有大约 4300 个制冷度日数）到安克雷奇（有大约 10600 供暖度日数），许多主要城市都有玻璃幕墙办公大楼。作为设计师，建

图 4.1 芝加哥和休斯敦的天际线（图片来自 Brad Nies and Filo Castore）

筑商和业主，我们一直在说，“我们把楼建在这里，不管要消耗多少能源，都要用机械系统使大楼的用户感到舒适。”如果在大楼的设计过程中，设计师们把气候因素考虑在内，就会有不一样的解决方案。

不同地区的文化也不尽相同。在美国，每个上班族对室内环境的要求会是一样的吗？从地域差异的角度来看，各地建筑物的雷同现象比较严重。在美国，各地的零售店和大商场的设计，无论是外观还是室内布局都是一样的。

在当地复制其他地方的建筑物的情况也是有的，这通常需要从遥远的地方向当地运输建筑材料。比如一位北美客户或设计师对意大利大理石情有独钟的情况。

了解气候特点

要想了解一个地方的基本气候特点并不难。但是要想使得这些特点成为自己知识的一部分，能够信手拈来，却需要一定的时间和实践。一旦做到了这一点，您也就拥有了做出良好设计决策所需要的基本数据。作为我们公司的实践和工作流程的一部分，针对我们每个项目所在地，我们广泛收集科学数据并以此绘制气候图（图 4.2）。气候图中包含了项目所在地的光照、风候、湿度、温度、焓湿图、植物和动物等内容。

在下面的章节中，我们将讲述如何收集和利用气候信息。

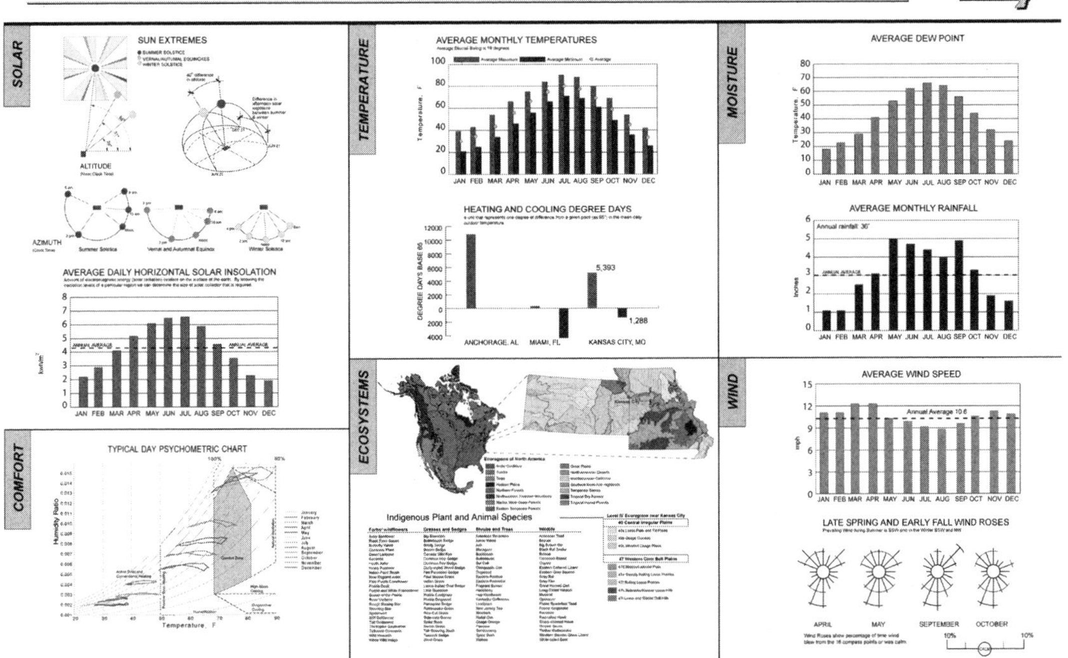

图 4.2 气候图示例（图片来自 BNIM Architects）

位置

所需的气候信息与项目在地球上的位置有关，因此项目团队应该做的第一件事就是了解并研究项目场地的经度和纬度。这看起来简单，但却是很重要的步骤。了解了经纬度，再获取其他的气候信息就变得相对容易多了。如果您用的是BIM的工具，您可以通过在项目位置对话框中，选择您的项目位置获得此信息。或者，您也可以从地图、其他软件或网站上获取相关位置信息，包括那些后文中要讨论的其他数据的媒介。

知道了经纬度，项目组就能够确切地知道一年中有哪几个季节，也可以明确项目所在地距离正南方向有多远。正南方向指的是从一个给定的点到地球的地理南极的方向。正南方向区别于磁南方向，它取决于项目在地球上的地理位置。这两者之间的差称为磁偏角。为了最大限度地利用被动式太阳能供暖、供能和采光，建筑物东西向应该比较长，使其面向正南方向。一般来说，要保持建筑物的正面与正南方的角度不超过 ±15°。

此外，您还可以利用纬度，粗略地计算出安装固定倾斜光伏（PV）电池板的正确角度。为了优化光伏电池板性能，光伏电池板的安装角度通常要与纬度一致，因为这样能够使全年太阳的垂直照射时间最长。堪萨斯城位于北纬39°，因此堪萨斯城的光伏电池板与水平地面的倾斜度最好设定为39°。

太阳光照

太阳光照信息主要包括两个方面的内容：该区域基本的日照角度和日晒强度数据。离赤道越远，日晒强度就越小。对于地球上的某一特定位置，方位角和高度是测量太阳位置的两个因素。方位角是太阳位置的水平分量，以正南方向为标准。正数表明位置为南偏东，负数表明南偏西。高度是指太阳仰角的角度，以项目所在地水平面为标准。要注意的是，我们建议您在收集此类信息时，应参考时钟时间而不是太阳时。时钟时间能反映出当地以夏令时（DST）为基准观测到的太阳位置。以时钟时间为基准是有好处的，这是因为建筑物建成后，其正常运营是以时钟时间而不是太阳时为标准的。时钟时间和太阳时最明显的一个区别就是正午时太阳的位置。许多设计师希望，正午时分太阳光照完全垂直于面向正南的建筑物，但这在夏令时里是不可能的。因为在夏令时，时钟时间要超前太阳时一个小时。也就是说，大约在午后1点钟左右，太阳光照的角度与面向正南的建筑物才接近直角。图4.3列出了相关条件。

日照角数据可以从多种渠道搜集。其中的一个来源是手动操作的皮尔金顿太阳角度计算器（Pilkington Sun Angle Calculator）。这种计算器最初是由Libby-Owens-Ford公司开发的，现在由建筑科学教育协会（SBSE）提供。也有基于网络的工具，如由设计引领可持续发展公司（http：//www.susdesign.com/sunangle/）提供的SunAngle。

在概念和方案设计阶段，基本高度和方位角可以在许多方面发挥作用。先把日照角和之前收集到的有关建筑物正南方向的位置信息结合起来，可以选择合适的建筑朝向。根据太阳光的照射情况，可以正确地选择玻璃窗的位置，安装必要的外部遮阳设备，以减少日照得热量，

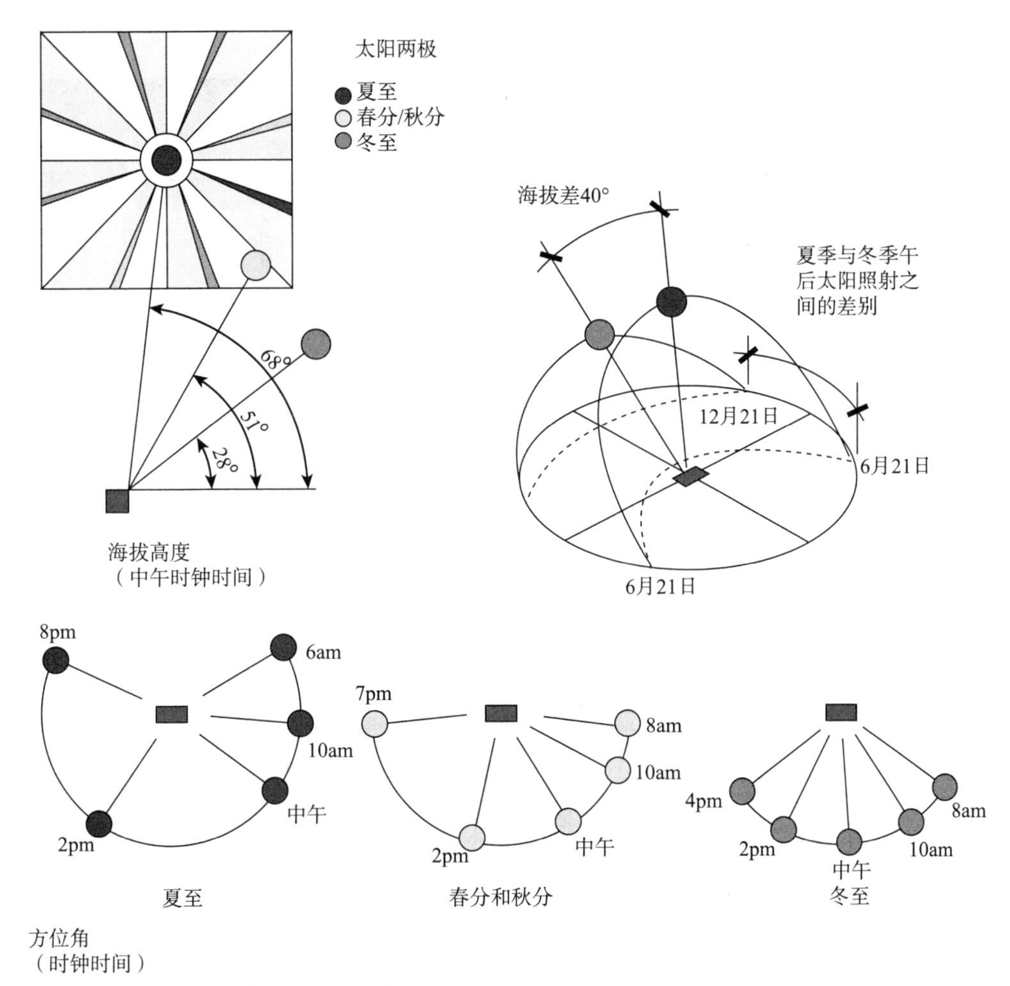

图 4.3 密苏里州堪萨斯城基本的太阳角度信息（图片来自 BNIM Architects）

避免太阳直射进入室内。利用基本高度和方位角，可以确定外部遮阳深度，确定遮阳装置安装在水平还是垂直方向上，或在两个方向上都安装。并非所有的项目用地或建设方案都有最好的朝向。在这种情况下，就需要查看每个立面的外遮阳的潜在需求。

也请记住，这些都是在建筑设计的不同阶段的基本角度要求。照射到建筑物上的实际日照角是根据建筑物的方位角和高度角综合确定的复合角。这些基本角度对早期的设计决策和直观认识有着重要的作用。对于建筑设计的最终优化和细节问题的处理，需要更精确的复合角。好在包括大多数的 BIM 工具（图 4.4）在内的大多数的设计软件，可以让用户即时直观地查看复合角。

通过了解某一地区的日照水平，可以判断出用于水加热和发电所需要的太阳能收集器的大小，单位是千瓦小时 / 平方米 / 天。从图 4.5 可以看出，堪萨斯城利用太阳能的最佳时段是 3—9 月。

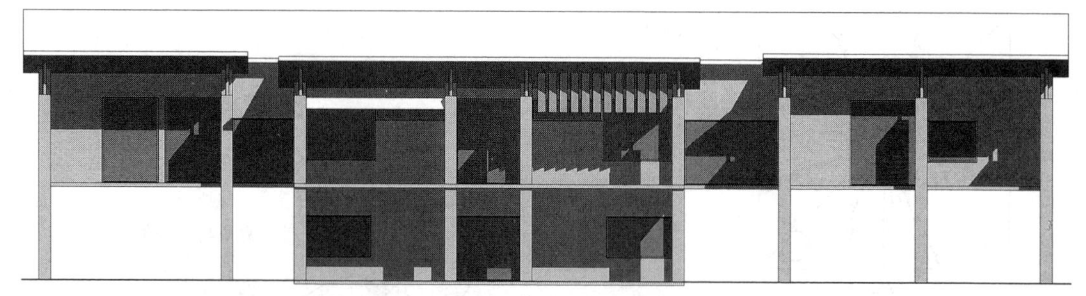

图 4.4 利用 Autodesk Revit Architecture 软件显示出的外部遮阳装置

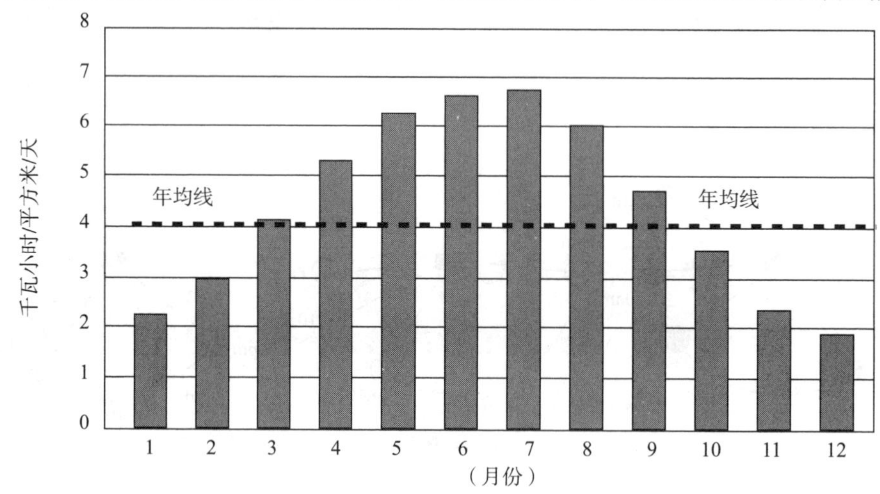

图 4.5 堪萨斯城日照数据图表（图片来自 BNIM Architects）

温度和结露点

温度数据也是一个重要的信息。您应该收集月平均最高气温，平均气温和平均最低气温。大多数能耗仿真软件包都有气象数据文件，因此温度数据很容易获取。利用免费下载的工具，如“气候顾问”（Climate Consultant）（http：//www.aud.ucla.edu/energy-design-tools），您可以轻松地查看编译过的气候数据，而无须学习或拥有资源模拟程序。“气候顾问”是一个图形接口程序，可以利用 EnergyPlus（http：//www.eere.energy.gov/buildings/energyplus/）中的气候文件格式，直观地显示出气候数据。在“气候顾问”软件出现之前（以及在天气数据尚未以 EnergyPlus 格式编译的地区），您可以从网站上收集温度数据，如 Weatherbase（http：//www.weatherbase.com）。

采集了温度数据后，您就可以找出项目在哪几个时间段可以利用自然通风。然后利用湿度信息，再次验证这些时间段（相关内容将在本节后面讲述）。另外，还要结合气候图表中的温度和舒适度数据，设计出外部遮阳。优化设计的外遮阳，在制冷季节期间，应该能够挡住多余的热量，而在供暖季节应该能获取需要的太阳热量，又不会造成眩光，给人造成不适。

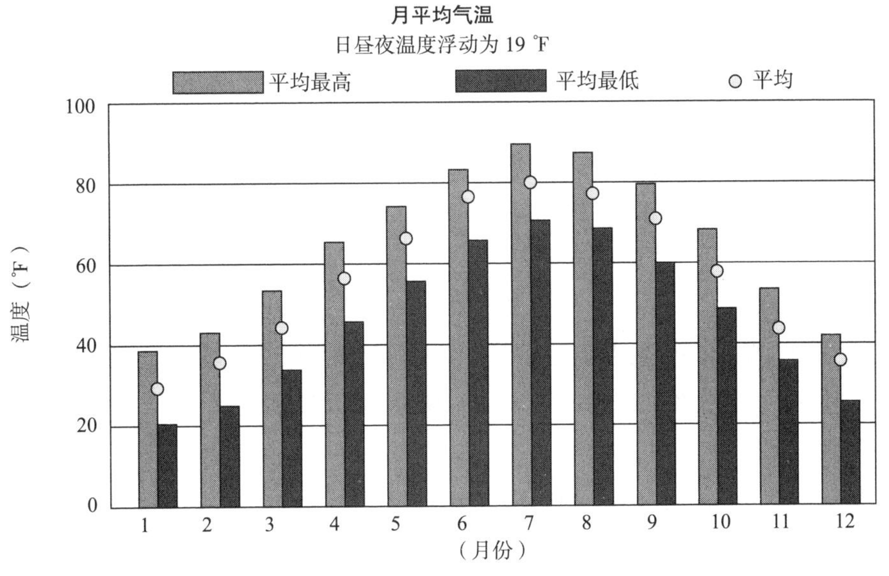

图 4.6 堪萨斯城温度数据图表（图片来自 BNIM Architects）

在图 4.6 中，请注意平均昼夜温度浮动，即平均最高和平均最低气温之差。昼夜温度浮动数据可以作为确定夜间制冷可能性的依据。

在美国，城市建筑物是否需要制冷和供暖是根据制冷度日数和供暖度日数等温度信息来确定的。“日度差”（degree day）是平均每日温度和控制温度（通常是 65 ℉）之间的差。例如，如果给定一天的平均温度为是 85 ℉，这等于 20 个制冷度日（CDD）；如果平均气温是 45 ℉，则等于 20 个供暖度日（HDD）。显然，由此我们可以看出，当时的天气是需要制冷还是供暖。在图 4.7 中，我们比较了这两种情况下几个美国城市的最严重情况。

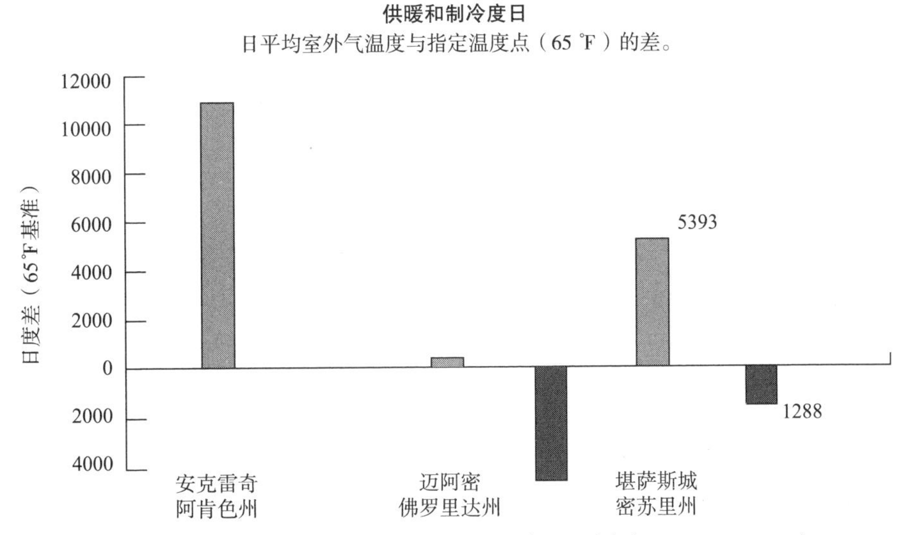

图 4.7 堪萨斯城供暖度日和制冷度日数据图表（图片来自 BNIM Architects）

湿度数据与温度数据是紧密相连的，因为是这两个方面共同决定了人体的舒适度。为了弄清温度和湿度之间的关系，您需要收集每月平均结露点温度。结露点温度的来源与上文讲述到的温度数据的来源相同。如果气温接近平均温度，较高的平均结露点温度意味着潜在的人体不适。当结露点和温度值比较接近时，这通常意味着较高的相对湿度。高温状况下，我们通过身体出汗降温，但高的相对湿度却抑制汗液蒸发。高温和高结露点同时存在会造成人体不适。

降雨

另一个需要收集的湿度数据集是月平均降水量（图 4.8）。您可以利用前面提到的渠道，即资源模拟软件的气候文件或网站（如 Weatherbase）收集降水数据。

降雨量数值可以用于模拟和了解情况。最重要的是，从中可以明确项目所在地一定时期内的降雨量。基于已知的雨水量，根据建筑物表层设计，例如屋顶、人行道、车道、景观等，就可以计算出有多少径流。这样您就可以算出有多少水量可以被重新利用，例如用于冲厕所、灌溉、喷泉或水景花园等。

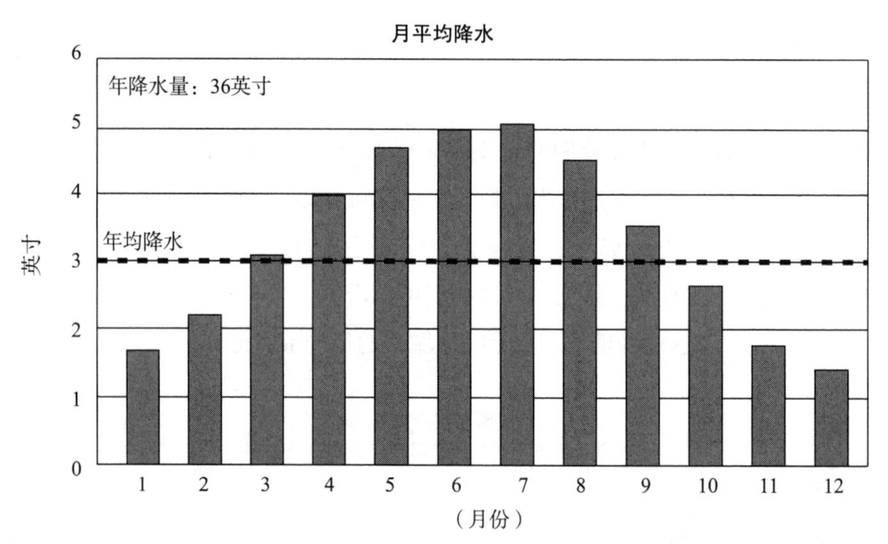

图 4.8 堪萨斯城降水量数据图表（图片来自 BNIM Architects）

焓湿图

针对一特定的气候条件，决定采用供暖还是降温策略的最简单的方法就是看焓湿图。焓湿图是我们的气候图表数据集中的一个组成部分。根据定义，焓湿图是潮湿空气在恒定压力状态下的物理性质曲线图。另外，它还汇集了我们之前探讨过的三个数据集，即温度、结露点和相对湿度。

您无须亲自动手绘制单个数据集图表，可以利用相关工具来完成，而且多数可以利用资源模拟软件的气候文件数据集来实现。其中一个就是我们之前提到的“气候顾问”软件，另外一个是由国家可再生能源实验室（http：//www.nrel.gov）开发的“Weather Maker”。“Weather

Maker”是 Energy-10 的一部分，是由可持续建筑工业委员会（SBIC）提供的资源分析软件，并采用了 Energy-10 气候文件格式。

焓湿图的核心是“舒适区”（图 4.9），在这个区域内人们一般会感觉身体舒适。您可以在图上的特定区域标注是需要供暖还是降温策略。这样一来，什么样的策略有效，持续时间有多长，在一年中的哪个时间段等信息就一目了然了。舒适区内数据点越多，就越不需要供暖、降温或湿度控制。

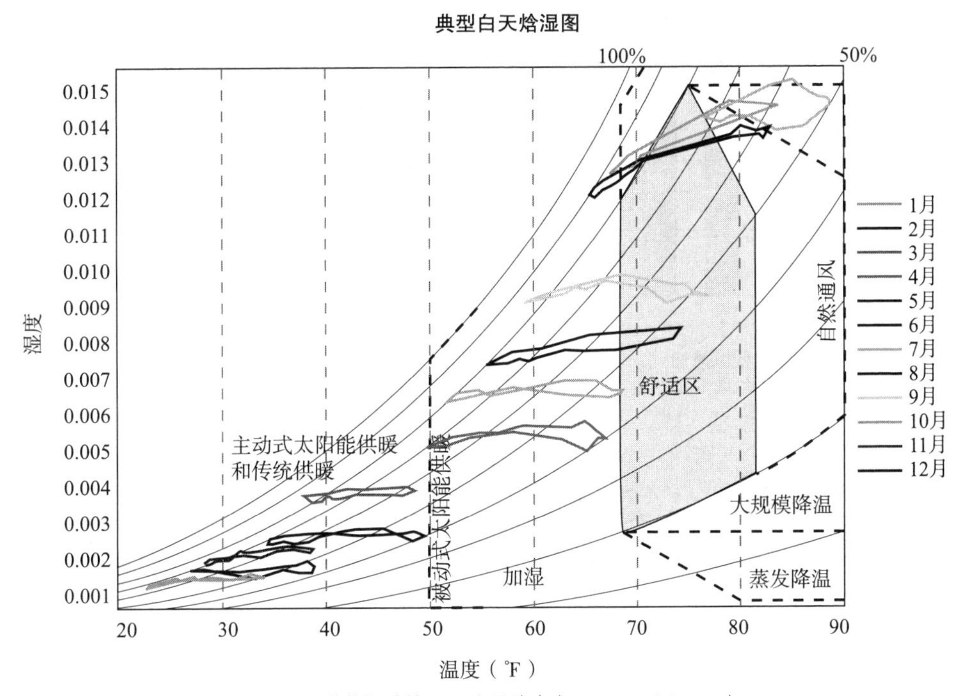

图 4.9 堪萨斯城焓湿图（图片来自 BNIM Architects）

风

风的数据包括风速、风向和持续时间。根据项目的不同位置，获取这方面的数据最具挑战性。大多数天气信息来自于各大机场气象站，如果您的项目现场恰好就在附近的话，当然很好。我们已经讨论过的数据集与附近机场的数据差异不大。然而，不同地点的风的数据会有较大的出入。

在早期决策阶段，要充分利用离项目尽可能近的风数据。尽管 Weatherbase 网站有关于风速的数据，但是却没有风向和持续时间的相关数据。Weather Maker 工具所使用的 Energy-10 气候文件也只提供风速数据。而 EnergyPlus 的天气文件却能提供风速、风向和持续时间等数据。多年来，我们通过不同的方式得到了风向和持续时间等数据，例如与地方上的大学合作或者利用由美国国家气候数据中心在北卡罗来纳州阿什维尔开发的美国气候图集。如果初始数据有利于作出基于风数据的决策，我们建议在项目现场设置一个带有数据记录器的风速计，采集现场的风数据信息。

风的数据应该还包括月平均风速和年平均风速（图4.10）。花上几个月的时间观察风向，有利于自然通风设计。通过观察风向和风速，结合同时间段的温度和湿度数据，可以确定是否采用自然通风策略。这样可以根据盛行风的风向，确定窗户洞口位置和方向。

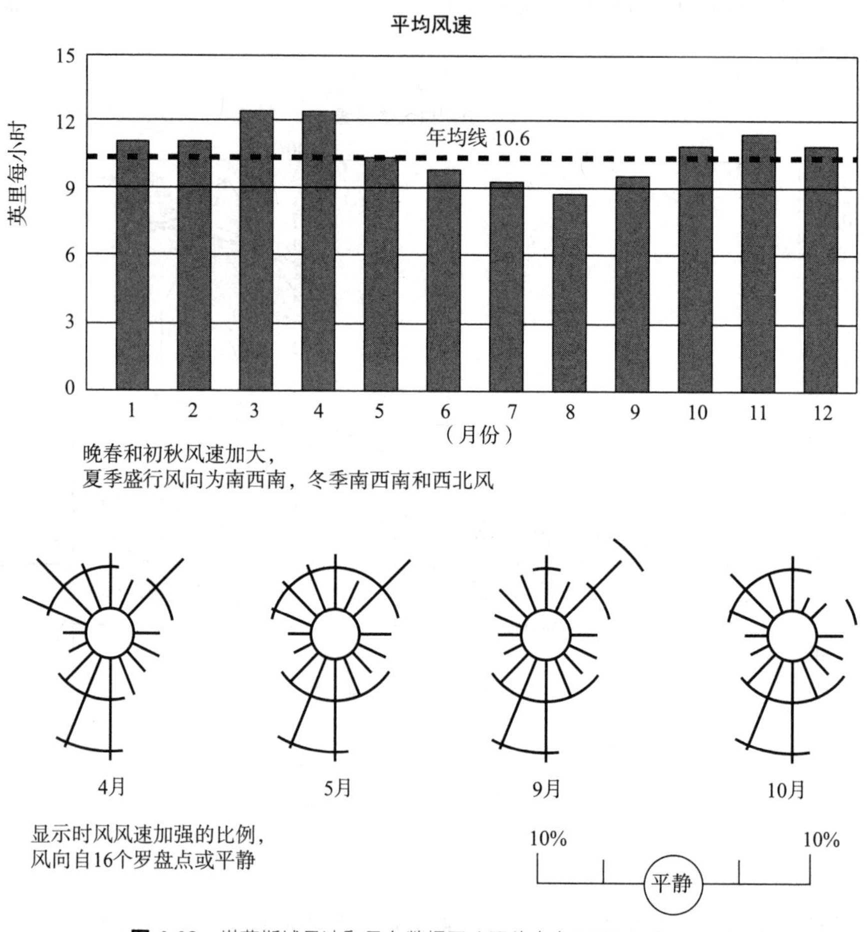

图4.10 堪萨斯城风速和风向数据图（图片来自BNIM Architects）

动植物

收集当地的动植物的信息，是第二个最具挑战性的任务，至少要能满足使用或参考要求。在我们的实践中，我们倾向于从EPA的IV级生态区数据信息着手。这些数据请见http：//www.epa.gov/wed/pages/ecoregions/level_iv.htm（图4.11）。

这个图表可以提供区域范围内的动植物的信息，以及项目所在地附近的主要生态类型。其他相关信息可以查阅参考书或咨询专家，可以将这些专家纳入项目组中，使其成为项目团队的组成人员。初期阶段，在绘制气候图表时，要尝试列出各种野生动物、树木和灌木、青草和莎草、杂类草和野花等。

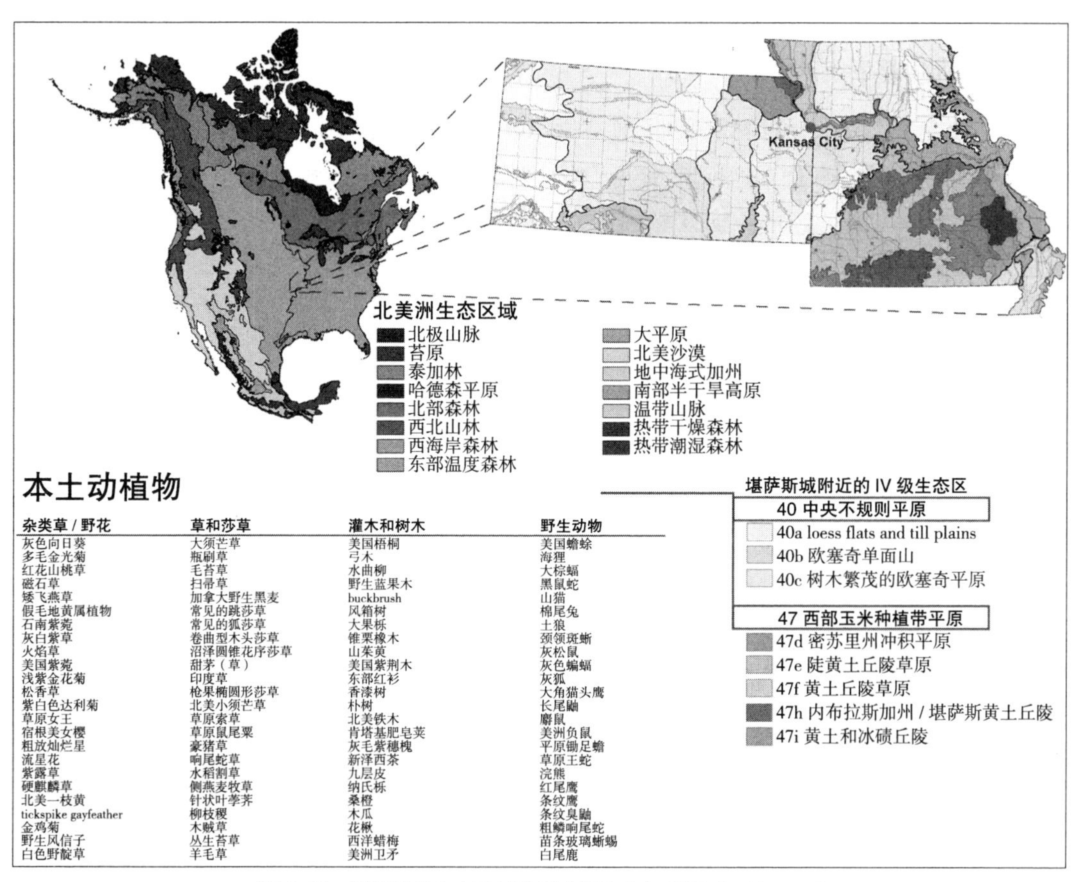

图 4.11 堪萨斯城生态区域数据（图片来自 BNIM Architects）

了解文化

文化需要从两个层面来理解：社区文化和客户组织的文化。您如果不是来自您设计项目的所在地，那么要想真正了解当地的文化是很具有挑战性的。要想真正了解当地的文化，就要深入社区，与当地人交流沟通。如果您所负责的是大规模的总体规划和社区建设，那么了解当地文化就显得更为重要。我们是通过高度协作的设计过程和与当地的项目合作伙伴联手，从而实现对当地文化的了解。

社区文化

如果项目是社区层面上的，我们希望尽早与所有利益相关者公开对话，包括在这里居住和工作的人以及社区的领导等。所有人都有机会表达自己的心声。社区成员最看重什么，他们需要什么，他们在想什么，他们又害怕什么，是什么使得他们与众不同？从他们对这些的问题的回答里，我们备受启发。

堪萨斯州格林斯堡

最近，我们几个BNIM同事一直在做志愿服务，支持重建堪萨斯州的格林斯堡。2007年5月4日的F5龙卷风，摧毁了格林斯堡小镇房屋和设施的85%，受害人数大约1450人。

（图片来自BNIM Architects）

这个镇花了相当长的时间咨询该地区、州和全国的专业人士，完善自己的发展愿景，探讨如何重建一个可持续的城镇。

作为重建工作的一部分，以前的三所学校（K-5，6-8和9-12）将要合并到一个校园里。对于新校区是应该放在城里还是城外，人们意见颇为不一。长期以来，关于镇与镇之间的学校联合问题有一个激烈的争论，此次支持将学校定位在镇外的人认为：联合学校必须处在一个中立的区域。而参与讨论的学生们都知道，这将意味着他们的学校教育将与镇上的生活分开。他们认为，其他城市的学生将非常愿意在接受教育的过程中，体验当地的生活，而事实上他们也是这么做的。

最后，学生终于在大家面前道出了自己的心声，他们愿意在镇上上学，并给出了令人信服的理由。他们明确表示他们已经厌倦了老一代的嫉妒和内讧，希望他们能把教育质量放在第一位。有人说，无论校园是否在城外，都必须有良好的学习环境。把学校放在城里的好处是，学生们离图书馆近，年龄大一点的学生可以不在学校里吃午饭。在校外吃午饭也给社区商业发展提供了机会，同时由于学校里有大量的运动设施，新的校园可以变成一个娱乐中心。

学生们支持这种整体解决方案，学校董事会也完全支持，并且促成了把新校区建在城里的决定。如果学生们没有机会表达他们的想法，结果可能就没有这么好了。

（图片来自 BNIM Architects）

组织的文化

如果是建筑物层面的设计工作，项目组需要了解相关组织的文化。要思考的内容很多，但下列几点是必须考虑的基本要素：

- 该组织有什么样的历史？
- 该组织对未来的整体构想是什么？
- 该组织的结构是怎样的？
- 该组织内部的雇员构成是怎样的？
- 对可持续发展理念有什么样的理解和做法？
- 什么和/或谁将会成为决策的主要驱动力？

了解文化将有助于设计者制定出恰当的发展愿景、原则、目标和明确的决策过程，使得项目组和业主在整个项目开发过程中，面对棘手的决策能够有所依靠。一般情况下，可以通过与组织内部的项目负责人的谈话了解这几个方面，但要想深入了解，就必须与组织的利益相关者做更广泛地对话沟通。

当时机成熟，组织愿景、原则、目标和决策过程形成，我们也就实现了对组织文化的了解。我们鼓励所有的利益相关者都参与到这个过程中来：包括业主、用户、维修人员、承包商、顾问和其他人。这样做的好处就是，所有的项目组成员对项目能有个共同的理解，成功地迈出第一步。在项目初始阶段，让每个人都能了解自己的责任范围，这一点是很重要的。设计团队从客户对其组织的叙述和客户需求中能够获益良多。同样，客户也很希望能从设计团队那里得到启发，看看都能做些什么。在愿景形成的初级阶段就把所有的人都纳入进来，使得所有人对项目的方向形成一种主人翁意识，从而形成更加以团队合作为基础的工作流程。

根据我们的经验，很多企业主都希望创造一个更健康的工作环境，吸引和留住最优秀的员工。要做到这一点，有一个最佳途径是，使得尽可能多的员工的工作场所通过自然采光，并且能够透过窗子欣赏到外部景色。对于一些组织来讲，这可能与现有办公场所的文化相悖，因此，可能需要对现有的办公场所的位置和类型做一些调整。例如，为了满足对自然采光和景色的要求，就需要减少封闭型办公室的数量，而那些仍然封闭的办公室一般都是位于内部，而不是在外围，除非他们愿意让自然光线和景色进入到办公室内部。通过与工作人员和组织管理人员谈论一些有挑战性的问题（例如承认组织的等级制度和隐私），向他们展示最新的办公室设计潮流，向他们解释办公室新布局的好处，可以确保这种文化变革能够深入到每个层级的利益相关者。

了解地方

每个地方都是独特的，有自己的特点——或者至少在您对它进行开发之前是这样的。说笑归说笑，我们把土地开发成城镇、城市、大都市，就已经重新定义了这片土地。开发和整合已经出现多年的各种设计风格，我们的建筑环境定义了我们在哪，我们是谁。

美国的郊区许多千篇一律的做法，正在摧毁自然的本色：他们在房屋周围增加水环境，每隔10—15分钟的路程修建一家零售商店。甚至一些主要的核心重建计划，也只是对其他城市的成功案例的简单复制而已。在进行设计之前，请到处转转，了解一下地方特点。一旦您了解一个地方的特点，您就不会简单地把建筑当成是一个物体，而是会接纳已有的公共领域，或在某些情况下，您会支持保留自然景观。

如果把每个建筑看成是一个家庭的成员，这些家庭成员在同一个功能体系中相互关联，但其角色却各有不同，这可能会对您的设计起到帮助作用。有些建筑是古迹，有些是公共建筑，有些是商业建筑，有些是社区建筑，有些是教育建筑，等等。每一栋建筑都作为整体结构中的一部分而存在，扮演着自己的角色，使得当地更具活力，更加复杂，形成许多奇妙的空间，而这其中最好留些空间给大自然。

最近，我们作为一个跨学科团队的一部分，参与了一所大学的总体发展规划。该团队负责制定可持续发展目标，建立指导方针，并且负责在一块占地980英亩的土地上，规划建设大约800万平方英尺的建筑和设计使用年限超过30年的相关基础设施。项目所在地有一个原始的原生林，一个次生林，两条河流，一条铁路线，一个垃圾填埋场，一个化学垃圾场，现有的市政设施，以及最近关闭的机场。毗邻的土地包括：未开发的土地，社区，一所公立学校，大学维护的建筑和一条主干道。设计过程中，我们花费了几个月的时间研究这些情况，至少与75个利益相关者沟通并交换了意见。这些人是当地社区和大学的代表，他们来自不同的领域，如各个学校，设备，规划，维护和运营，能源服务，副校长和受托人等。

通过对地方、毗邻地区和当地社区文化的了解，我们构思设计，集约化利用原来800英亩中的250英亩土地，选址在原来的主干道附近。这样做可以保护现有的自然生态系统，修复受损的系统，集中发展，支持以公共交通为导向的解决方案。

了解建筑类型

一旦您掌握了气候、文化和地方特点，您就可以进入到实际的设计阶段。许多设计人员了解建筑类型的总体差异，但有时会忘记将其纳入设计细节中。在大多数情况下，设计师们设计的住宅看起来像住宅，学校看起来像学校，办公室像办公室，等等。然而，他们却没有认真考虑每种建筑类型应该如何适应当地的气候特点。

成功设计的第二大挑战，是一个特定的建筑类型如何适应其周围环境。我们相信人们之所以遗忘了这一点，是因为在20世纪后半叶建筑业转型，不同的气候带都使用相同的建筑标准，而建筑商们也都是根据这些标准提供产品质量保证书。起初，人们没有理解建筑类型和气候之间的关系，往往导致技术误用和过高的成本消耗。

例如，为了找出最合适的资源节约型的策略，您必须了解您的建筑物。在堪萨斯城，最基本的家庭节能策略是什么？希望大多数人都能回答说是合格的建筑外表皮。看看下面的能源利用图表（图4.12—图4.14），我们就会知道，在堪萨斯城，45%—50%能量负荷用于供暖和制冷，而供暖负荷中的90%和制冷负荷中的60%都是来自于热传导：这是一个典型的模拟家庭能源消耗的例子。热传导是指热量通过介质传播。在这个例子中，热传导是通过建筑物外表皮材料实现的。例如，金属立杆对热的传导速度，要比绝缘材料对热的传导速度快。

住宅楼相对较小，住在里面的人少，但每平方英尺的楼板面积相对应的建筑外表皮却相对较大。因此，与内部环境相比，要改变住宅楼的外部环境需要做较大的变动。从全年来看，堪萨斯城的冬天非常寒冷干燥，而夏天却炎热潮湿。因此，如果要使堪萨斯城的住宅内部温度和湿度维持在设定的水平上，就需要在住宅的屋顶、外墙和窗子上加装价值不菲的隔热材料。

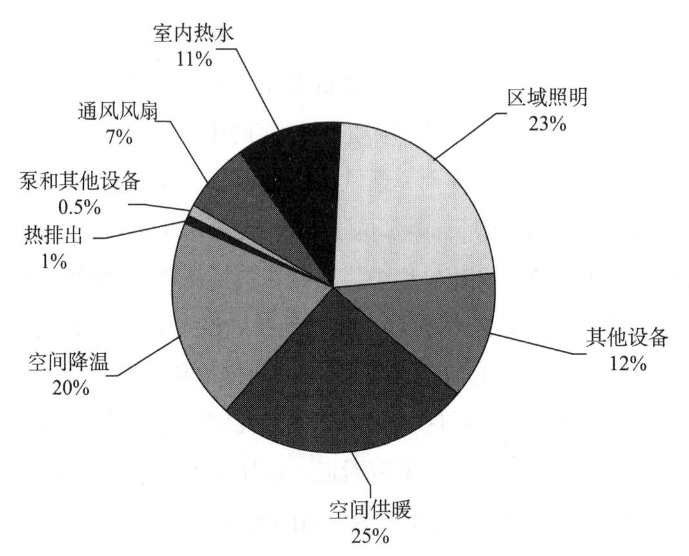

图 4.12 堪萨斯城住宅能耗图表（图片来自 BNIM Architects）

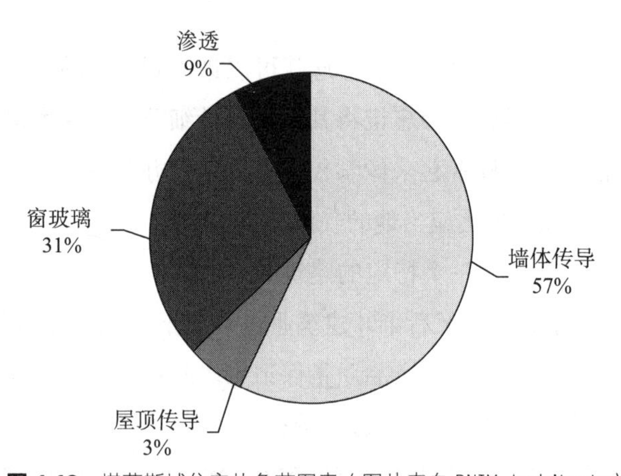

图 4.13 堪萨斯城住宅热负荷图表（图片来自 BNIM Architects）

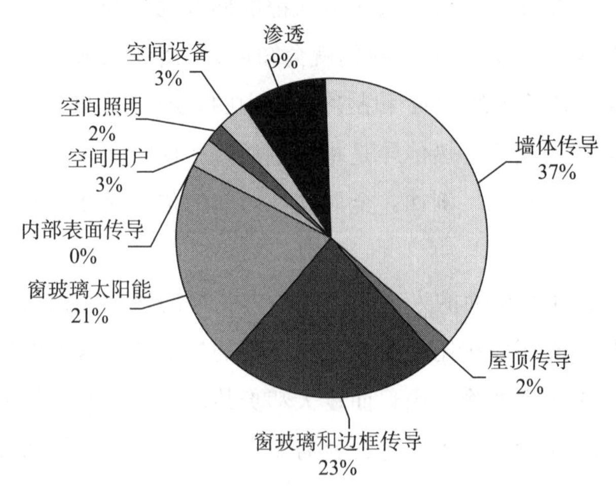

图 4.14 堪萨斯城住宅制冷负荷图表（图片来自 BNIM Architects）

那么，堪萨斯城一栋20万平方英尺的办公楼是不是也要这样处理呢？不！办公楼要大得多，而且用途完全不同。除了具有较小的建筑物外表皮与楼板面积的比率，办公楼有更多内部用户，更多设备，以及不同的使用时间。办公楼的供暖和制冷负荷，大概占其总能量负荷的35%—40%，而其中50%—60%的供暖负荷是热传导产生的，仅约30%—40%的制冷负荷是热传导产生的。

良好的热阻材料还是需要的，但是却不需要和住宅楼同样水平的材料。办公楼类型的建筑也可以采用其他方法来减少能耗负荷，如玻璃窗面积所占比例、外遮阳、采光、自动灯光控制和节能设备等。在占比相同的情况下，办公楼设备制冷负荷是住宅楼设备制冷负荷的6倍，而办公楼用户需要的制冷负荷是一个典型的住宅楼用户的3倍。图4.15—图4.17展示了堪萨斯城部分办公楼的能耗负载状况。

如果把这些建筑从堪萨斯城迁往西雅图，那又怎样？设计的决定因素就发生了相应的改变。例如，办公楼的传导导致的供暖负荷会高一点，达到60%—70%。然而，传导导致的制冷负荷会下降至10%和20%。两者的变化是由气候的差异造成的。

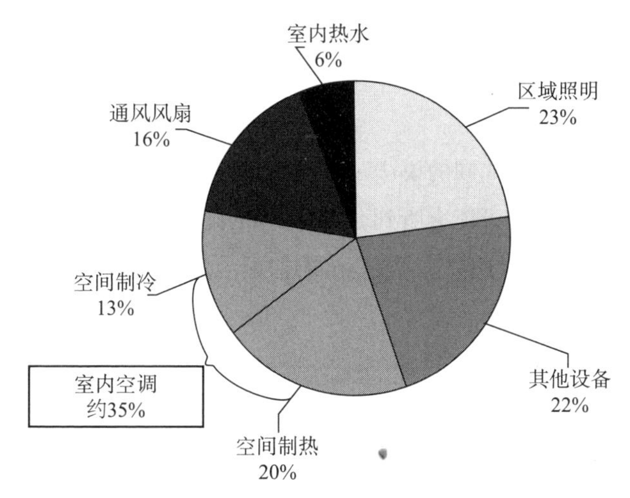

图 4.15 堪萨斯城办公楼能源消耗图表（图片来自 BNIM Architects）

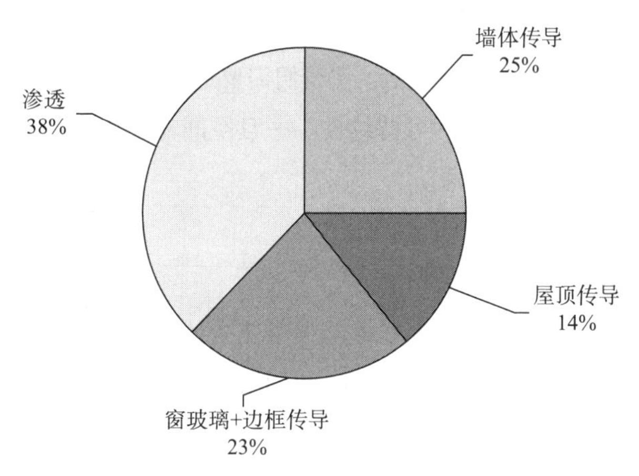

图 4.16 堪萨斯城办公楼热负荷图表（图片来自 BNIM Architects）

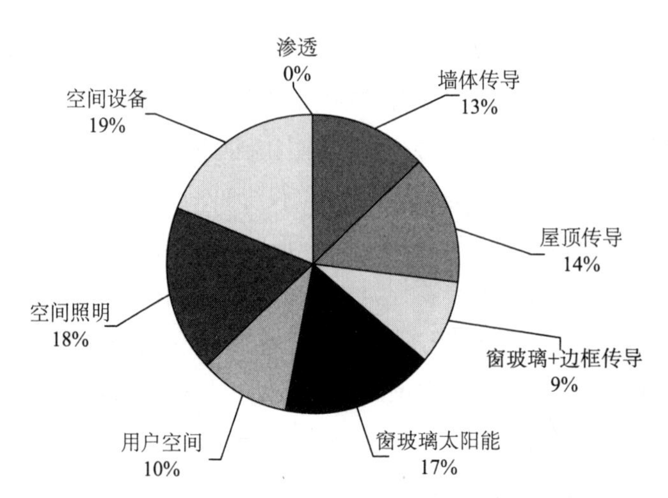

图 4.17 堪萨斯城办公楼制冷负荷图表（图片来自 BNIM Architects）

对于水资源的利用也与之类似。问题的关键是您应该了解该建筑的资源需求，以及在不同的地域对这些需求的变化。

减少资源消费需求

在绿色建筑行业，有一个共同的说法："最环保的建筑是不要建造任何建筑。"从那些倡导利用现有建筑的人那里，您可能会听到，"最环保的建筑是已经建成的建筑。"这两个说法都瞄准了同一个目标：如果不是绝对必要，不要建楼。

空间

当一个项目小组开始对项目进行规划或根据客户提供的方案开始设计，第一个应该问的问题是，"客户是否需要这个空间？"这个问题应该贯穿在整个项目的空间大小和个别房间的空间大小，直至其尺寸达到了最优的设计。花钱创造空间会产生初始建设成本，也会给后期的运营和维护造成长期成本。创造空间所需要的生产和建筑过程，会冲击上游环境；后期的维护和废物处理也会对下游环境产生影响。"我们需要这个吗？"这一类问题涉及材料资源、能源和水资源等在环境和经济方面的可持续性。一旦空间需要确定下来，就要转向减少建设和运营该项目所需的资源等相关问题。

材料

您将使用什么样的资源或材料？怎样才能尽可能少的消耗资源，或者尽可能有效地利用现有资源？我们相信，项目中每一种材料、每单位热量（BTU）和每加仑水的利用都是有目的的，而且如果能起到多重作用就更好了。项目中的每一个单元和构件都可以用多种方式表现出它们的作用。

采用结构构件作为最终表面的做法可以通过混凝土楼板和仔细安装的金属板来实现。这两种材料都有助于使光照进入建筑物。混凝土表面可以很容易地进行涂装以提高反射率，金属板本身就具有自然反射。因此，无论是采用哪种解决方案，您都有一个集成的系统。得克萨斯大学健康科学中心休斯敦护理学院（UTHSCH SON）就是利用了我们公司的这种解决方案。

说到混凝土的使用，我们不得不讨论一下波特兰水泥。在所有的建筑产品中，波特兰水泥具有最高的内含能（embodied energy）。根据波特兰水泥协会的报告《波特兰水泥混凝土的生命周期》，虽然波特兰水泥只是预拌混凝土的约 10%—12%，但它却占混凝土内含能的至少 85%。

内含能是指材料或产品从生产到交付使用所需要的所有能源。材料生产的主要阶段包括原料提取、制造、装配、运输和安装。混凝土具有许多优点：耐用，量大，可以形成很光洁的表面，可回收，可在当地生产。幸运的是，我们有办法减少其内含能。

Anita B. Gorman 养护中心

我们看看 Anita B. Gorman 养护中心采用的榫槽木地板。这些木板既是房屋顶板，同时其下表面暴露在外面，又充当了漂亮的室内顶棚，无须再用其他材料充当顶棚。这样也可以降低建筑物的总高度，因为不再需要安装管道、格栅和灯具所需要的配合间隙了。

（图片来自 BNIM Architects）

得克萨斯大学健康科学中心休斯敦护理学院（UTHSCHSON）

UTHSCHSON是由BNIM建筑事务所和Lake/ Flato建筑事务所合作设计的，使用的是高粉煤灰混凝土。该项目使用的混凝土混合料中，48%的波特兰水泥用粉煤灰替代。通常来讲，粉煤灰的比例只能占到25%。粉煤灰是燃煤发电厂的副产品，在混凝土混合料中它的作用非常像波特兰水泥。通过使用如此高含量的粉煤灰，项目组减少了对不易获取的建筑材料几乎一半的需求，并且减少了1808吨的碳排放量。

（图片来自 Hester+Hardaway Photographers）

能源

从能源的角度来看，可以从多个方面减少建筑物的需求。我们列出了12个最常见的节能措施：

- 建筑朝向
- 建筑体量
- 优化围护结构
- 优化玻璃装配
- 优化遮阳
- 日光调光
- 优化照明
- 高效设备

- 被动式太阳能
- 蓄热体
- 自然通风
- 优化机械系统

现在我们重点讲述前七条。使用前七条节能策略的关键是怎样把它们结合起来，形成一个整体高效的解决方案。例如，您会使建筑朝向正南。除此之外，建筑体量应该沿东西向分布，以最大限度提高朝南的好处。建筑物南墙要选择适当的玻璃占比、位置和玻璃类型，并更好地采光，以便在建筑物的南半部使用调光设备。利用外部遮阳装置和内部太阳光反射板，可以进一步提高日光利用率，降低太阳能传导负载。大楼能直接通过太阳光，满足其大部分的照明需求，从而可以减少电灯的数量，并采用高效率的专用灯。所有这些策略结合在一起，可以大大降低建筑物的制冷需求。

如果一开始就把建筑物的朝向定位准确，后面几步做起来就容易多了，同时也可以降低策略的初始成本，提高长期收益。上面一段提到的策略，对减少建筑物制冷负荷具有累积效应，而如果单独使用，其效果将不明显。作为设计过程的一部分，需要对于每个策略设定不同水平的目标，如图 4.18。

设计标准 / 参数		市场	LEED 认证	LEED 白银	LEED 黄金	LEED 铂金	住宅建筑
项目总占地面积	（平方英尺）	56000	56000	56000	56000	56000	56000
建筑形式	尺寸（英尺）	120（南北）×？（东西）	120（南北）×？（东西）	80（南北）×？（东西）	60（南北）×？（东西）	40（南北）×？（东西）	40（南北）×？（东西）
	面积（平方英尺）	90000	90000	90000	90000	90000	90000
	层数	办公室：2 层 车库：3 层	办公室：2 层 车库：3 层	办公室：3 层 车库：3 层	办公室：3 层 车库：3 层	办公室：3 层 车库：3 层	办公室：3 层 车库：3 层
	朝向	—	—	—	正南	正南	正南
入住	人数	300	300	300	300	300	300
玻璃窗面积占比（%）	北	60	50	40	40	40	40
	南	60	50	40	40	40	40
	东	60	50	30	25	20	20
	西	60	50	30	25	20	20
	天窗	—	—	—	—	—	—

玻璃装配参数		市场 U	市场 SC	市场 VLT	LEED 认证 U	LEED 认证 SC	LEED 认证 VLT	LEED 白银 U	LEED 白银 SC	LEED 白银 VLT	LEED 黄金 U	LEED 黄金 SC	LEED 黄金 VLT	LEED 铂金 U	LEED 铂金 SC	LEED 铂金 VLT	住宅建筑 U	住宅建筑 SC	住宅建筑 VLT
玻璃装配参数	北	0.42	0.6	0.71	0.32	0.46	0.64	0.29	0.43	0.7	0.29	0.43	0.7	0.16	0.35	0.6	0.16	0.35	0.6
	南	0.42	0.6	0.71	0.32	0.46	0.64	0.29	0.43	0.7	0.29	0.43	0.7	0.16	0.35	0.6	0.16	0.35	0.6
	东	0.42	0.6	0.71	0.32	0.46	0.64	0.31	0.4	0.47	0.31	0.4	0.47	0.16	0.31	0.6	0.16	0.31	0.6
	西	0.42	0.6	0.71	0.32	0.46	0.64	0.31	0.4	0.47	0.31	0.4	0.47	0.16	0.31	0.6	0.16	0.31	0.6
	天窗	—	—	—	—	—	—	—	—	—	—	—	—	—	—	—	—	—	—

设计标准 / 参数		市场	LEED 认证	LEED 白银	LEED 黄金	LEED 铂金	住宅建筑
玻璃装配参数	采光和视野	有限采光及视野	普通采光及视野	普通采光及视野	环境日光普通照明	日光视觉任务	日光视觉任务
	隔热操作性	固定双层玻璃	固定双层玻璃	可开关双层玻璃	可开关双层玻璃	三层玻璃，有控制系统	三层玻璃，有控制系统
	反光板	无	无	无	有	有	有
从 X 月到 X 月：玻璃窗遮阴比例	北	0	0	0	50	100	100
	南	0	0	100	100	100	100
	东	0	0	30	50	100	100
	西	0	0	30	50	100	100
	外遮阳	无	无	南	南，东和西	南	南
	竖屏	无	无	无	无	东和西	东和西
	垂尾	无	无	无	无	北	北
热性能	墙壁 R 值	R8	R13	R20	R25	R33	R33
	屋顶 R 值	R20	R30	R30	R33	R40	R40
	地板 R 值	R19	R19	R19	R23	R27	R27
	总体	无	无	无	有	有 / 大部分	有 / 大部分
温度范围（℉）	降温 /RH	72	72	74	76	78	78
	供暖 /RH	72	68	68	68	68	68
封闭型办公室比例		60%	50%	40%	30%	20%	10%

图 4.18 能源绩效矩阵（资料来自 BNIM Architects）

一些很简单的政策也可以减少能源需求。通常来讲，供暖的设定温度为 71 ℉，而制冷的设定温度为 73 ℉，我们可以从这个方面入手，降低供暖和制冷系统的负荷。如果把供暖温度设定到 70 ℉，而制冷温度设定到 76 ℉，则可以大大降低能源需求。与之前提到的节约材料的策略不同，您可以快速地模拟政策和设计方面的节能策略。图 4.19 是以一栋 5 层，5 万平方英尺的办公楼为例，分别在三个不同的气候带，根据改变温度设定值，模拟得出的节能效果。

能量（兆英热单位/年）	基线	案例 1		案例 2		
马萨诸塞州波士顿	供暖和制冷设定点					
	71/73	70/76	70/78	70/74	68/76	66/78
照明	600.6	600.6	600.6	600.6	600.6	600.6
其他设备	549.2	549.2	549.2	549.2	549.2	549.2
供暖	1483.2	1309.5	1262.1	1403.9	1106.6	921
制冷	331.6	266.3	223.9	312.8	257.3	221.1
水泵	213.6	194.7	189.8	204.6	164.9	138.8
通风	363.8	330.8	318.2	349.4	309.9	282.6
热水	68.5	68.5	68.5	68.5	68.5	68.5
总计	3610.7	3319.6	3212.3	3489	3057	2781.8
能量需求下降比	0%	8%	11%	3%	15%	23%
俄勒冈州尤金	供暖和制冷设定点					
	71/73	70/76	70/78	70/74	68/76	66/78
照明	600.6	600.6	600.6	600.6	600.6	600.6
其他设备	549.2	549.2	549.2	549.2	549.2	549.2
供暖	1059.2	907.4	854.9	999.4	699.6	521.9
制冷	297	230.4	191.3	271.7	226.3	191
水泵	41.9	42.8	45	41.9	34.2	31.2
通风	317.4	295.2	284.7	309.2	272.1	249.8
热水	67	67	67	67	67	67
总计	2932.3	2692.6	2592.7	2839	2449	2210.7
能量需求下降比	0%	8%	12%	3%	16%	25%
密苏里州堪萨斯城	供暖和制冷设定点					
	71/73	70/76	70/78	70/74	68/76	66/78
照明	600.6	600.6	600.6	600.6	600.6	600.6
其他设备	549.2	549.2	549.2	549.2	549.2	549.2
供暖	1302.4	1162.4	1122.1	1235.3	989.1	829.5
制冷	813.1	697	636.2	772.6	683	608.2
水泵	143.6	143	144	143	120.6	103.5
通风	371.1	337.7	325.5	357.3	322.6	299.1
热水	65.1	65.1	65.1	65.1	65.1	65.1
总计	3845.1	3555	3442.7	3723.1	3330.2	3055.2
能量需求下降比	0%	8%	10%	3%	13%	21%
平均能量需求下降比	基线	8%	11%	3%	15%	23%

图 4.19 降低温度设定值节能模拟（资料来自 BNIM Architects）

水

随着全球范围内，各国对减少温室气体排放的意识的提高，促进能源的节约和有效利用面临着很大压力。减少建筑环境的用水，任重道远。很长时间以来，我们已经习惯了使用可饮用水冲洗废物，灌溉住宅和商业楼前的草皮。这是我们减少建筑环境用水需求的两个主要方面。

C.K. Choi 亚洲研究中心

不列颠哥伦比亚大学（UBC）温哥华校区为了推动校园的可持续设计和施工，聘请了 BNIM 建筑师事务所，通过与政府、由 Matsuzaki Wright 建筑事务所带领的顾问团队及所有利益相关者合作，设立成为示范项目这个目标，并且 BNIM 作为顾问促进此标志性建筑的创建。

C.K. Choi 亚洲研究中心建成于 1996 年，曾获得 2000 年度美国建筑环境委员会（AIA COTE）十佳项目奖。该建筑成为能源和资源效率的新标准，拯救了原生森林，回收利用了从对面街区拆下的建材。这座建筑也不需要连接下水道，因为其每层楼都使用干式厕所，并且连接到人工湿地。

（图片来自 www.michaelsherman.ca）

让我们先看一下如何减少用清洁饮用水冲洗厕所。厕所有很多种选择，现在厕所一次冲洗的用水量比已经沿用了 15 年的标准要低得多，只有 1.6 加仑。但是不要忘了，现在许多建筑的厕所一次冲洗用水量标准还是旧的 3.5 加仑，是现在标准的 220% 以上。此外，我们真的需要用饮用水来冲洗废物吗？一次冲洗的用水量，比我们一天饮用的水都要多。不，根本不用。这不仅减少了我们的需水量，而且也不需要埋设那么多的供水管道了。

小便池也可以选用无水小便器。就像一个正常的小便池一样，它们连接到标准的排污管道，然后再连接到污水处理系统。无水小便器已经被广泛使用，包括公园的厕所，饭店厕所，办公室厕所，例如，加利福尼亚州帕萨迪纳 Rose Bowl 体育场的 259 个小便器，以及印度泰姬陵的小便器（图 4.20）。

图 4.20 印度泰姬陵 Falcon 无水小便器（图片来自 Falcon Waterfree Technologies）

设计人员可以帮助避免清洁饮用水用于灌溉。用固有的景观美化材料代替人工培植的草皮，也就是常说的草皮草，可以减少项目的总体用水量。景观材料取自当地，与图 4.21 中所显示的类似。这样做的好处是，在本地气候区域内，它们依靠季节性平均降水就可以生存。在不需要增加灌溉系统的情况下，草皮草一样可以保持绿意盎然，长势良好，每周修剪一次即可。我们可以一举两得：既减少了项目用水量，同时又为温室气体减排作出了贡献。

使用免费 / 本地资源和自然系统

我们不止一次提到过，天底下没有什么东西是免费的，但大自然提供给我们三样不花钱的东西：风、雨和太阳。您只需要为收集这些资源的系统支付费用就可以了。尽管我们不可能做到准确预测每天的天气情况，但是科学家们一直在研究天气，他们已经能够按月和按年合理预测天气状况。我们利用这些预测的信息，克服了我们遇到的第一个挑战：了解气候，文化和地域特点。

在先前探讨的“减少资源需求”段落中，我们介绍了建筑材料内含能的概念。这种内含能可以通过选材来减少。通过从当地选材，利用可回收材料，可以减少运送这些材料所需要的能源消耗。

图 4.21 艾奥瓦州安克尼市艾奥瓦市政公用事业协会展示乡土植物（图片来自 Jean D.Dodd）

风

风能的利用，可能是这三种免费资源中最难以驾驭的。风能的利用主要表现在两个方面：能量生成和自然通风散热，都是用于代替外界能源。在设计过程的这个阶段，我们对自然通风散热更感兴趣，也就是我们之前提到的 12 个最常见的节能措施之一。

在开发出机械通风系统之前，所有建筑都依靠自然通风。自然通风散热利用风的自然力和浮力向建筑物提供新鲜空气。这两种类型的建筑自然通风，被称为风力驱动自然通风和热压自然通风。为了实现最高效的自然通风设计，一般这两种类型的通风方式都要采用。图 4.22 中可操作窗户是自然通风的最常见类型。

如果气候条件有利且建筑类型适当，自然通风散热可以减少能源的使用，提高室内环境质量（空气清新，降低机械系统噪声），并降低运营成本。如果设计和执行适当，与传统的冷却系统相比，风力驱动自然通风和热压自然通风散热系统需要的能量显著减少。如果外界风力不够大的话，最多也就需要少量风扇的能量进行辅助通风。

综合利用自然通风，需要对建筑物多个部分进行巧妙的设计，包括：

- 建筑物的现场位置和朝向
- 建筑体量和尺寸
- 窗子的类型、位置和操作方法
- 创造热压通风综合条件（开放楼梯，烟囱）
- 高效的围护结构（热传导和渗透）
- 外部因素（遮阳装置和植被）
- 灵活的舒适温度范围

图 4.22 可开关窗户（图片来自 BNIM Architects）

通过观察焓湿图，可以优化我们的设计。很容易就能看出什么时候外部条件符合自然通风降温的要求。查看风图表，我们可以看到这些相同时间段的风向和风速。在设计上，增强自然通风效果的一个最基本的做法就是利用建筑物的窗户获取自然风。典型的建筑设计依赖于设计上的经验法则，利用风能达到自然通风的目的。细节方面，我们可以使用计算流体动力学模型来预测自然空气流。这些详细的计算机模拟过程是很费时费力的，软件也很昂贵，并且需要专家来操作。然而，这种付出也是合理的，因为准确了解气流十分重要。

利用自然通风散热，有时候受到气候带的限制，或者建筑物类型的限制，再或者公共政策的限制。如前面提到的，自然通风散热，不能在所有气候条件下使用，并且对于室内通风以动力为主的建筑物来讲就更具有挑战性。例如，在堪萨斯城，可以采用自然通风的日子，只占全年的 10%，且主要集中在 5—9 月，但也只占这段时间的 25%。

关于使用自然通风的另一个棘手的问题是，室外空气质量并不总是好的。例如，阿肯色州小石城 Heifer 国际中心总部大楼，只是在一年中的部分时段采用自然通风散热，但根据用户和地方团队的反映，我们发现这个自然通风的最佳时间段正好与橡木大量生成花粉的季节重合。我们不希望花粉通过窗子，进入到我们的办公楼。即使是在适合于采用自然通风的区域和建筑物内工作时，有时您也会遇到政策问题。谁将会在适当的时间关闭和打开窗户？

雨水

雨水是免费的资源，各个气候区都可以利用。利用雨水可以减少对市政提供的饮用水，尤其是对非饮用水的依赖。要使用雨水，就必须收集，过滤，存储，并输送到终端使用。这被称为雨水收集。由“最大潜力建筑系统中心”（Center for Maximum Potential Building Systems http：//www.cmpbs.org）开发的《得克萨斯州雨水收集指南》给您提供了详细的、全面的雨水收集指南。

雨水可从屋顶、停车场或场地径流进行收集。收集到的雨水可以存储在桶里或水箱里。这些桶或水箱可以放在屋顶或室外地坪上，也可以隐藏在建筑物的地下室里或停车场下面。雨水可以用来做很多事情，如绿化灌溉，水景，工业生产，冲洗厕所，冷却水，地暖，甚至饮用。不同水平的用途对水的过滤和清洁度要求不同。

收集雨水在现实生活中的应用

UTHSCH SON 每年能收集 826140 加仑雨水，用于冲洗厕所和灌溉。雨水收集系统的存储装置，位于大门口右侧，刚好可以让进出的人看见，去体会雨水收集的益处。

在密苏里州杰斐逊城 Lewis 和 Clark 州立州立办公楼，一个 5 万加仑的蓄水池位于地下室，用于收集屋顶雨水。收集的水用于冲洗厕所和灌溉。

（图片来自 Hester + Hardaway Photographers）

利用前文“了解气候，文化和地域特点”部分中收集到的降雨数据，以及我们的设计方案，很容易就可以计算出有多少雨水可用于该项目，再结合项目用水量需求，就可以确定雨水存储系统的大小。根据收集到的雨水及其用量和用途，必须设计相应的过滤和净化系统。随着过滤和净化水平越高，过滤和净化系统所需要的成本，工程的复杂性和能源消耗量都会相应上升，因此收集到的雨水要优先用于对水质要求不高的非饮用水用途，如灌溉和冲洗厕所。一般来讲，雨水收集系统收集到的雨水，经过滤和净化后用于饮用，从经济的角度来讲，是无法与市政供水相比的。

利用雨水收集系统也可以减少发达地区的雨水流失。由于尺寸或建筑类型的原因，项目可收集到的雨水量，可能会比项目能够回收利用的水量要多。在过去的几十年里，人们一直在消耗大量的内含能，利用像混凝土管一样的人造管道结构把雨水排掉；偶尔也会把雨水泵送到其他能够对雨水进行处理的地方。这种常见的做法往往导致下游的水土流失和洪水泛滥多发等问题，给自然生态系统造成严重的压力。

我们在建造一个项目的同时也会造成雨水的流失。因此，在雨水离开项目场地之前，应该利用本地化的自然系统对雨水的数量和质量加以处理，如利用屋顶绿化，透水块石路面，绿化带，雨水花园和人工湿地等策略。同时，这些策略也可以美化建筑场地（图 4.23ad）。

图 4.23a 密苏里植物园的透水块石路面（图片来自 Brad Nies）

图 4.23b 堪萨斯城的雨水花园（图片来自 BNIM Architects）

图 4.23c 堪萨斯城 Anita B. Gorma 养护中心的绿化带（图片来自 BNIM Architects）

图 4.23d 堪萨斯城 Anita B. Gorma 养护中心的人工湿地（图片来自 Assassi Courlesy of BNIM Architects）

太阳

大自然最强大的资源是太阳。太阳为我们提供了三种关键资源：光、热和能量。在这一步中，我们感兴趣的是如何最大限度利用太阳的光和热，用它代替市政电网为上述目的提供的能量。几乎所有有采光要求的建筑物，都可以利用自然采光；利用太阳作为热源，则受到建筑类型和项目所在的气候带的限制。

很少有不需要光照的建筑物。空间照明有两种最基本的方式：自然光和人工光源。建筑物的内部照明主要通过整合利用自然光的做法被称为采光。自然光是最优质，高效，且免费的光源；所有的人工照明都需要物理固定装置（物质资源）和电能，而且有些系统甚至会产生热量，给建筑物制冷又增添了负担，这些都可以通过自然采光减少或消除。

在前面的章节中，我们提出了一个方案，里面有办公建筑如何减少制冷负荷的策略，使用这些策略可以增加项目的采光量。如何有效利用自然采光，不同的气候和建筑类型提出了不同的要求。图 4.24 是如何利用自然采光的一个简单的量体模型。

在研究采用自然采光策略时，尽量记住以下设计策略：

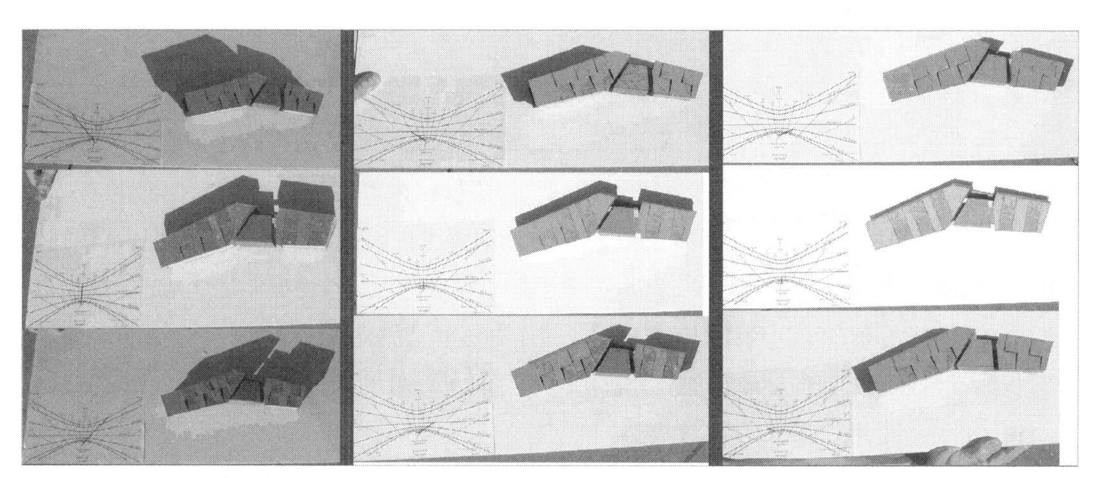

图 4.24 密苏里州杰斐逊城 Liwis 和 Clark 州立办公楼的纸板模型图片（图片来自 BNIM Architects）

1. 使建筑物面向正南方

在北半球，太阳大部分时间都出现在天空的南部。面向正南的建筑物，其自然采光和集热的时间较长，而且可以有效控制采光和集热的总量和时间。

休斯敦开放式办公场所的统一照明与艾奥瓦州得梅因市的办公桌面照明，形成强烈的对比。然而，在一年当中，得梅因的建筑物可以受益于日照得热量，而休斯敦的建筑物却要尽可能多地消除日照得热的影响。

2. 利用自然采光策略，要确定玻璃窗安装位置及数量

不管阳光是从哪个方向照进来的，阳光都是明亮的。早晨和傍晚时分，太阳在半空中，自然采光会受到影响，因此可持续设计方案会在建筑物的东西两侧，留上相对较小比例的玻璃窗。此外，除了在夏天的清晨和傍晚时分，大楼的北侧很少能看到阳光，因此需要在这一面上安装较多的玻璃窗。

在开放式的办公环境中，书桌面上需要可用光。因为阳光是从上面照进来的，因此玻璃窗的安装高度最好是稍高于桌面。实际上，窗上沿越高，光线就越容易照进来。如果玻璃窗的安装位置低于桌面，则不利于可用光的采集，但对吸收热量却是有用。此外，考虑到用户通常是长时间坐着办公的，而玻璃的阻热性能又差，因此在桌面高度以下的位置安装太多的玻璃不是一个明智的选择。

建筑物的外墙使用隔热材料，可以提高其内部人员活动时的舒适度，但是建筑物每个立面上玻璃窗和隔热材料的使用需要选择一个恰当的比例。例如，酒店的大堂空间对温度波动要求不高，因为在里面的人停留时间都不会长，他们可以随时转移到舒适的地方去。另外，使用多少玻璃，玻璃安装在哪里等问题，还必须考虑玻璃和外遮阳的类型。

窗玻璃组件要考虑三个重要因素：

- U 值：材料的热导系数，用来度量导热能力

- 可见光透射率（VLT）
- 日照得热量系数（SHGC）

这些因素都会影响建筑用户的舒适度，也会影响采光设计的能力。建筑物每个立面的VLT和SHGC值会有所不同。

直至最近，业内在选择性反射玻璃的研究方面取得了进展，如果玻璃窗组件具有较好的SHGC，则意味着其VLT值会比较低，窗口色调也较重，这会降低建筑物窗体对日光的捕获能力。

3. 花费较少，但却能达到相同效果的另外一个办法就是加装外遮阳

例如，如果给南面的玻璃窗加装外遮阳或使用具有较低的SHGC和较高的VLT的玻璃，会有遮阴作用。使用外遮阳有两个好处：

- 减少热量吸收
- 控制建筑内部多余的眩光

设计者必须了解太阳的移动轨迹，因为固定的外部遮阳装置只是在一年中的部分时间段内起作用。如果外遮阳不能移动，用户就必须使用内遮阳来调整光线，以满足自己个性化的需求。如果由于场地限制，建筑物不能取得最佳朝向，使用外遮阳可以在一定程度上使建筑物拥有朝向正确的好处。图4.25a和图4.25b展示出的是建筑物东西两面的外部遮阳设备。

图 4.25a UTHSCH护理学院东侧（图片来自Richard Payne, FAIA）

图 4.25b UTHSCH 护理学院西侧（图片来自 Richard Payne, FAIA）

通过在外部遮阳上加装玻璃单元，可以将光从遮阳装置上反射进入建筑物，照到上面一层的顶棚或地板上，再反射回来作为光源。如果在建筑物内部增加太阳光反射板，还可以把光线进一步引进建筑物的内部。根据 LBNL 的“采光指南”，利用反射板可以把日光投射到窗头高度 1.5—2 倍处，进入建筑物。

这样做是为了在不增加热量和造成眩光的同时，把自然光引入建筑物内部作为稳定的可用光。如果可用光的光量足够多，则可以在建筑物内部安装电力照明调光设备。

随着自然光的增加或减少，这些控件可以调整灯光亮度。现代技术已经能够连续调整灯光亮度，但我们用肉眼却分辨不出室内亮度变化，因为根据室内活动的需要，可以把室内亮度设定在一定的水平。

使用自然光的益处不仅仅在于它能够减少制冷和电力负载。使用完全集成的日光照明系统，能增强人的视觉灵敏度、舒适度和空间美感，并且能够增进人类健康，提高生产力。这些益处主要是与利用自然光本身，以及从视觉上与室外自然光线自然接触相关。

材料

AEC 行业才刚刚开始理解获得建筑材料所要付出的代价。在上文“减少资源需求”中，我们引入了内含能的概念，同时描述了如何节省材料。

我们操作顺序的第一步，要求首先要了解地域特点。现在，到您开始为项目建设选择建材这一步时，地域特点和减少资源需求这两点就联系到了一起。在选择材料时，记住您对地域特点的了解。人们之所以选择这个市镇居住，可能仅仅是因为他们看中当地的样子，而一个地方之所以呈现出其现有的样貌，原因之一是其建筑材料是就地取材。设计者和建设者可以通过建筑取材，让人们有一种对此地的归属感。

如果您还记得，建筑材料的一部分内含能，是来自其运输环节。如今，建材产品可以通过轮船、飞机、火车和货车运往世界各地，这要消耗大量的化石燃料资源，排放出大量的有害气体。工厂昼夜工作，不管他们离我们的项目所在地有多远，他们可以即刻为我们提供所需要的材料。您可以通过就近取材，显著减少对气候的不利影响。与此同时，也可以为当地社区创造就业机会，对当地经济产生积极的影响。

有一种类型的本地材料您不应该忽略，那就是可回收利用的材料。这一行业在全国正逐渐兴起。如，木材的再利用。这些木材可能是从旧谷仓等建筑物上拆下，重新加工后再利用的，例如用于制作地板、桌子、柜子和结构件等。有些拆迁公司也开始转型，从简单的破拆到解构，创造他们自己的回收建材大排档。例如，“仁人家园”（Habitat for Humanity）已经通过他们的Habitat Restore零售店（http：//www.habitat.org/env/restores.aspx），回收利用旧材料，打造了自己的商业模式。

上文提到的Anita B.Gormam养护中心的木地板，是用一个旧仓库的横梁制成，而被拆的这个旧仓库也已经具有百年历史了。制作木地板的下脚料，被制成粒块地板（end-grain block floor），铺在养护中心教室的地上（图4.26）。

我们始终坚信，应该尽可能多的从当地选择建筑材料。这有助于我们与当地建立更好的关系，对当地经济发展也大有裨益，而且在大多数情况下，留下的环境足迹（environmental

图4.26 养护中心回收利用的木料（图片来自BNIM Architects）

footprint）也较小。在第 6 章“可持续的 BIM 建筑系统”的“可持续材料”部分，我们将更加详细地介绍当地材料。

使用高效的人工系统

此时，您已经尽可能多地减少了对资源的需求，并被动地得到所有您可以从大自然得到的资源。但是，要想仅仅依靠自然生态系统满足建筑的所有资源需求是不可能的。由于受到建筑物类型和气候的影响，从自然界获取的资源数量和必须通过人工系统获取的资源数量之间有一定的差距，而在一些地方这一差距是很大的。然而，基于前面的几个步骤，我们已经采取了措施，与过去 30 多年里人们对传统人工系统的依赖相比，这一差距就小得多了。为了填补剩余的建筑资源需求，我们设计人员需要依靠我们自己的发明。

机械系统

先从最重要的事情开始：选择尺寸正确的机械系统。由于频繁的开 – 关循环，尺寸超标的系统会增加采购成本和能量消耗，并缩短产品的使用寿命，且对于加热和冷却系统尤其如此。

因为在减少资源需求方面您已经做得很好了，您不可能靠“好了，上一个项目就用的这么大的”，去确定设备的尺寸。选择机械系统时，我们建议您使用电脑模拟一下，看看这个项目真正需要的是什么，而不是看工程师在以前的同等规模的建筑上使用了什么系统。例如，在设计办公楼时，您可能做过这样出色的事情：您的制冷负荷强度比市场上的 240 平方英尺 / 吨要好得多，差不多已经是 800 平方英尺 / 吨了。一旦您清楚必要设备的大小或数量，则需要选择最高效的版本以及适当的控制系统。

正如我们前面所述，空调、照明系统和其他设备是建筑环境最大的需求，而且每个系统的效率也不同。粗略地说，效率就是您得到的，与为了得到这些您所付出了的，之间的比值。例如，建筑物制冷，热水，照明，或者您运行的计算机，复印机，洗碗机，电视机等所消耗的能量加起来，与您所得到的之间有个比值就是效率。少花钱多办事，那岂不是更好吗?

对于制冷和供暖系统的效率问题，有很多问题要考虑，但限于篇幅问题，本书不可能一一详述。现在市面上报道和采用最多的一项技术就是地板送风（UFAD）。UFAD 利用的是架高的地板系统，这在计算机房和数据中心（图 4.27）很常见。现在，地板的高度范围可以从 2 英寸到 4 英尺，大量的设备，包括数据电缆和管道系统，都可以铺设在地板之下。

UFAD 系统已被广泛应用，从学校、公寓到办公楼，甚至赌场。

其中一个最新的应用是把地板下面作为空气室使用。利用此方法提供的空气具有几大优势。从室内空气质量的角度来看，供给的空气不再是从上方回供的又热又脏的回风；从能源效率的角度来看，哪需要在哪提供空气，离使用者近，好处众多。首先，因为不需要快速猛烈地吹热回风，风扇就不需要太多的能量消耗。由于热回风的作用，地板下空气温度上升，

图 4.27 UFAD 系统安装图（图片来自 BNIM Architects）

慢慢地分层，并从地板下出来。其次，可以以较高的温度提供冷气——实际上，可以比传统的悬挂配电系统需要的温度高 10 ℉，从而节省大量的冷却能量，并可以在适当的时间段，利用更多的外部空气。

当要实际选择机械设备时，标准的包装系统上都标注了系统效率。对于包装好的商用空调系统，您可以看看公布的能源效率比（EER）。根据空调和制冷协会（ARI）的要求，能效比是在室内 80 ℉，室外 95 ℉，在额定功率条件下，设备的实际冷却能力与输入功率之比。如果项目组要考虑部分负荷下和不同温度下的设备整体效率，他们会看综合部分负荷值（IPLV）。提高设备效率是可能的：工程师可以利用更加高效的局部组件，设计出分体式系统，而不是利用工厂制造的打包好的设备。另外，EER 和 IPLV 主要用于风冷设备。水冷设备通常被认为效率更高（图 4.28），但您必须考虑到购买冷却塔和水泵所需要的花费。

热泵有两个值要考虑：制冷模式下的能效比（EER）和制热模式下的性能系数（COP）。COP 是指标准制热条件下，制热能力（英热单位 / 小时）与电能输入的比值。与 COP 为 1 的标准电阻热相比，空气热泵的 COP 为 2 到 4，地面或水基热泵的 COP 为 3 至 5。COP 值越高，设备效率就越高。

考虑锅炉或熔炉时，要注意热效率。用这些技术可以把热量从一种资源转到另一种媒介，例如，燃烧天然气得到热量和水。如果炉子的效率为 80%，则 20% 能量丧失，只是对炉子周围环境起到了加热作用。因此，基于这些，我们可以说最高效的系统，不一定是最经济的系统。前面我们已经指出过，电阻热的效率接近，甚至达到 100%。在美国的许多地方，一个热量单位所需要的天然气要比电力便宜。您的电力可能来自燃煤电厂，天然气是一种可以清洁燃烧的燃料。由于这些原因，我们可能会优先选择以天然气为燃料的设备，并计算寿命周期成本。无论采用哪种方式，您最好还是选择效率为 90% 的燃气炉，而不是效率为 80% 的装置（图 4.29）。

图 4.28 水冷式热泵（图片来自 Brad Nies）

图 4.29 办公楼锅炉（图片来自 Brad Nies）

在讨论锅炉和熔炉的过程中，我们曾提到能量损失的概念。项目团队可以通过整合整个建筑系统来提高能源利用率。损失的能量可以被收集起来，用于其他地方。在供热季，工程师可以把锅炉的水排到回水管流经的热交换器中，在回水再次流经锅炉之前对其进行预加热。同样的方法可被应用到空气系统，以创造更高的整体系统效率。

水暖

至于对水加热，人们通常是长时间把热水储存在水箱里，并使其保温，随时用于水池、淋浴和建筑物周围的其他设施。如您所知，洗手或淋浴时，有时要等管道中已经冷却了的水流掉后，才能出来热水。这种系统效率很低，正迅速被按需供热型的设备所取代。利用这种设备，一旦发出需要热水的指令，冷水流经设备内部的同时被加热，就不需要使整个水箱里的水维持在设定的温度。按需供水系统很小，可以安装在热水设备的旁边，因而也很方便使用。

如前所述，对于一个典型的建筑物，水的最大用途是冲厕所和灌溉。尽管我们曾介绍了怎样减少，但您可能还是无法避免这方面的用水。至于其他方面用水，可以选择用水效率较高的设备。坐便器和小便池的用水效率一般用加仑 / 冲（GPF）来衡量。如果您无法买到无水坐便器和小便池，您可以使用双冲水（1.6/0.8），低流量（1.2 GPF），或超低流量（0.8 GPF）的坐便器。小便器的品种也很多，标准一次冲水量是 1.0 GPF，也有 0.5 GPF，甚至是 0.125 GPF 的小便器。

上完厕所后，您会干什么？洗手。使用计量或利用红外传感器操作的水龙头比一个标准面盆水龙头，可以节省约 75%的水。利用传感器操作的水龙头的优点是，可以完全不用接触水龙头。然而，传感器需要电池或硬连接的电源供电。

灌溉系统的情况呢？有时，业主也不愿意看到其绿化带因为得不到灌溉而缺水，因此他们希望在必要的时候能够给绿化带浇水。在这种情况下，使用高效率的滴灌系统，可以比传统的灌溉系统的用水效率高出 50%以上。我们也推荐使用湿度传感器：您有多少次看到自动洒水装置在下暴雨时启动？

建筑物需要的另外两个高效系统是：照明和设备。

照明电器

由于自然采光已妥善整合，现在所需要的是高效率的灯具与控制系统。影响商业灯具效率的三个主要部分是：固定装置、镇流器和灯具。照明分布曲线显示，固定装置、反射器和扩散器的设计，以及可以采用的灯具的类型，会影响固定装置对灯光的反射。镇流器提供了必要的启动电压，以开启电灯，同时限制和调节操作期间的电灯电流。镇流器用镇流器效率系数（Ballast Efficiency Factor）来衡量，需要同时考虑具体的镇流器和灯具的类型。同样的，数值越高，效率越高。再有就是灯本身需要通过效能测定。

我们习惯了基于瓦数选择灯泡：传统上，一般有 25 瓦，40 瓦，60 瓦，75 瓦和 100 瓦的白炽灯泡。这是一种误导，因为白炽灯实际使用的功率，相当一部分变成了热量，而不是光。您感兴趣的应该是，在一定的功率条件下您所获得的光量的多少。从灯泡发出的光总量，以流明度量。功效则以流明每瓦来度量，是输出光量与能量消耗的比值。因而，您要根据需要选择最高效能的灯。表 4.1 显示了典型的电光源的能效范围。

标准电光源能效范围 **表 4.1**

光源	标准系统的效能范围，流明 / 瓦 *
白炽灯	10—18
卤素白炽灯	15—20
紧凑型荧光灯（CFL）	35—60
线性荧光灯（T8，T5）	50—100
金属卤化物	50—90

* 取决于功率和灯的类型。
（资料来自 US Department of Energy, Building Technologies Program）

高效的设备

建筑物所采用其他设备的效率，诸如计算机、显示器、家电、复印机、打印机等，可以很容易判断。美国能源署和美国环境保护局共同启动了“能源之星”计划。“能源之星”为企业和消费者提供的节能解决方案，既经济又环保，造福子孙后代。

“能源之星”的使用很简单。在“能源之星”网站 http：//www.energystar.gov，您可以找到有资格参与“能源之星”计划的产品超过 50 种。每个类别都有一个符合要求的产品的下载列表和一份说明，用于阐释这些产品的效率比标准设备的效率高出多少。某些产品类别甚至有节约成本计算器。拥有这些设备只是完成了第一步，还要让这些设备节省能源的特点体现出来，如电源管理。LBNL（劳伦斯 – 伯克利国家实验室）研究发现，在办公设备上使用所有的电源管理功能，可以减少该设备的功耗达 24%。在审查业主的设备时我们发现，最常见的情况是，传统的电脑屏幕或阴极射线管（CRT）显示器长时间处于工作状态。如果用 LCD（液晶显示器）屏幕取代它们，可以节约能源。液晶显示器耗电少，发热量低，而且比传统的 CRT 屏幕眩光少。因此，使用 LCD 既节约能源，又符合用户的舒适度要求。

尽管高效的设备通常具有较高的初始成本，但一段时间后，这些成本就可以被补偿。对于许多在美国工作和生活的人来讲，电能相对便宜。因此如何选择有效的系统有时具有挑战性。作为读者，给您的好消息是，此时您已经降低了所有其他的项目负荷；所以，该项目所需要的设备与采用传统设备相比尺寸较小。这意味着，因为采取了可持续发展战略，所以在对尺寸较小的高效设备完成初始投资后，您可能就不再需要额外的花费了。

应用可再生能源发电系统

可再生能源是除化石燃料以外的其他能源。相对于由有限资源组成的矿物燃料，可再生能源正在不断补充，绝不会用完。您已经使得建筑的效率很高，也尽可能多收集了免费资源，现在您可以利用可再生能源满足建筑物的能耗需求。

到这里，您应该已经拥有了一座设计优雅、能源需求少的建筑。那么，提供必要的能量的最佳方式是什么？可再生能源。目前，根据美国环保署（http：//www.epa.gov/cleanenergy/energy-and-you/how-clean.html）的数据，在美国只有 2%的电力是来自非水力可再生资源。图 4.30 显示了混合燃料能源资源在美国的分布。

有七种公认的可再生能源：

- 太阳能
- 风能
- 生物能
- 氢气
- 地热
- 海洋
- 水力

这几种能源无论规模大小，都能发挥很好的作用。一些城市已经大部分由可再生能源提供动力，比如西雅图和华盛顿 49%的能源来自水电。而在堪萨斯城，78%的能源来自煤，可再生能源只有 1%。我们认为，电源应设在项目现场，尽量减少由于送电导致的能量损失，所以我们将重点放在现场可再生能源上。

我们为什么要等到这一步才利用可再生能源呢？首先，我们需要资源来建立相应的系统，来利用可再生能源的能量，并且不是所有的可再生能源都是良性的。然而，人们普遍认为这些系统比任何基于化石燃料的系统都要清洁，比核电系统更加安全。更少的能源需求也意味着需要更少的电力，从而节省物力，减少其他能源生产可能带来的负面环境影响。

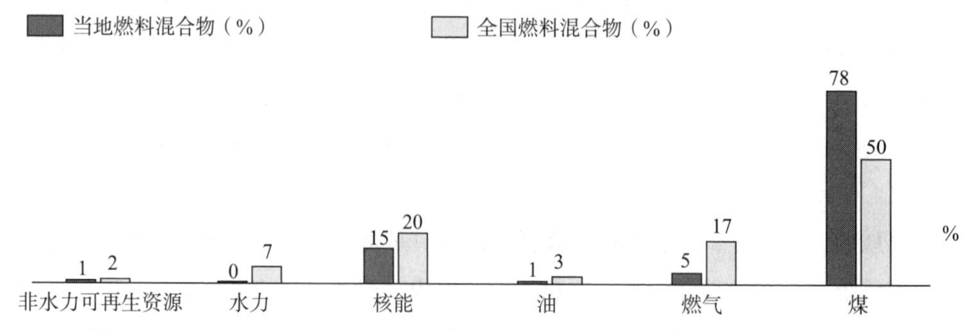

图 4.30 美国全国和堪萨斯城能源发电燃料组合比例（资料来自 EPA's Power Profiler）

任何一个地方都没有现成的资源再生系统。风力用于发电，其风速最低也要达到 12 英里 / 小时。例如，堪萨斯城具有很大的风电优势，而亚利桑那州则几乎没有。每个州风力资源的分布可以从能源效率和可再生能源的门户网站（http：//www.eere.energy.gov/windandhydro/windpoweringamerica/wind_maps.asp）获取。不管分布情况如何，建议您购买涡轮机前，要测一测项目所在地的风力。如果是采用光伏（PV）发电，亚利桑那州则占上风。以年来计算的话，亚利桑那州的潜在的太阳能电力是堪萨斯州的近两倍。图 4.31ac 展示了风力涡轮机和太阳能电池板的例子。

图 4.31a Anita B.Gorman 养护中心的非晶光伏阵列（图片来自 BNIM Architects）

图 4.31b Anita B.Gorman 养护中心的晶体光伏阵列（图片来自 BNIM Architects）

图 4.31c Zimmer 房地产公司开发，Gastinger Walker Harden 建筑事务所设计的 EcoWORKS 小规模的风力涡轮机（图片来自 Zimmer Real Estate by Mike Sinclair）

您直到现在才利用这些可再生能源发电技术的最后一个理由就是成本。如果比较一下使用市政电网提供的能源与使用现场可再生能源，您会发现，根据您位置不同，使用可再生能源可能会贵得多。在堪萨斯州，使用可再生能源不会获得政府的奖励或退税，如果在居住区使用光伏系统，可能需要35年才能收回成本。而在加利福尼亚州，因为可再生资源的利用率较高，加上州里的退税，仅用10年就可以收回成本。光伏系统用到商业上的价格是住宅用价格的一半，而投资回报率分别是各自的两倍。所以，需要越少，系统就越具有成本效益。

如果对项目来讲，现场可再生能源系统仍然太昂贵，我们建议您考虑为自己所需要的能源购买可再生能源证书（RECs），因为这些能源要从国家电网获取。RECs是业主支付给可再生能源的推行者在国家电网推行可再生能源产生的额外费用。价格在每千瓦时一到两美分之间，按年支付。该费用支付给证书经纪人，因为是他们赞助了可再生能源发电站的发展。购买RECs时，确保证书具有第三方验证系统，如美国绿色建筑委员会的LEED系统的Green-E认证程序。采购RECs与碳补偿类似，但却不同。

补偿负面影响

几乎要大功告成了！剩下的工作就是来补偿您对环境造成的负面影响，其中大部分是由设计工作中的内含能、选择的材料和最终项目建设的内含能所带来的。所有这一切内含能都可以换算成二氧化碳当量单位（carbon dioxide unit equivalent），然后您就可以通过支持补偿或减少碳排放的计划抵消它们。我们的目标是实现一个中立（净零）的结果，消除设计和建造设施的影响。让业主同意补偿由于大楼运营造成的负面影响也没有什么不好。自2005年以来，BNIM建筑事务所一直就在补偿公司业务带来的负面影响。

许多组织都提供碳补偿交易报价。但是他们并不相同。补偿与可再生能源以及能源效率项目相联系，比那些涉及靠植树固存（吸收）碳的项目更长远。由于其持续性的原因：树最终会死，会被自然灾害破坏，或被砍伐使用，然后又释放全部或部分碳回到大气中（图4.32）。

为了确保提供和购买补偿交易“黄金标准”（见http：//www.cdmgoldstandard.org）中的关键部分，一个国际系统已经问世。凡是符合这些标准的补偿都有特殊的标签。由于提高能源效率和可再生能源的项目鼓励替代或限制化石燃料的使用，大大降低环境风险，他们是符合黄金标准的唯一补偿措施（图4.33）。

社会指标也作为审查是否符合黄金标准的指标，以确保补偿项目进一步加强了项目所在地国家的可持续发展目标。此外，黄金标准项目必须满足非常高的附加标准，以确保有助于它们采用新的可持续能源项目，而不是简单地资助现有项目。正如所有杰出项目的操作方法，黄金标准项目必须由独立的第三方验证，以确保其公正性。

图 4.32 华盛顿班布里奇岛的次生林（图片来自 Brad Nies）

图 4.33 斯伯维尔风电场（图片来自 Lyndall Blake, Kansas City Power & Light）

在完成操作顺序的七个步骤后，您有可能创造了最可持续的建筑之一。如果所有这些您都做得很完美，您的建筑将是真正可持续的。接下来要讨论的是如何才能完成这些任务：建筑师自己是无法做到这一点的，当然还必须有一个有意愿的业主。也别忘了项目的施工方，以及后期的运营和维护人员。接下来让我们看一下如何通过专业的综合团队，实现可持续能力建设，创建可持续建筑。

第 5 章

可持续的 BIM：建筑形式

养成分析的习惯，分析会及时地使整合成为您的思维习惯。

——弗兰克·劳埃德·赖特

在前面的章节中，我们利用 BIM 模型讨论了可持续发展的设计理念。在本章中，您将继续学习如何运用这些理念。我们将用一些实际案例，探讨如何应用 BIM 技术。本章将着重讨论建筑的朝向、体量和采光。

准备开始

在深入讨论 BIM 和可持续设计的具体工作流程之前，我们必须认识到，许多策略都具有累积性并且是相互依存的，这点很重要。不同策略的叠加使用具有组合效应；如果过早停用某种策略，只会增加初始成本，不会有长期效益。这同样适用于它们的相互依存关系。以建筑朝向、玻璃装配和采光为例：正确的建筑物朝向，正确的玻璃用量和安装位置，利用遮阳装置优化利用自然光，这几个策略的叠加使用就具有组合效应。如果使用的是高反射玻璃或建筑朝向错误，则建筑物能获得到的可用日光量就会大大减少。这几个策略的采用是否恰当以及是否能收到预期的效果，取决于建筑类型和当地气候的特点。

图 5.1 显示不同的节能措施对建筑物产生的累积效应。始自左下角的菱形节点线是建筑物的初始成本线；起始于左上角的方块节点线是年运营成本线。在这个项目中，节能措施的采用顺序，是根据其影响大小的顺序确定的。从图中可以看出，随着前面两项节能措施的采用，初始成本急剧增加。

然而，随着您在设计中采用了节能的措施，提高了项目能效，所以不仅年经营成本开始下降，而且项目的初始成本也开始下降。成本下降的原因很简单：这些策略彼此相互依赖。组合策略正确，则所需的负荷减少，所以系统或技术的初始成本和运营成本，就会变得越来越小。一般来讲，一个有效系统的运营成本会比较低，但其初始成本会比较高。如果您的建

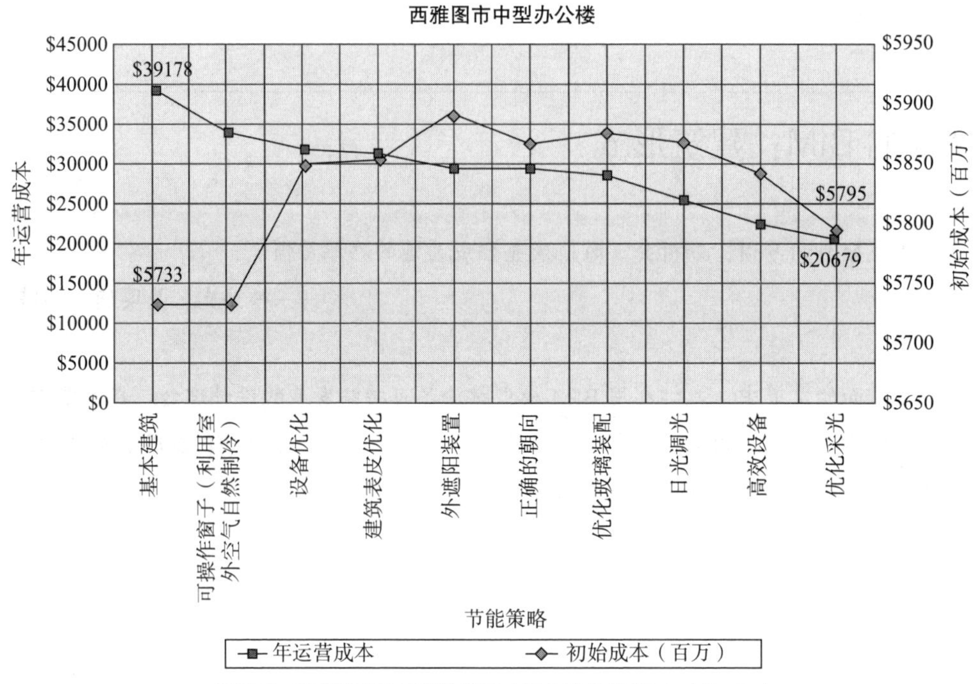

图 5.1　节能策略的累积效应图（图片来自 BNIM Architects）

筑物围护结构较好，则供暖和制冷效果会较好，因而您所需要的暖通系统也就较小。建筑物围护结构的成本是一次性支出，而使用低效的暖通系统则会在每次使用中都产生额外的成本支出。

BIM 有与建筑系统相似的特性。模型中的所有组件之间都具有参数关系。

在墙上增加一扇门，就增加了一个洞口，减少了墙体材料的使用；在您的设计方案门窗一览表上，也会增加一扇门。

通常需要在多个项目中大量重复运用这些策略，才能真正了解和利用这些相互关系。为了提高建筑物性能和实现可持续设计，必须优化这些综合策略和技术。而要做到这一点，需要不断观察研究，才能明白这些策略是如何共同工作的，并使其潜力得到充分发挥。这就是 BIM 的优势：与传统方法相比，BIM 可以帮助您以更快的速度反复分析利用这些策略。

我们要为本章和下一章的分析设置一些基本的指导方针。我们要强调一些简单的，有助于实现项目的可持续设计的概念。这些概念是：

- 建筑朝向
- 建筑体量
- 采光
- 水收集
- 能耗建模

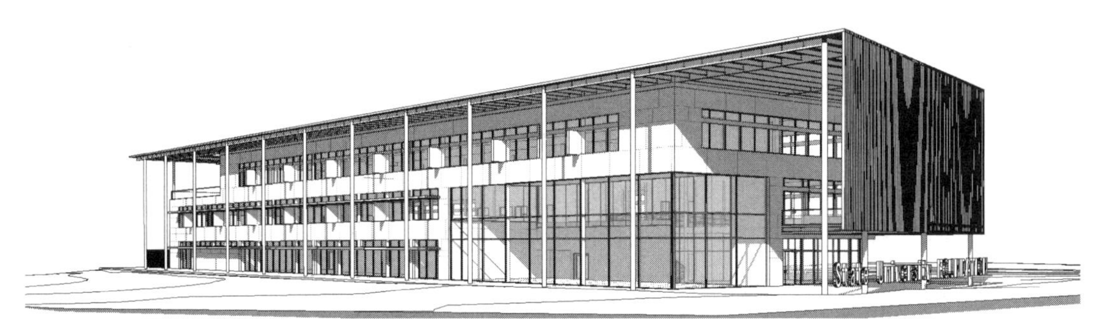

图 5.2 示例项目透视图（图片来自 BNIM Architects）

- 可再生能源
- 材料

我们将用一个实例来阐释这些概念。这是一座位于密苏里州堪萨斯城外的开放式办公建筑，占地面积 46000 平方英尺。图 5.2 是这座建筑的 BIM 透视图。

我们将按照前面的章节中讨论的操作顺序，依次分析讨论每个议题。我们将讨论可持续建筑设计预期的成果，以及如何利用 BIM 实现它们。

关于您的调查结果的准确性，请注意：BIM 模型的准确性，取决于输入信息的质量。为了能够成功地提取 BIM 模型信息，您所建立的模型首先必须是正确无误的。这个道理虽然很简单，但是为了确保万无一失，您必须反复检查您所获取信息的准确性，并带有一定的批判性思维。如果某个数据看起来不符合实际，请务必花点时间核实一下。

针对所有的这些概念，我们将使用各种各样的 BIM 模型工具。其中有些工具用得频繁些，但总的来讲，您所设计的几何模型都会被这些工具使用。

不好的建模对下游有不利的影响

就像不好的生态环境一样，不好的 BIM 建模可以对下游的团队成员和项目的利益相关者产生负面影响。曾经就有人找我们，请我们帮忙解决一个由于不好的建模对项目所带来的问题。一家建筑公司向承包商提供了他们设计的模型，用于初始成本估算。在模型中，这家建筑公司（这是他们使用 BIM 设计的第一个项目）因为不注意，没有把墙壁和楼层地板连起来，导致在整个模型中，所有的墙壁都悬浮在楼层地板表面以上三英尺高的地方。他们没有检查这个模型的三维图形，就把模型交付给承包商。承包商也没有核实利用该模型所做的成本估算的准确性，就相信建筑公司提供的模型是准确的。

当他们发现实际建设成本比估计值要高得多时，可以想象所有人是多么惊讶，因为在这个模型的成本预估中，每堵墙的最下面的三英尺的建设成本都没有计算在内。

在使用其中的一些工具和应用程序时，您需要考虑它们之间的兼容性，或者说不同的应用程序之间能否实现良好的互通。例如，如果您正在使用一个应用程序进行BIM建模，并且同时要把数据转移到另一个应用程序，做能耗建模，您一定要确保您选择的程序具有兼容性，因为并不是所有的应用程序之间都是兼容的。

在这方面，IFC（工业基础类）行业标准正日益兴起，该标准适用于建筑物生命周期中各个阶段内，以及各阶段之间的BIM应用和分析软件之间的信息交换和共享。市场上大多数的BIM程序可以导出IFC文件类型。

建筑朝向

在可持续设计中，建筑朝向指的是建筑物相对于太阳运行路径的位置。建筑物朝向是否正确，玻璃窗的大小和位置是否合适，对于建筑物的能源利用效率和舒适性有很大的影响。因为正确的建筑朝向有助于建筑物优化利用太阳能和风能，减少照明、供暖和制冷的能源需求。建筑物朝向对于减少水资源的利用和增加集水量没有直接影响。

建筑朝向是在建筑设计的初始阶段就应该考虑的问题。在设计早期，您应该确定项目的地理位置、正南方在哪里，以及盛行风的主要方向。

建筑朝向是保证建筑物能源负荷低的基础性因素，设计后期不能偏离这一点。虽然建筑朝向对于能源增益效果的贡献率并不大，这点从图5.3中可以看出，但是它对于其他策略的成功实现却有着重要的意义。有很多设计方案虽然在其他方面很成功，但建筑朝向错误，结果导致能源利用效率低，不得不增加初始成本以控制不需要的热增量，减少太阳眩光，避免给

朝向	偏离正南方的度数	能源利用量千英热单位/平方英尺每年	每年（比基数）节省的运营成本
	偏西90°	61.9	基数
	偏西45°	62.1	0%
	偏西15°	60.9	0.9%
	0°	61.2	0.7%
	偏东15°	60.7	1.3%
	偏东30°	61.5	0.7%
	偏东45°	61.7	0.5%

图5.3 西雅图一栋5层，5万平方英尺的办公楼，在不同朝向情况下的能源效率模拟百分比（资料来自BNIM Architects）

用户造成长期不适。

注意，上文在考虑建筑朝向时，我们着重讨论了建筑物的能源利用效率和舒适度，另外一个好处则体现在建筑物的能源供应上。为了最大限度提高太阳能热水系统或光伏电力系统的效益，太阳能面板应该朝向正南方。这些系统本身可能比较贵。建筑设计方案中应该包含这些系统的集成安装位置，无须增加额外的结构组件。正确的建筑朝向能够优化这些系统的能源输出。

我们已经探讨了建筑朝向的重要性，现在让我们来看看如何将其纳入设计流程的早期阶段。对于这一概念，以及本章和后面章节中介绍的其他概念，我们计划把重点放在对设计模式的反复调查研究上。虽然这种模式不是绝对规定，但这是在工作流程中，利用 BIM 识别，理解和解决可持续设计背后的核心理念的必要步骤。每个部分都将讨论气候、文化和地域特点的影响。一旦充分掌握了项目所在地的特点，我们就会研究减少项目需求。

接下来的一步是制定具体项目目标。目标制定好后，我们利用基于 BIM 的解决方案，对结果进行分析，看看它们对设计有什么影响。有时必须重复这些步骤，直到实现我们的可持续发展的设计目标。

了解气候的影响

气候对建筑朝向的影响，源于建筑采用被动式设计策略的能力，如供暖、制冷和照明。

在炎热的气候条件下，采用遮阳策略，可以减少阳光直射入室量，保持建筑物内部凉爽。这就需要正确安排建筑物的朝向，使之易于遮光，同时能减少遮阳装置的用料，降低成本。在寒冷的气候条件下，为了降低建筑物的热负荷并吸收太阳辐射，您会希望有更多的阳光直射入室。因而，使建筑物面向太阳，是最简单和最具成本效益的解决方案。在这两种气候条件下，您都会利用日光作为主要的照明光源。所有这些策略通常要求使建筑物的长轴面，面向太阳；在北半球，要面向南方（图 5.4），在南半球要面向北方。

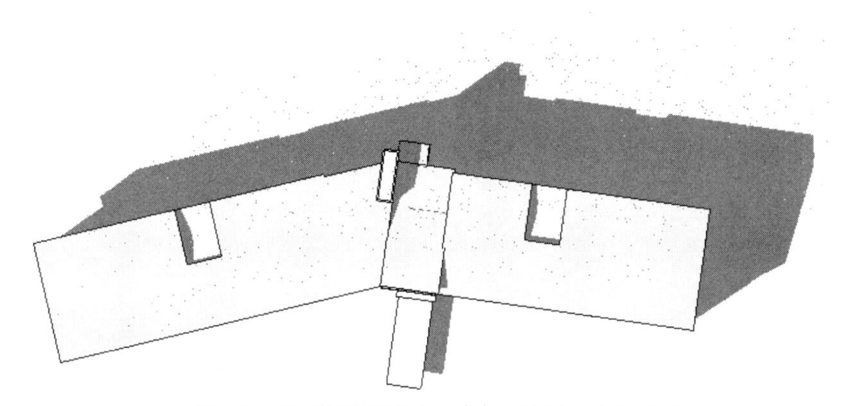

图 5.4 正确的建筑朝向（图片来自 BNIM Architects）

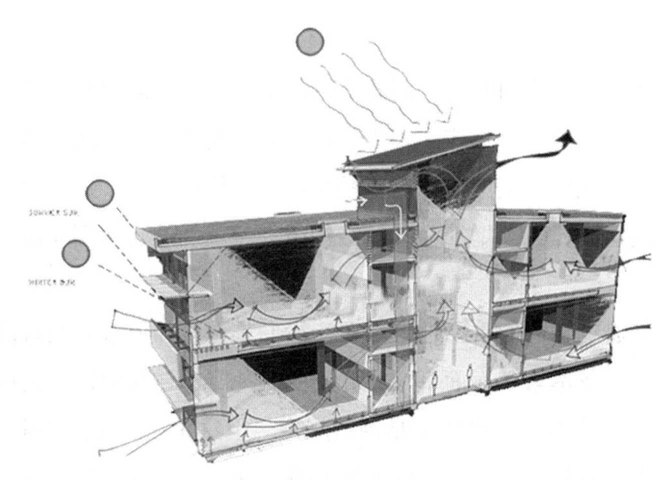

图 5.5 利用正确的建筑朝向实现自然通风（图片来自 BNIM Architects）

如果气候条件允许我们采用自然通风，窗子的开口应该面对盛行风的方向，这样可以减少对冷却设备的需求（图 5.5）。请记住，在某些文化中，特定的建筑物（例如宗教建筑），某些立面必须面对某一个特殊的方向。这有可能会影响建筑朝向，并且可能（也可能不会）与其他被动策略相冲突。

地域特点对建筑物的影响体现在两个层面上：在宏观层面上，是项目所在地相对于地球的其他部分；在微观层面上，是该项目坐落的具体位置。从更广阔的视角看，地域特点决定建筑物的朝向，因为这要受到地球磁偏角的影响。知道了建筑物要面向正南，而不是磁南，您就会明白在同一个气候带内，最佳建筑朝向会有几度的变化范围。例如，虽然密苏里州堪萨斯城和华盛顿特区在同一气候带内，但是堪萨斯城的正南方是磁北偏东 2.43°，而华盛顿特区是磁北偏西 10.43°。

从建筑物具体位置的微观层面上来看，无论是从外部看向建筑物，还是从建筑物内部向外看，地域特点对于太阳能的利用和建筑物的整体结构都会产生影响。并非所有城市都能够使用太阳能，因此限制了使用这个免费资源的潜力。另外，由于受到临街的影响，抑或是业主对于建筑物的视野有特殊要求，也会对建筑物的正确朝向产生影响。作为建筑物的使用者，我们当然希望能有好的视野，能欣赏到户外美景，但有时候这样做会与建筑物的正确朝向发生冲突，从而影响建筑物采光、遮阳装置的使用或利用盛行风通风的做法。在这些情况下，为了让人感觉建筑物的朝向是正确的，设计团队要想办法，综合利用外遮阳装置和内部太阳光反射板，优化每个建筑面上的玻璃窗装配数量和位置。

减少资源需求

不同的建筑类型对不同气候的应对方式不同。有些建筑类型主要采用外部能源，而有些主要是采用内部能源。办公楼和科学实验室都是以内部能源为主的建筑。然而，如果办公楼的朝向正确，其内部能源负载可以大大降低。在本章开头的例子中，我们谈到了如何综合利用建筑朝向、外遮阳、采光和日光调光等策略，以达到减少能源使用的目的，如图 5.6 所示，可以减少 20% 的能源利用量。相比之下，科学实验室内有许多设备，需要大量的内部能源，因此以建筑朝向为基础的策略，对于减少能源使用所起的作用就小多了。因此，对于这种特殊建筑，如实验室、医院或计算中心，建筑物朝向就显得不那么重要了。然而，建筑物朝向仍然是达到真正的可持续设计的最经济和最有效的手段。

朝向	偏离正南方的角度	朝向		朝向 + 遮阳		朝向 + 遮阳 + 照明	
		能源利用量千英热单位/平方英尺每年	每年（比基数）节省的运营成本	能源利用量千英热单位/平方英尺每年	每年（比基数）节省的运营成本	能源利用量千英热单位/平方英尺每年	每年（比基数）节省的运营成本
	偏西 90°	61.9	基数	57.1	6.39%	54.4	15.24%
	偏西 45°	62.1	0%	56.5	6.84%	53.8	15.79%
	偏西 15°	60.9	0.9%	56.6	6.89%	52.3	18.27%
	0°	61.2	0.7%	56.7	6.84%	52.3	18.27%
	偏东 15°	60.7	1.3%	55.7	7.90%	51.7	18.89%
	偏东 30°	61.5	0.7%	56.3	7.30%	52.1	18.33%
	偏东 45°	61.7	0.5%	56.3	7.15%	52.2	18.03%

图 5.6 西雅图一栋 5 层，5 万平方英尺的办公楼，在朝向正确的情况下，其他节能策略累积效应的模拟（资料来自 BNIM Architects）

住宅建筑与办公楼是截然不同的，因为住宅建筑主要依靠外部能源。如果住宅建筑能够充分利用正确的建筑朝向，这会对整个工程的设计和项目寿命产生重大影响。

如果建筑朝向正确，您可以有许多方法来减少对设备和电气系统的需求。正确的建筑朝向有如下优点：

- 可以最大限度利用自然采光，减少电力照明系统。
- 可以有效综合利用电气照明控制系统。
- 可以利用不太复杂的外部遮阳装置。
- 可以综合利用可再生能源系统，如太阳能电池板。它们可以被整合为建筑物的遮阳装置，甚至可以作为建筑物的外墙表层。

制定项目目标

了解了正确建筑朝向的相关问题后，下一个步骤是制定项目目标。正确的建筑朝向是根据项目场地的具体情况确定的；而制定切合实际的目标，必须基于项目本身的具体条件。如果项目位于市区，则可能无法达到理想的建筑朝向（因为它可能只适用于市区外的建筑）。即

图 5.7　朝向正确的建筑物（图片来自 BNIM Architects）

便如此，您仍然可以根据恰当的建筑朝向设定目标，充分发挥后期设计过程中您可能会用到的其他策略的优势。

正确的建筑朝向，应该是您对设计团队提出的首要问题之一。如果建筑朝向正确，下一步采取其他可持续策略就更容易，也更容易实现其目标。如果可能的话，在场地和项目的限制范围内，使项目的长轴面面向正南方，如图 5.7 所示。

利用 BIM 进行建筑朝向定位：寻找正南方

建立了正确的朝向目标后，您还需要把这个目标应用到模型上去。在 BIM 环境下，这点很容易就可以做到，您可以很容易地看到一个朝向正确的建筑物效果图。正如我们前面提到的，正确的建筑朝向，是优化许多其他策略的关键所在。大多数的 BIM 软件都规定屏幕下方是南方。当建筑物被重新定向为垂直于纸张，而不是面向一个给定的方向时，纸张的下方也被规定为南方。这样做虽然有利于形成文档，但是远远不能满足我们对于正确建筑朝向的要求，事实上这样做还会导致不当的遮阳效果。为了弥补分析过程中的“纸上南方”与正南方的差异，您必须确定该项目的朝向与正南方的偏差有多大，然后调整模型，使之朝向正南。虽然稍微有点偏差不会有大的影响，但如果偏差达到 10° 或 15° ，影响就不能忽视了。

为了做好这个调整工作，您必须做两件事情。先弄清偏差度数，或者说是当前建筑朝向与正南方之间的夹角的大小，也就是您需要调整的度数，然后调整建筑物到要求的朝向。为了正确定位建筑朝向，可以把屏幕南方看成是磁南方。这样做需要两个工具：BIM 中您的基本设计和互联网。

要找到 BIM 的正南方，先要确定自己的位置。在我们使用的许多方法中，您会反复体验这个过程。位置感和设计中的特定位置无比重要。在 BIM 应用中，我们就是用这种方法确定项目位置的，包括其实际经度和纬度。在 Autodesk 的 Revit Architecture 中，对话框如图 5.8；点击“设置”>“管理地点和位置”按钮，打开该对话框。

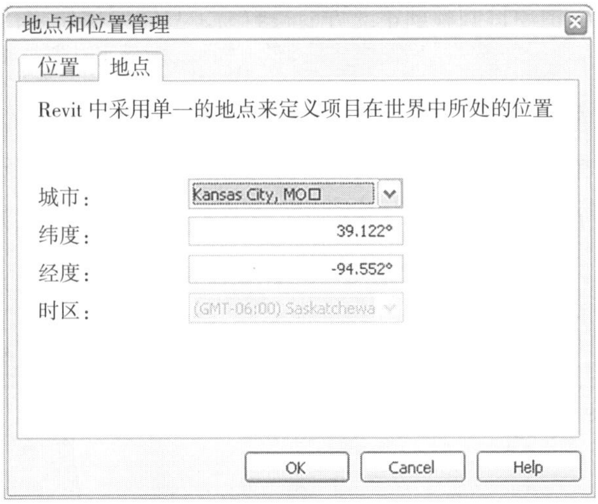

地点和位置管理
位置
地点
Revit 中采用单一的地点来定义项目在世界中所处的位置
城市：
Kansas City, MO
纬度：
39.122°
经度：
-94.552°
时区：
(GMT-06:00) Saskatchewa
OK
Cancel
Help

图 5.8 确定项目位置

在 BIM 的应用程序中，您需要根据项目所在的州和城市，确定项目的纬度和经度位置。

掌握这些数字后，您可以访问国家地球物理数据中心（NGDC）的门户网站（www.ngdc.noaa.gov/seg/geomag/jsp/Declination.jsp）。利用这个网站，根据已知的项目经纬度信息，您可以计算出建筑物朝向与磁北方向的磁偏角的大小（图 5.9）。

输入位置：(latitude 90S to 90N, longitude 180W to 180E). See Instructions for details.
经度：39.122 N S
纬度：-94.552 E W
输入日期 (1900-2010): Year: 2007 Month (1-12): 12 Day (1-31): 3
计算磁偏角

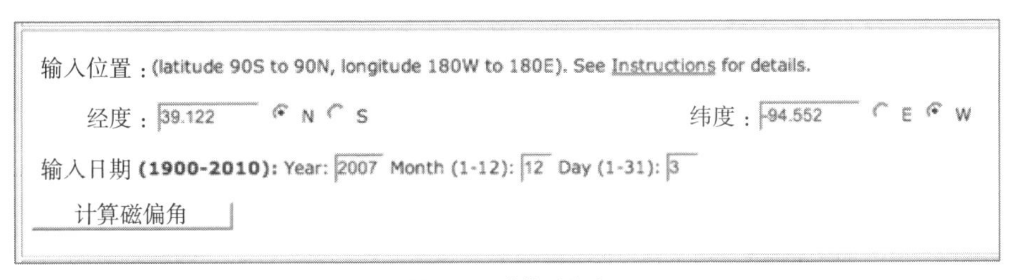

图 5.9 计算磁偏角

点击“计算磁偏角”按钮，您可以得到当前日期和年份的磁偏角的大小（图 5.10）。对于我们位于堪萨斯城的项目，其磁偏角大约为偏东南 2.5° 。或者，如果您有一个可以指向正北方向的指北针或者基于大地坐标系（不是磁北），您可以做个电子测量。您可以把测量结果作为背景，导入您的 BIM 模型。然后，您可以利用导入的结果，计算磁偏角的大小。

现在，剩下的工作就是把您的项目旋转到合适的角度。具体的 BIM 应用程序，可能会有所不同，有的程序要求您设定正北和项目北方，两个独立的角度。这主要是让您能在纸上确定正确的建筑朝向，同时从模型中获取正确的遮阳信息和方向信息。

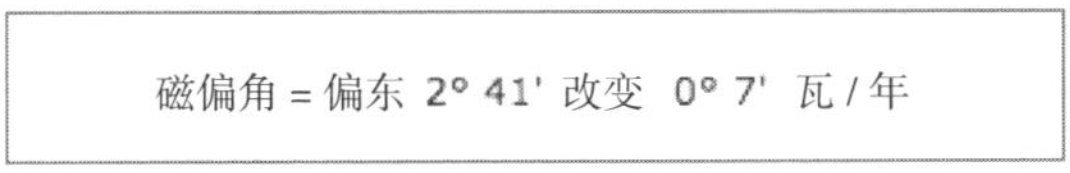

磁偏角 = 偏东 2° 41' 改变 0° 7' 瓦 / 年

图 5.10 项目磁偏角

在BIM的环境中，把项目调整到正北方向很容易，只需要稍作旋转就可以了。下图显示了建筑朝向的两个例子。

图5.11对两种方案进行了比较。左边的建筑物是朝向磁南方向，而右边的建筑物是朝向正南方向。第二组图像（图5.12）是建筑物的正视图，与上组图像的条件相同。请注意在每天的同一时间里，两个建筑物阴影的显著变化。这将极大地影响建筑物的采光量。从理论上

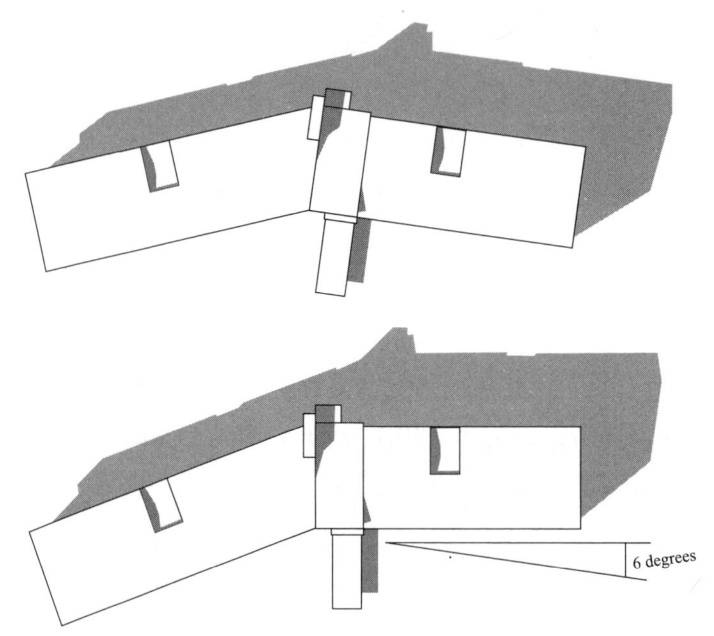

图5.11 当前朝向和调整到正南朝向后的建筑物

图5.12 当前朝向和调整到正南朝向后的建筑物正视图

来讲，如果建筑物的遮阳受到影响，建筑物的热增量、采光和其他环境设计策略也会受到同样的影响。请确保建筑物的朝向正确，为后续的其他可持续发展策略打好基础。

建筑体量

除正确的建筑朝向外，正确的建筑体量也是建设高质量的可持续建筑的关键因素。合适的建筑体量，一方面应该有高效的建筑围护结构，提高热效率，增加建筑物的舒适度；另一方面，应该保证所有的用户都能有良好的采光。

说到建筑体量，不同的建筑类型有不同的要求。但对于某一个具体的类型来讲，不同的要求以一定的比例关系综合起来已经可以接受或成为标准——有些是出于美观的要求，有些是为了租赁效率。例如，写字楼有许多不同的形状和大小：有的高而细，有的矮而宽，有的高而宽，有些则是矮而细。每种建筑类型可能都有其最佳体量，但即使有，我们会希望它们看起来千篇一律吗？在这种情况下，您应该了解建筑物的类型和位置等具体情况，以便在设计中，对建筑物做出相应的调整，因为不是每座建筑都能满足理想的建筑体量要求。场地限制，经济因素，进度需要，以及美学要求等因素，都可能影响建筑体量设计。

确定适当的建筑体量的主要原因很简单：根据建筑类型和气候，选择合适的建筑体量，可以降低建筑物的整体能源需求。这样，您就可以把更多的项目资金用于购买更高效的设备和项目当地的可再生能源系统。

利用建筑类型和建筑朝向

有些项目，如大学的实验楼，往往是不同建筑类型的组合体：在实验楼内部有实验室、教室和办公室等。如果把这些不同类型的建筑分开，建成不同的建筑体量，需要不同的能源效率类型。BNIM 建筑事务所就是根据这种理念设计了得克萨斯大学休斯敦健康科学中心的 Fayez S. Sarofim 研究大楼。

实验楼有灵活的实验室空间，支持实验室，办公室和公共区域等，正确的建筑朝向有助于其充分利用阳光直射，控制自然采光。设计团队需要根据不同区域的要求，优化其空间特性。把办公室和实验室分开，环境的控制系统能够获取并重新利用通常会被浪费掉的能量，设计者可以根据不同的建筑类型采用不同的可持续设计策略，但同时又能实现不同建筑类型的协同工作。

下面的三张图片分别显示了组合空间的体量图，不同建筑类型的遮阳和采光策略，以及综合运用采光、建筑体量和遮阳策略建成后的大楼。

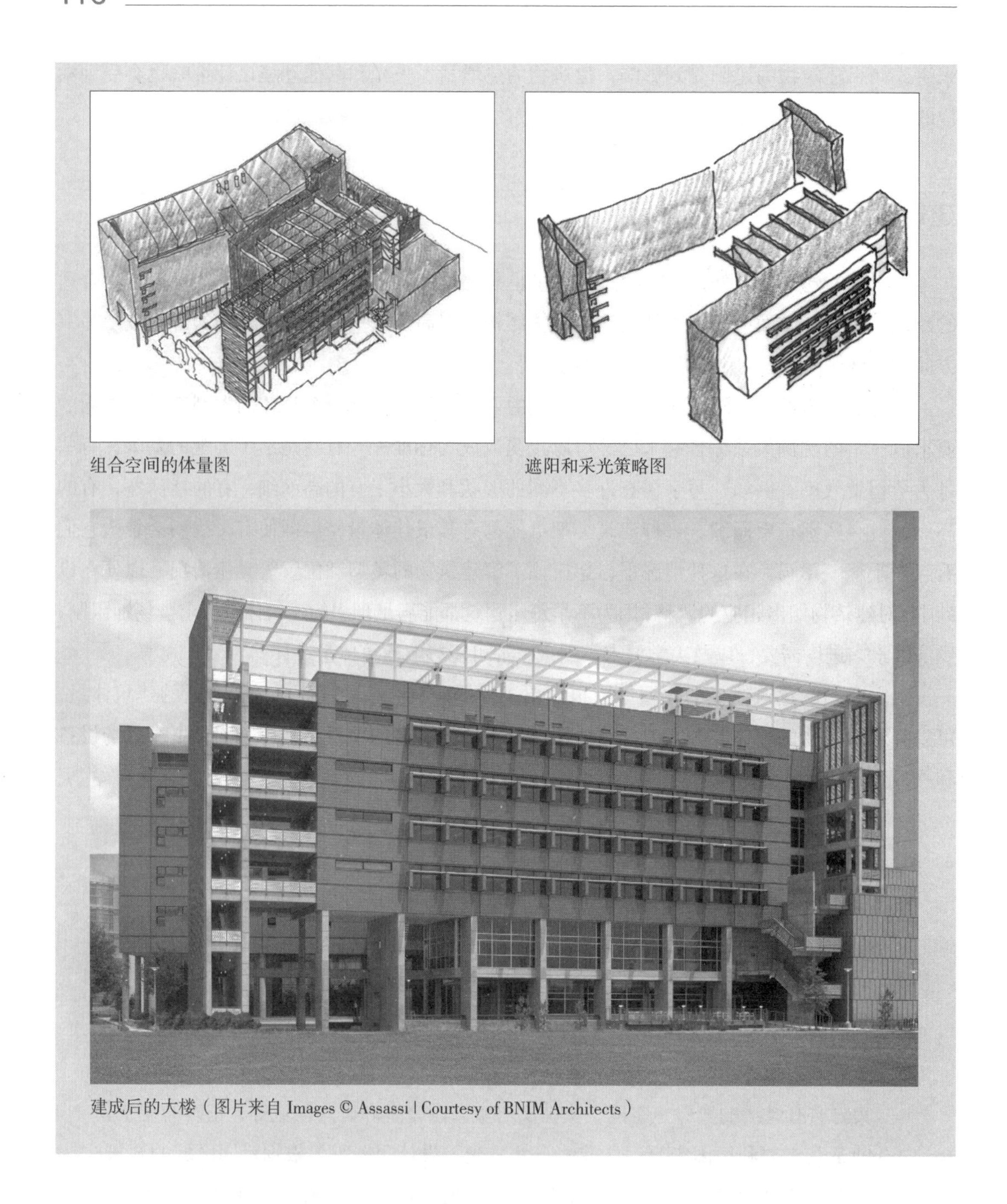

组合空间的体量图

遮阳和采光策略图

建成后的大楼（图片来自 Images © Assassi | Courtesy of BNIM Architects）

了解气候、文化和地域特点的影响

气候、文化和地域特点对建筑的体量策略会产生许多影响，同时它们也影响着可持续发展的机会：

- 气候对建筑体量的影响主要体现在，它会影响建筑物供暖、制冷和照明等被动设计策略的效果。

- 如果建筑物主要采用自然采光，则其可能会被设计得比较狭长，或者有一个大的中庭，使光线能够向下照入室内；或者可以设计天窗，或是朝南或朝北的单面倾斜式屋顶。
- 如果建筑物主要依靠自然通风，则需要设计一个类似烟囱的构件，可以是一个正式的烟囱，也可以是像走廊或大堂那种高大的公共空间，使空气通过自然对流穿过建筑物。
- 被动式供暖策略要求建筑物呈狭长结构，有朝南的玻璃窗，以便收集白天的太阳辐射能量。
- 建筑体量会影响建筑物收集雨水的能力。如果建筑物位于降雨量少的气候区，则建筑物的屋顶可以尽量设计得大些，增强其收集雨水的能力。这个比较大的屋顶，同时也可以作为建筑物的整体外遮阳，因为干燥的气候也往往很热。

在此条件下，针对不同的被动策略和特定的气候区域，建筑体量也有所不同。例如，位于艾奥瓦州和得克萨斯州的建筑物都可以采用自然光采光策略。然而，从一年的时间范围来看，由于这两个州位于不同的气候区，在艾奥瓦州，您可能对被动式供暖更感兴趣；而在得克萨斯州，您可能对被动式制冷更感兴趣。

企业文化也会影响建筑体量。例如，如果客户要求建筑物有更好的户外视野，则建筑物的进深就不能太大。这样建筑物的内外通透水平较高，可以充分利用自然光。这可能也意味着，建筑物应该设计得矮一些，方便用户外出。如果建筑的用户不需要阳光直射，就像有些实验室要求的那样，建筑体量可能需要大的悬挑阻止阳光直射，或者在建筑物的中间设计一个利用自然光的中庭，给人一种大和开放的感觉。企业文化的概念表明，除了环境文化和该地区的气候，我们还需要考虑建筑物使用者的子文化（microculture）。

地域特点也会影响建筑体量。与郊区的建筑相比，市区的建筑物楼层更多，因为郊区可以利用的土地面积通常较大，而在市区内，建筑物只是某个街区的一部分。同样，市区建筑往往要设计楼内停车区，而郊区的“绿地项目”（建在未开发的土地上的建筑）可以采用宽阔的沥青停车场。

建筑体量也要与项目场地相适应。图 5.13 显示的是一栋朝向正确，能够利用气候优势的建筑物，这栋建筑物的体量就是根据其场地特点设计的。有些设计元素可以帮助建筑体量与场地相适应，具体如下：

- 生态环境敏感区的建筑物，可能需要支柱来支撑建筑物高出地面，使得栖息在该地区的野生动物能够自由通过该区域。
- 项目所在地也可能靠近敏感的生态系统，如森林或河流的边缘。在这种情况下，建筑体量可能需要向上垂直发展，使占地面积尽可能的小。
- 如果周围的生态或附近的建筑需要利用太阳能，建筑体量就需要矮一些。

尽管有这么多的限制，建筑体量还是要与周围环境保持一致。

图 5.13 优化利用气候、文化和地域特点，且远离电网的住宅建筑草图（图片来自 BNIM Architects）

减少资源需求

建筑物本身对气候的相互作用方式不同。正如前面所述，办公楼主要依赖于内部能源，而单体住宅楼主要依赖于外部能源环境。如果能扬长避短，您就可以显著降低资源消耗，节省成本。一般来讲，堪萨斯城的办公建筑能源负荷主要用于制冷，在冬天也需要一定的外部能源供应，用于供暖。这主要是因为，当地建筑规模一般比较大，而且建筑物的围护结构薄弱。这种现象在投机的办公楼开发中很常见。

利用 BIM 模型进行建筑体量设计

在办公楼的例子中，在项目的这个阶段，我们需要研究建筑体量的问题。本项目位于郊区的待开发地区，因此我们不受典型的市区条件限制，并且可以探索一些不同的建筑形式。

在我们的 BIM 应用中，先要建立建筑体量和体积的基线，并以此为基准探讨其他建筑形状的优点和缺点。我们可以先探讨以出售或出租为目的而建造的“大盒子”形状的办公楼，这种办公楼在全国各地的办公园区很常见。这将有助于我们建立一个基准。

我们要探讨的所有建筑形式需要有相同的基准值。为便于比较，其占地面积，用户数量，运维计划，照明系统，暖通系统和建筑围护结构等方面要大致相同。这些数据我们可以从 ASHRAE 标准的第 90.1 号文件（http：//www.ashrae.org）获得。如果我们改变建筑物的形式和形状，则其他方面就会发生相应的变化，例如建筑物的体积和外墙数量等。这些数值的变化同样也会影响到建筑成本和建筑物的供暖和制冷负载。

为了确保我们比较范围的一致性，我们在 BIM 模型中设置了一些参数化的参考值。对于“大盒子”办公楼，我们锁定比例，并且把建筑面积设定到与客户项目的占地面积相同（图 5.14）。在图 5.15 中可以看到，我们已经建立了维护这个面积和比例的参数值。

既然我们的基线已经建立，就可以看看一些其他的建筑形式。理想情况下，要想获得最佳的内部光照，建筑物的宽度应该大约为 60 英尺。因此，在这种条件下，我们需要改变参数值，如图 5.16 所示。图 5.17 显示的是改变后的参数值。

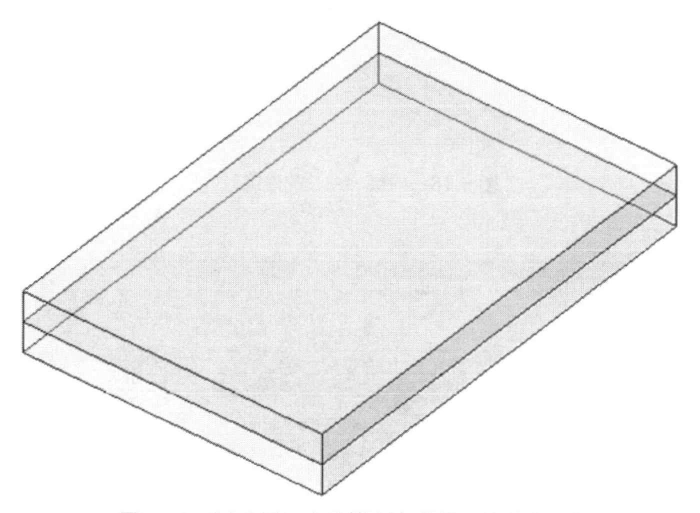

图 5.14 “大盒子”办公楼设计：两层，比例 3 ∶ 2

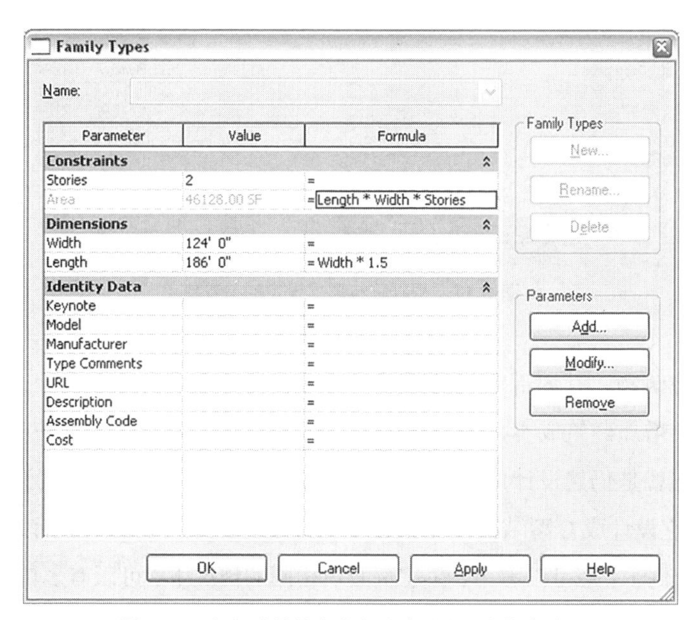

图 5.15 根据建筑物大小和建筑形式设定的参数值

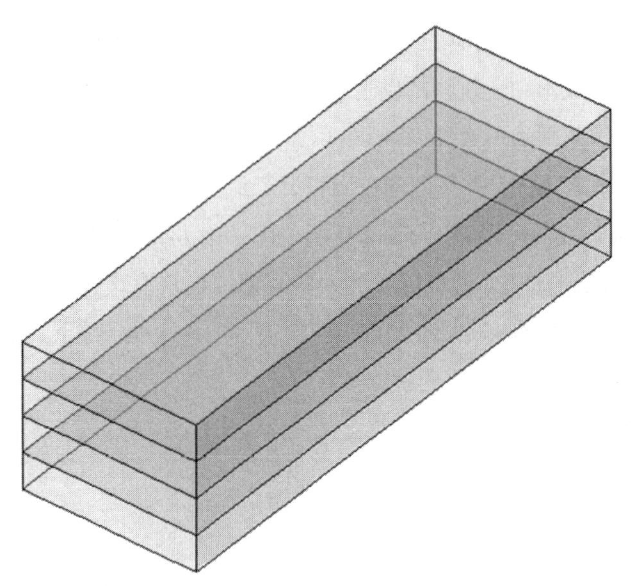

图 5.16 四层、细长的建筑形式

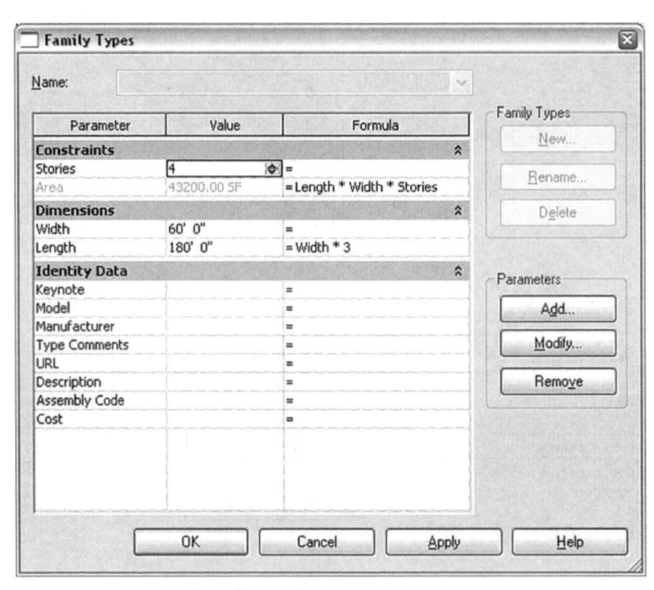

图 5.17 根据建筑形式设定的参数值

这种形状的建筑物，其内部空间的自然采光效果好，但高度超过了三层楼的高度要求。在该案例中，这会增加建筑成本，因为与三层结构相比，四层结构有额外的规范要求。还有一种解决方案，那就是仍然设计成两层结构，保持较低的楼体高度，同时还能优化自然光的利用：我们可以把它设计成 C 型结构，如图 5.18。图 5.19 显示了改变结构后该建筑物的参数值。

通过前面几个例子，您可以看出，在建筑面积相同的情况下，可以有多种不同的建筑形式，所以我们可以采取灵活的解决方案。如前所述，制定可持续解决方案的一个要点就是应正确

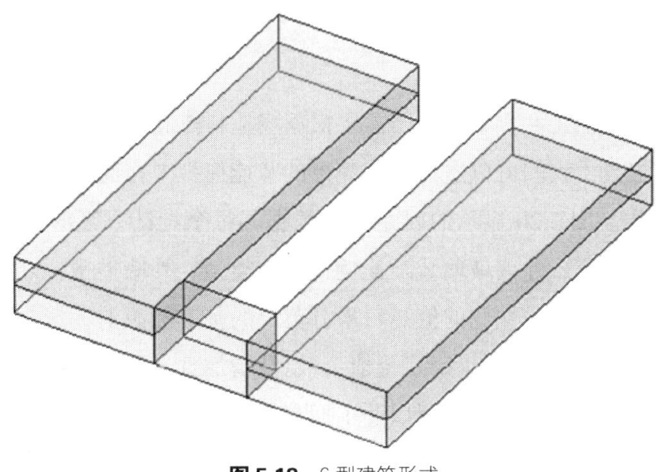

图 5.18 C 型建筑形式

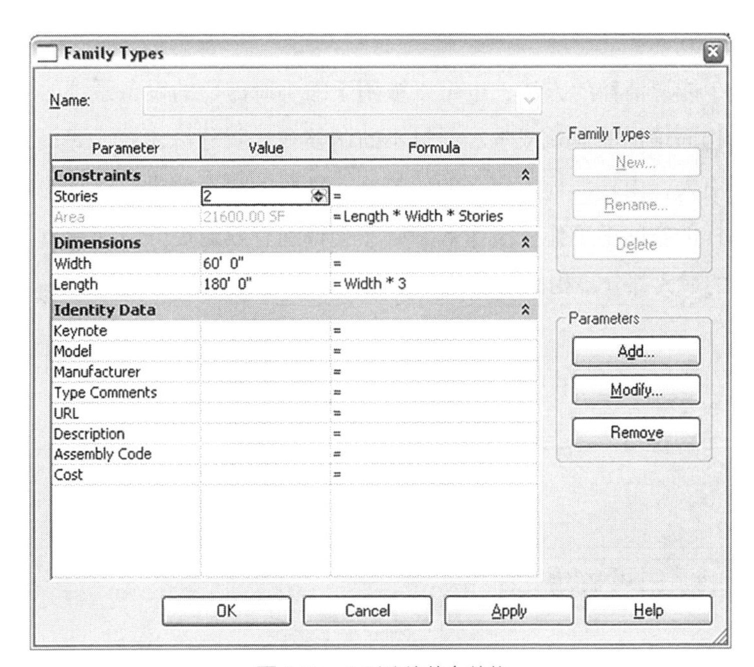

图 5.19 C 型建筑的参数值

平衡经济因素。我们还需要考虑整体成本，因为改变了建筑的形状，增加了外墙面积，也就增加了初始成本。

为了评估某一方法在我们制定最可持续的解决方案的过程中的作用，我们需要模拟一些设计策略。通过做一些方案中常见的额外假设，如暖通系统，玻璃窗性能，外墙性能和运维计划等，我们就能够比较这些策略提高能源效率和降低运营成本的有效性。最快的设置方法是：把三个简单的 BIM 模型导入到一个能源分析程序中，然后运行这个程序，进行分析模拟（导入到不同的能源分析工具的详细内容将在第 6 章中探讨）。

分析建筑形式

既然已经重复设计了几种方案，我们需要根据场地特点和客户需求，找出最好的设计方案。利用能源分析工具，我们可以进行一些简单的节能模拟。在此基础上可以比较每个建筑类型每年的能源成本。图5.20显示的就是模拟数据。每个设计方案的变量所采用的参数都是一样的，包括暖通系统、外墙玻璃装配比例、玻璃类型、外墙类型，以及运维计划等。在该柱状图中，每种建筑形式最左侧的值是每平方英尺的基准能源消耗量。通过改进建筑围护结构（第二个值），优化玻璃装配（第三个值），以及增加日光照明自动调光器（第四个值），您可以看出年能源消耗量迅速下降，所以业主拥有和经营该建筑的成本也跟着下降。根据模拟结果，“大盒子”形状的建筑物，其能源优化利用率，最高只能达到12%；窄且高的建筑物，能节省20%能源成本；而C型建筑能节省22%。在项目生命周期成本评估中，这些数据都是具有重要意义的。

这种大幅减少能源消耗的方法，也可以被用于缩小所需要的设备系统的尺寸，抵消因使用更多的围护结构而增加的建筑成本。通过不断调整和重新分析建筑形式，我们能设计出性能优越，外观吸引人，内外部环境宜人的建筑物。良好的视觉效果，适宜的室温，与大自然融为一体，在这样的空间里工作，工作效率必然会得到有效的提升。因为员工工资往往占企业的现金流支出的最大部分，相比之下，改善工作环境的支出要小得多。

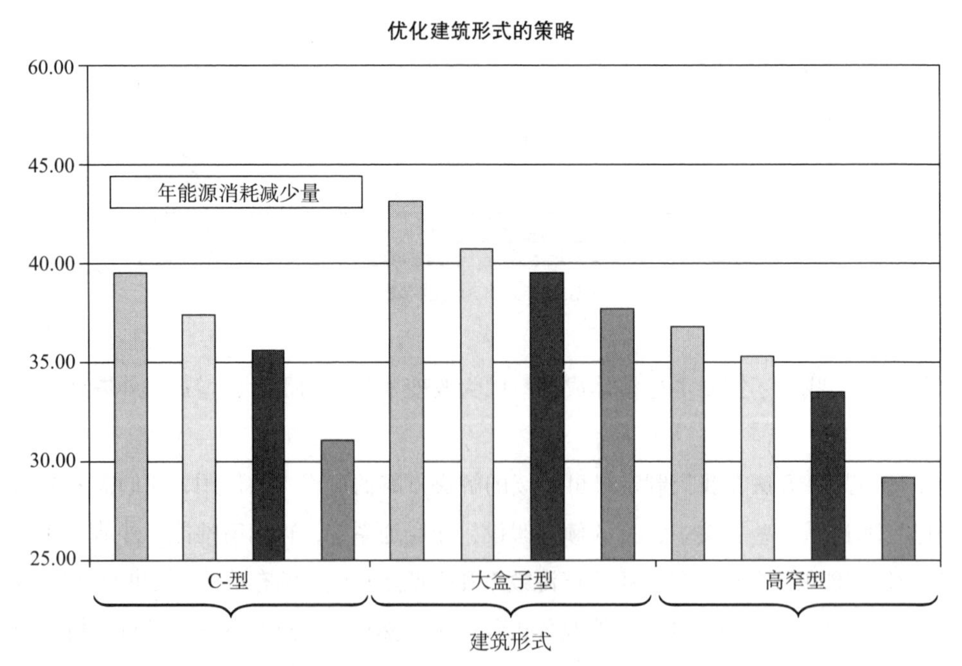

图5.20 分析建筑形式（数据来自BNIM Architects）

优化建筑围护结构

我们在考虑建筑形式的同时，还必须认识到建筑围护结构的作用。建筑围护结构的质量、渗透性、传导性、玻璃装配数量，以及其他一些因素，共同影响着建筑体量、整个建筑系统的舒适度和能源利用效率。为了掌握这些因素是如何影响建筑设计的，我们需要知道如何根据前面所讨论的众多相同参数来优化建筑围护结构。为此，我们需要考虑当地的气候和地域特点，以及建筑围护结构所需材料的特性。

了解气候和地域特点的影响

气候对建筑物墙壁和玻璃装配的影响，主要体现在供暖，制冷和采光等方面。不管是简单热传导还是热传导加空气渗透，不同的气候区对室内和室外环境之间的热阻要求不同。不同的气候条件对建筑物特定立面上的玻璃装配有不同的要求。同样的，对于每个建筑立面上的玻璃面积占整个立面面积的比例也有不同的要求。这意味着，根据气候特点和特定建筑立面的朝向，我们要特别注意设计方案中玻璃的装配数量。例如，在美国的中西部，早晚两个时间段，东晒和西晒的太阳很刺眼。因此，我们在设计方案中会减少在东、西两个立面上窗户的开口面积。

墙体的热阻能力也因气候的不同而要求不同。对于三层以上的建筑，相关数据可以参考 ASHRAE 标准 90.1。如果是住宅建筑，可以查看美国能源部（DOE）的美国建筑网（http：//www.eere.energy.gov/buildings/building_america）中的建议。地方建筑法规也都规定了相应的要求。

了解建筑围护结构的能源使用

设计最合适的建筑围护结构，优化能源使用，需要考虑两个主要问题。首先是运营过程中的能源节省量，其次是根据气候和建筑类型选择的围护结构材料所能够提供的舒适度水平。为了说明正确选择建筑物围护结构材料的重要性，让我们来看看两个最常见的因素：隔热和玻璃装配。

隔热

对于建筑隔热材料，市场上品种繁多，有些产品性能不错，这主要是因为这些隔热材料的用料比其他类型的产品用料更具有竞争力。隔热材料有许多种：棉絮状材料、硬质材料、松散填充料、泡沫材料、喷射材料等。棉絮状材料可以由玻璃纤维，矿棉或棉花制成；硬质隔热材料是泡沫材料；松散填充料可以是纤维素，蛭石或珍珠岩；喷射材料以泡沫为主。这些材料的每英寸 R 值（隔热值）不同，从 2.2 到 8 不等。采用不同的隔热材料，会直接影响运营过程中的能源消耗和人体舒适度。这些产品类别具有不同的环境特性。用于制作隔热棉絮的玻璃纤维，可以部分使用回收利用的材料，或者完全使用回收利用的棉质蓝色牛仔裤。

硬质泡沫隔热材料由不同类型的泡沫材料制成：挤塑聚苯乙烯、发泡聚苯乙烯、聚异氰酸酯或玻璃纤维，每种材料都具有不同的内含能和可用性。

玻璃装配

选择玻璃时，必须检查每个装配单元的四个主要的能源效率值：

U值：用于衡量由室内外温差造成的，通过玻璃传递的热增量或热损失，是R值的倒数。U值越低，通过装配单元传递的热量就越少。

SHGC（太阳能得热系数）：直接透射的太阳辐射与建筑内部吸收的太阳辐射的比值；SHGC越高，太阳能热增量就越高。

VLT（可视光透射率）：可见光透过玻璃的百分比。

LSG（光热比）：可见光透射率（VLT）与太阳能得热系数的比值（LSG= VLT/ SHGC）。在已发布的《联邦技术警报》中，能源部的联邦应急管理程序认为，如果LSG达到1.25或更高，则被认为是“绿色玻璃”，否则被称为“光谱选择性玻璃”。

区域隔热

几年前，一个大型写字楼项目的屋顶按要求需要使用硬质泡沫，但在当时的美国市场上此类材料短缺。而且从那时起，该类产品就停产了。随着这一形势的持续发展，优质的生物型和可再生的资源将变得非常宝贵。有些厂商，如Owens Corning，已经开始在网站上发布相关信息，并提供产品说明书，说明了产品中再生材料的含量和生产该类产品的工厂位置。这样，设计人员在选择主要建筑构件（如隔热材料）时，可以清楚地看到材料对环境的影响。新型的喷射泡沫材料产品，已经由原来的石油型泡沫材料转变为生物型泡沫材料。由于原材料使用的是可再生的有机物，其每英寸R值极高。半径500英里范围内的隔热材料制造厂位置分布状况图如下所示：

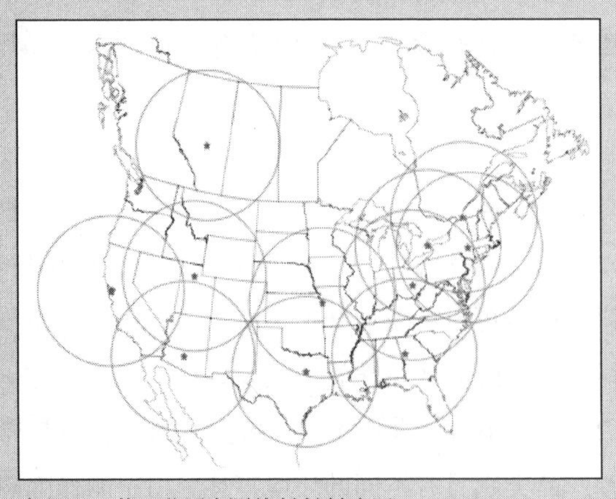

半径500英里范围内隔热材料制造厂

根据不同的气候和建筑类型，您需要选择具有不同属性的玻璃窗。多数情况下，不同的建筑立面，可以选择不同的玻璃窗。如果大楼中有用户靠窗而坐，项目团队可以选择具有低 U 值的玻璃。根据 ASHRAE 90.1 手册里对玻璃面积与墙体面积的比例要求，您可以为位于传统气候区的建筑物找到相应的 U 值。设计采光时，位于太阳光反射板上方的窗子的 VLT 值，要比位于其下方的窗子的 VLT 值要高一些。如果外遮阳装置设计的好，则可以采用高 VLT 值和低 SHGC 值的玻璃窗，这是因为外遮阳装置挡住了不需要的太阳能热增量。新型玻璃在各个性能领域都有出色的表现。例如，根据制造商提供的数据，Solarban70XL 的 VLT 值为 63%，U 值为 0.27，SHGC 值为 0.27，LSG 值为 2.33。图 5.21 显示的是我们在加利福尼亚州的一个项目中，如何通过设定玻璃性能目标提高建筑物性能的。通过设置不同级别的 LEED 目标，我们可以看到这些目标如何影响可持续设计的各个方面。

<table>
<tr><th colspan="2">设计标准 / 参数</th><th colspan="3">市场</th><th colspan="3">LEED 认证</th><th colspan="3">LEED 白银</th><th colspan="3">LEED 黄金</th><th colspan="3">LEED 铂金</th><th colspan="3">住宅建筑</th></tr>
<tr><td>项目总占地面积</td><td>（平方英尺）</td><td colspan="3">56000</td><td colspan="3">56000</td><td colspan="3">56000</td><td colspan="3">56000</td><td colspan="3">56000</td><td colspan="3">56000</td></tr>
<tr><td rowspan="4">建筑形式</td><td>尺寸（英尺）</td><td colspan="3">120（南北）× ?（东西）</td><td colspan="3">120（南北）× ?（东西）</td><td colspan="3">80（南北）× ?（东西）</td><td colspan="3">60（南北）× ?（东西）</td><td colspan="3">40（南北）× ?（东西）</td><td colspan="3">40（南北）× ?（东西）</td></tr>
<tr><td>面积（平方英尺）</td><td colspan="3">90000</td><td colspan="3">90000</td><td colspan="3">90000</td><td colspan="3">90000</td><td colspan="3">90000</td><td colspan="3">90000</td></tr>
<tr><td>层数</td><td colspan="3">办公室：2 层
车库：3 层</td><td colspan="3">办公室：2 层
车库：3 层</td><td colspan="3">办公室：3 层
车库：3 层</td><td colspan="3">办公室：3 层
车库：3 层</td><td colspan="3">办公室：3 层
车库：3 层</td><td colspan="3">办公室：3 层
车库：3 层</td></tr>
<tr><td>朝向</td><td colspan="3">—</td><td colspan="3">—</td><td colspan="3">—</td><td colspan="3">正南</td><td colspan="3">正南</td><td colspan="3">正南</td></tr>
<tr><td>入住</td><td>人数</td><td colspan="3">300</td><td colspan="3">300</td><td colspan="3">300</td><td colspan="3">300</td><td colspan="3">300</td><td colspan="3">300</td></tr>
<tr><td rowspan="5">玻璃窗面积占比（%）</td><td>北</td><td colspan="3">60</td><td colspan="3">50</td><td colspan="3">40</td><td colspan="3">40</td><td colspan="3">40</td><td colspan="3">40</td></tr>
<tr><td>南</td><td colspan="3">60</td><td colspan="3">50</td><td colspan="3">40</td><td colspan="3">40</td><td colspan="3">40</td><td colspan="3">40</td></tr>
<tr><td>东</td><td colspan="3">60</td><td colspan="3">50</td><td colspan="3">30</td><td colspan="3">25</td><td colspan="3">20</td><td colspan="3">20</td></tr>
<tr><td>西</td><td colspan="3">60</td><td colspan="3">50</td><td colspan="3">30</td><td colspan="3">25</td><td colspan="3">20</td><td colspan="3">20</td></tr>
<tr><td>天窗</td><td colspan="3">—</td><td colspan="3">—</td><td colspan="3">—</td><td colspan="3">—</td><td colspan="3">—</td><td colspan="3">—</td></tr>
<tr><td rowspan="9">玻璃装配参数</td><td></td><td>U</td><td>SC</td><td>VLT</td><td>U</td><td>SC</td><td>VLT</td><td>U</td><td>SC</td><td>VLT</td><td>U</td><td>SC</td><td>VLT</td><td>U</td><td>SC</td><td>VLT</td><td>U</td><td>SC</td><td>VLT</td></tr>
<tr><td>北</td><td>0.42</td><td>0.6</td><td>0.71</td><td>0.32</td><td>0.46</td><td>0.64</td><td>0.29</td><td>0.43</td><td>0.7</td><td>0.29</td><td>0.43</td><td>0.7</td><td>0.16</td><td>0.35</td><td>0.6</td><td>0.16</td><td>0.35</td><td>0.6</td></tr>
<tr><td>南</td><td>0.42</td><td>0.6</td><td>0.71</td><td>0.32</td><td>0.46</td><td>0.64</td><td>0.29</td><td>0.43</td><td>0.7</td><td>0.29</td><td>0.43</td><td>0.7</td><td>0.16</td><td>0.35</td><td>0.6</td><td>0.16</td><td>0.35</td><td>0.6</td></tr>
<tr><td>东</td><td>0.42</td><td>0.6</td><td>0.71</td><td>0.32</td><td>0.46</td><td>0.64</td><td>0.31</td><td>0.4</td><td>0.47</td><td>0.31</td><td>0.4</td><td>0.47</td><td>0.16</td><td>0.31</td><td>0.6</td><td>0.16</td><td>0.31</td><td>0.6</td></tr>
<tr><td>西</td><td>0.42</td><td>0.6</td><td>0.71</td><td>0.32</td><td>0.46</td><td>0.64</td><td>0.31</td><td>0.4</td><td>0.47</td><td>0.31</td><td>0.4</td><td>0.47</td><td>0.16</td><td>0.31</td><td>0.6</td><td>0.16</td><td>0.31</td><td>0.6</td></tr>
<tr><td>天窗</td><td>—</td><td>—</td><td>—</td><td>—</td><td>—</td><td>—</td><td>—</td><td>—</td><td>—</td><td>—</td><td>—</td><td>—</td><td>—</td><td>—</td><td>—</td><td>—</td><td>—</td><td>—</td></tr>
<tr><td>采光和视野</td><td colspan="3">有限采光及视野</td><td colspan="3">普通采光及视野</td><td colspan="3">普通采光及视野</td><td colspan="3">环境日光普通照明</td><td colspan="3">日光视觉任务</td><td colspan="3">日光视觉任务</td></tr>
<tr><td>隔热操作性</td><td colspan="3">固定双层玻璃</td><td colspan="3">固定双层玻璃</td><td colspan="3">可开关双层玻璃</td><td colspan="3">可开关双层玻璃</td><td colspan="3">三层玻璃，有控制系统</td><td colspan="3">三层玻璃，有控制系统</td></tr>
<tr><td>反光板</td><td colspan="3">无</td><td colspan="3">无</td><td colspan="3">无</td><td colspan="3">有</td><td colspan="3">有</td><td colspan="3">有</td></tr>
<tr><td rowspan="7">从 X 月到 X 月：玻璃窗遮阴比例</td><td>北</td><td colspan="3">0</td><td colspan="3">0</td><td colspan="3">0</td><td colspan="3">50</td><td colspan="3">100</td><td colspan="3">100</td></tr>
<tr><td>南</td><td colspan="3">0</td><td colspan="3">0</td><td colspan="3">100</td><td colspan="3">100</td><td colspan="3">100</td><td colspan="3">100</td></tr>
<tr><td>东</td><td colspan="3">0</td><td colspan="3">0</td><td colspan="3">30</td><td colspan="3">50</td><td colspan="3">100</td><td colspan="3">100</td></tr>
<tr><td>西</td><td colspan="3">0</td><td colspan="3">0</td><td colspan="3">30</td><td colspan="3">50</td><td colspan="3">100</td><td colspan="3">100</td></tr>
<tr><td>外遮阳</td><td colspan="3">无</td><td colspan="3">无</td><td colspan="3">南</td><td colspan="3">南，东和西</td><td colspan="3">南</td><td colspan="3">南</td></tr>
<tr><td>竖屏</td><td colspan="3">无</td><td colspan="3">无</td><td colspan="3">无</td><td colspan="3">无</td><td colspan="3">东和西</td><td colspan="3">东和西</td></tr>
<tr><td>垂尾</td><td colspan="3">无</td><td colspan="3">无</td><td colspan="3">无</td><td colspan="3">无</td><td colspan="3">北</td><td colspan="3">北</td></tr>
</table>

图 5.21 不同的玻璃值对应不同层次的性能（数据来自 BNIM Architects）

采光

采光是指以利用自然光为主进行的室内照明。这样可以减少对室内人工光源的需求，从而减少内部热量的增加和能量消耗。自然光是到目前为止最优质和最高效的光源，而且免费。

一个采光设计是否有效在很大程度上取决于适当的建筑朝向，建筑体量，以及我们已经讨论过的建筑围护结构。如果能适当综合利用这些策略，您的建筑物就可以优化利用自然资源，尽量减少对人工照明的依赖。有效集成的日光照明系统可以提升视觉灵敏度，舒适度和空间美感，同时能控制外部热量的吸收和眩光（图 5.22）。

图 5.22 日光中庭（图片来自 Image © Assassi | Courtesy of BNIM Architects）

下面是与采光相关的一些术语：

- 英尺烛光（A foot-candle）：是照度单位。1 英尺烛光指的是距离点光源 1 英尺，面积为 1 平方英尺的表面，接收到的光的量。这里的点光源相当于某种类型的一支蜡烛的亮度。根据不同的天气条件，日光可以在任何地方产生 2000—10000 英尺烛光。
- 照度：指的是在任何给定的点上，每单位面积的光通量，单位为英尺烛光。通常指单位面积上所接收的可见光的能量。
- 亮度：指的是在给定方向上，每单位投影面积表面的发光强度，单位为英尺烛光。通常指离开物体表面的光的量。
- 视觉灵敏度：识别亮度差的能力。
- 眩光：指视野中由于不适宜的亮度分布，引起视觉不舒适和降低物体可见度的视觉条件。眩光可能引起厌恶、不适，或视物困难。

图 5.23 展示了现代实验室空间的日光利用。

自然采光不仅帮助我们照亮内部空间，同时也方便我们在室内看到室外的景色。事实证明，在自然光下工作并且能看到室外景色，将有益身心健康并能提高工作效率。从 1992 年到 2003 年，一系列针对自然采光的研究表明，具有良好的采光设计的建筑物，对居住者能产生积极的影响：提高生产力水平，降低缺勤率，提高成绩，增加零售销售量，改善牙齿健康，并有益于居住者的身体健康。该研究的详细信息如下：

“光线对小学学龄儿童的影响研究：日光剥夺案例研究”（1992 年）是由海瑟薇，哈格里夫斯，汤普森和诺维茨基，规划和信息咨询服务部的政策和规划处，以及艾伯塔省教育局共同开展的。在该研究中，他们比较了采用全谱光线照明的小学生和在普遍光照条件下学习的小学生，结果发现：

图 5.23 合理的采光提高空间质量（图片来自 Image © Assassi | Courtesy of BNIM Architects）

- 在全谱光线照明条件下学习的学生们更健康，学习天数多出 3.5 天 / 年
- 光照充分的图书馆里显著安静
- 全光谱照明能使人情绪更加积极
- 如果全光谱照明条件下的学生补充维生素 D，他们患龋齿的概率要比在普通光线条件下学习的学生患龋齿的概率低 9 倍。

由 Michael H. Nicklas 和 Gary Bailey 主持的研究项目“日光照明学校学生的学业成绩”（1996 年），选取了位于北卡罗来纳州约翰逊县的三所新的采用日光照明的学校，他们把这三所学校的学生的学业成绩，与同县的采用非日光照明的新旧不同的学校的学生的学业成绩相比较，结果发现：

- 在一个短学期内，在日光照明条件下学习的学生，比在非日光条件下学习的学生的学业成绩要高出 5%。
- 在一个长学期内，在日光照明条件下学习的学生，比在非日光条件下学习的学生的学业成绩要高出 14%。

由 Heschong Mahone 集团主持的“自然采光的学校：日光照明和人的工作效率的关系研究”（1999 年），选取了位于美国加利福尼亚州的奥兰治，华盛顿州的西雅图和科罗拉多州的柯林斯堡的学区中的学校，研究了日光照明对人的工作效率的影响，他们发现：

- 在加利福尼亚州为期一年的跟踪研究发现，学生的数学和阅读测试成绩提高了 15%—26%。
- 在西雅图和柯林斯堡，学生的测试成绩提高了 7%—18%。

由 Heschong Mahone 集团主持的“窗子和教室：学生学业成绩和室内环境的关系研究”（2003 年），针对日光和室内环境的其他方面，是否会对学生的学习产生影响展开调查。研究发现：

- 宜人的景色能产生更好的学习效果。
- 眩光对学生的学习有负面影响。
- 阳光从没有遮阳装置的东窗或南窗照进教室，由于眩光和热量给学生造成不适，也会影响学生学习。
- 如果教室里的人对从窗户里照进教室的光线控制不好，也会对学习产生负面影响。

由 Heschong Mahone 集团主持的“天窗采光和零售：自然采光和人的工作效率的关系研究”（1999 年），研究了一家连锁零售商店的自然采光对员工的工作效率的影响，这家商店既采用日光照明，又有非日光照明。研究发现：

- 带天窗的商店销售额高出 40%。
- 如果采用非日光照明的商店增加天窗，总销售额将增加 11%。

由 Heschong Mahone 集团主持的“窗子和办公室：办公室工作人员的绩效和室内环境的关系研究”（2003 年），研究了窗子和采光对员工工作效率的影响。研究发现：

- 如果有更好的户外视野，呼叫中心的员工的工作效率能提高 6%—12%。
- 如果有更好的户外视野，办公室员工的心智功能和记忆测试成绩能提高 10%—25%。
- 对员工的自我报告研究发现，员工身体健康状况与良好的户外视野有紧密的关系。
- 高板小隔间的工作环境会降低工作效率
- 如果窗户产生眩光，会导致工作效率下降 15%—21%。

图 5.24 是采用日光照明的办公室环境。如果能好好利用自然光，再加上其他的可持续设计策略，您至少可以使员工的工作效率提高 1%，或更多。虽然这是一个看似很小的数目，只相当于每年每名雇员 20 多个小时的工作时间，但是如果把它放到一所大规模的学校或公司里来考虑，这个小小的比例就意味着显著的节约。

为了确保这些积极的效应，在设计日光照明的空间时，设计团队应该考虑的具体因素有：

考虑眼睛适应光线。眼睛是不随意肌（involuntary muscles），对光线水平的差异会自动做出反应。因此，要尽量减少高对比度的视觉层次，使光照均匀，从而减少对眼部肌肉的压力。

把建筑物建在东西轴线上。南面照进来的阳光是最容易控制的。

选择合适的玻璃。每个建筑立面都需要特定的解决方案。

外墙窗户要高大。这样便于采光。

安装外部遮阳设施。减少阳光直射和多余的太阳光热量。

使用太阳光反射板。可以把光线反射到室内，照明距离长达两倍窗高。

选择材料时要考虑光的反射率值。确保适当的表面反射率。

图 5.24 自然采光的办公空间（图片来自 Mike Sinclair）

图 5.25　建筑立面上的综合外遮阳装置（图片来自 Image © Assassi | Courtesy of BNIM Architects）

安排内部空间，优化利用采光。减少或重新安排无自然采光的办公室。

使用自动照明控制系统。照明控制系统包括运动传感器或用户感应器、自动调光器、定时器、内置百叶窗和自动外遮阳装置。

使用适当的光照水平。室内光照水平要与工作任务相匹配。

既然您已经看到了采光对于家庭，工作和学校的影响和重要性，您就可以开始看看该如何将这些信息纳入到您的设计中。在我们考虑室内自然光线的影响之前，要先考虑室内特定的位置有多少日光可以利用（或者说，是否充足）。根据日光的可用量和您想采用何种照明解决方案，您可以在设计中增加一些新的特性（图 5.25）。

了解气候，文化和地域特点的影响

利用自然采光的设计方案，在很大程度上取决于项目所在地的气候和地域特点。有些地方比其他地方阳光更加充足。华盛顿州的西雅图市平均每年有 43%的日子能看见阳光，但只有 71 天是晴天。而亚利桑那州的菲尼克斯平均每年有 86%的日子能看见阳光，而且晴天数量达到 211 天。阴天也可以很好采光，因为太阳光线遇到云层发生散射，使得光线从更多不同的角度照下来，但是光线强度减弱了。虽然阴天时光照水平较低，但是光照却更加均匀。

温度的高低与晴天日子的多少相关联。虽然在菲尼克斯您有更多的机会使建筑物内自然光线充足，但您必须要注意不能给建筑物带来多余的热增量。

建筑物的位置以及建筑物的周围环境都会影响建筑对自然光的利用能力。如果项目所在地很开阔，您就有很大的空间发挥设计。如果项目是在一个人口密集的市区，那您将面临很大的挑战。另外，如果建筑物的朝向错误，在这种情况下，您就需要花些时间和精力，用点“诀窍”使建筑物能够充分利用自然光，同时还要努力拿出防止眩光的解决方案。

确立项目目标

与采光设计有关的最常见的目标是日光系数（室内光线和室外光线照度的比值）。美国绿色建筑委员会的 LEED 室内环境质量（IEQ）评分 8.1 就是建立在此基础之上的。LEED-NC 2.2 版要求，计算机模拟必须证明在 75% 的常用区域（楼板以上 30 英寸）中，在春秋分日（equinox）的正午时分，实现了最低为 25 英尺烛光的自然光照度水平；或通过室内光测量记录证明，75% 的常用区域实现了最低为 25 英尺烛光的自然光照度水平（采用 10 英尺网格测量）。

在办公室空间里，这意味着 50%的照明是由自然光供给。北美照明工程协会已经发布了针对正在执行的项目的照度指南（图 5.26）。

日光在建筑物空间照明中所占的比例，会对很多方面产生影响，比如玻璃的类型，建筑物的进深，中庭的位置（如果是很宽的建筑物），建筑立面上玻璃的比例，窗口的大小和位置，遮阳装置的位置和材料，内部空间布局，内部材料和表面处理等。

活动类型	英尺烛光	参考工作面
昏暗环境的公共空间	2—5	空间普通照明
为短暂的临时性访问简单定向	5—20	
偶尔执行视觉作业的工作空间	10—20	作业照明
执行高对比度或大尺寸的视觉作业	20—50	
执行中等对比度或平均尺寸的视觉作业	50—100	
执行低对比度或小尺寸的视觉作业	100—200	
长时间执行低对比度和非常小尺寸的视觉作业	200-500	综合利用普通照明和辅助光源照明的作业照明
执行非常长时间的需要精确操作的视觉作业	500—1000	
执行特殊的具有极低对比度和非常小尺寸的视觉作业	1000—2000	

图 5.26 执行作业所需要的日光量（资料来自 IESNA Lighting Handbook）

在本章前面讨论的“优化建筑围护结构”中，我们回顾了玻璃装配单元的属性。现在，让我们来看看建筑物的宽度。对于办公楼来讲，如果要利用自然采光，我们认为理想的建筑宽度约为 60 英尺，是南北两侧都有窗子的开敞式办公室（图 5.27）。沿着周边布置的灯具，可以利用连续调光器来控制，使办公室内的照明水平适合任务需求。靠近建筑物中部的房间，可以设置成封闭的私人空间或不经常使用的区域，因为这些地方可用光较少。采用低矮的隔断，办公室里的所有人都能看到室外风景。

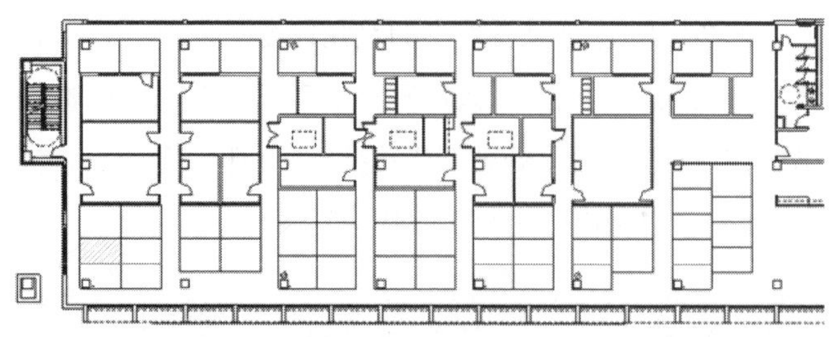

图 5.27　理想的建筑物宽度是 60 英尺

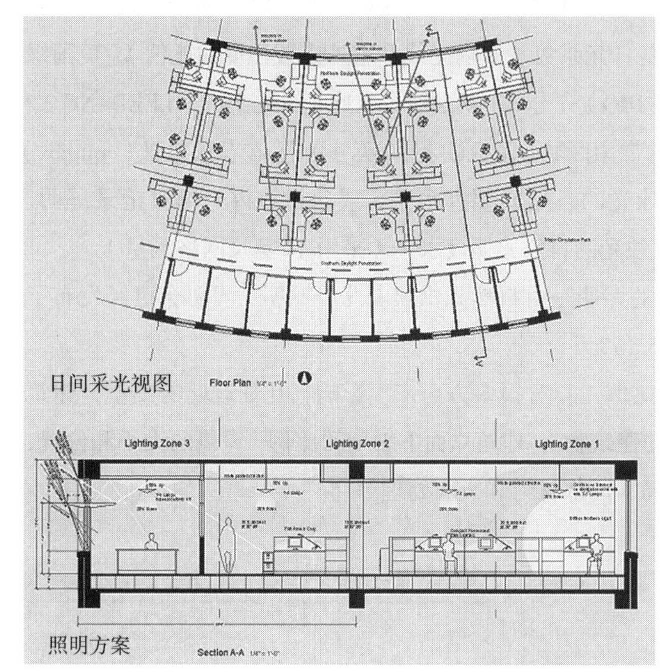

图 5.28　Heifer 国际中心的采光概念平面图（图片来自 BNIM Architects）

对于 Heifer 国际中心，项目组设计其最大宽度为 65 英尺，兼顾自然光利用和良好的室外视野（图 5.28）。然而，遗憾的是以客户为导向的政策和方针，要求沿楼内周边布置封闭式的办公空间；不过还好，该客户同意室内都用玻璃内墙。如果不是因为周围的办公空间都是完全封闭的，光线可以照进更深的内部空间。

利用 BIM 模型设计采光

当您确立了空间自然采光及室外视野目标后，就可以开始使用 BIM 模型。在开始使用该模型前，让我们先来讨论一下进行此类分析所需的工具。要做到自然采光，您需要：

- BIM 模型
- 自然采光模拟程序套件

在我们的例子中，首先要使用 BIM 模型进行几何生成。由于项目的复杂性，同时也没有必要在各种程序中重新创建几何模型，因此几何重用可以节省大量的时间。下一章讨论能源模拟时，我们将对这个问题进行更深层次的分析。不过，我想说的是，为了测试和量化自然光的可用性，您需要花点时间不断重复为设计进行建模。您花在这方面的时间越短，那么后期您就不得不花更多的时间在问题的解决方案上。

在这一点上，我们来讨论一下目前可用的采光模拟软件。市场上此类应用程序很多，价格也不一样。现在，最准确的工具都是基于 Radiance 引擎发展而来的。Radiance 主要是由 Greg Ward 在劳伦斯伯克利国家实验室（LBNL）编写而成，而且 Radiance 仍然为劳伦斯伯克利国家实验室所有。Radiance 是免费的，由政府资助的应用程序，所以它不像其他应用程序一样能从开发资金中盈利。

市场上大量的软件都是以 Radiance 引擎为基础，提供一个前端用户界面，使设计人员能够很容易地使用该引擎。几个这种应用程序如下：

整合环保解决方案虚拟环境（Integrated Environmental Solutions Virtual Environment）：整合环保解决方案虚拟环境（http：//www.iesve.com）可以直接运行能耗和采光分析，并能从 BIM 模型导入几何模型。该软件功能很强大，但对于新用户而言有些复杂。

全年动态自然采光模拟软件（Daysim）：全年动态自然采光模拟软件（http：//irc.nrc-cnrc.gc.ca/ie/lighting/daylight/daysim_e.html）是由加拿大政府出资，由加拿大国家资源局开发的免费的采光模拟工具应用程序。该工具采用了较新的和首选的佩雷斯全天候天空模型来运行计算。该程序与 Ecotect（能耗建模应用程序）创建的文件以及在 Autodesk 的 3ds Max 中创建的文件相兼容。然而，该应用程序不能生成三维图像，只生成数据。

Autodesk 公司的 3ds Max：此应用程序过去主要是个渲染程序（http：//www.autodesk.com/3dsmax），采光模拟是其新功能。该程序运行采光模拟的界面很简单，但是它跟 Autodesk BIM 的其他程序（如 Revit Architecture）具有很强的互用性。3ds Max 不仅能在 BIM 和分析之间传输几何模型，而且它还可以传输材料、表面反射率，以及电灯装置和测光数据。

这些程序中也采用 TMY2 数据。基于地理位置的 TMY2 数据集，包括了超过一年的时间内每小时的太阳辐射值。要阅读 TMY2 用户手册，请访问 http：//rredc.nrel.gov/solar/old_data/nsrdb/tmy2/。通过使用这些工具中的一个，您就可以利用 BIM 几何模型进行采光分析。请确保您的设计在某个阶段反映出您所期望的采光分析精确度。至少，您要能确定主要的内部反光表面，如墙壁和顶棚，以及合适的窗洞和玻璃。图 5.29 是我们在办公楼概念设计阶段，仅基于体积探讨出的 16 个不同的通风窗或天窗方案之一。

如果您使用了外部遮阳装置或内部太阳能反光板，请把这些也纳入到您的模型中。随着设计过程的推进，您需要在设计方案中增加家具，或代表家具形状的东西。任何情况下，您都可以改变一个物体的某个变量或整个物体，不断测试这些改进措施能给该部分的空间质量带来多大的改善。

采光分析图像用于定量表现一定空间内的光线；这类图像很少有专注于视觉渲染品质的。图 5.30 是采光模拟图与渲染图的比较。设计者通过采光模拟分析获得光量、光的均匀度、可

图 5.29 二层开放式办公空间的采光研究（图片来自 BNIM Architects）

图 5.30 采光的渲染

用光的穿透力、潜在的眩光问题（图 5.31），以及自动传感器的理想安装位置。

空间采光光照强度的显示和测量方法一般有三种：第一，亮度等高线图（图 5.34）；第二，图像亮度网格（图 5.32）；第三，假彩色图像（图 5.33）。

无论您选择哪种输出方式，大多数设计团队都在寻找符合“选项 2——采光仿真模型轨道”的英尺烛光水平，以满足 LEED IEQ 评分 8.1。由于 LEED-NC 2.2 版的选项 2 要求在 75% 的常用区域中，在天空晴朗的春秋分日（equinox）的正午时分，实现最低为 25 英尺烛光的自然光照度水平，仿真模型应与该工作平面相结合（如图 5.34 所示），并在上述特定的时间运行。

您可能会想，特定的时间段和天气状况似乎有局限性，并不能代表在一整年里会发生什么事情。这点很对。利用更复杂的采光模拟程序，可以进行更全面的分析，如“自主采光”（指

图 5.31 采光模拟显示光的穿透和潜在的眩光（图片来自 BNIM Architects）

在一年当中,只利用自然采光的情况下,达到目标亮度等级的时间长度）和“有益采光照度”（指除去光线太暗或太亮的时间段之外的一系列可以接受的光照水平）。

同样，利用 IEQ8.1 的另一种计算方法被称为“玻璃因子计算法”。该方法基于一个简单的数学计算结果，是输入信息与基准值的比值。此类信息包括窗户和地板的面积，窗户的高度，窗口的几何形状，以及玻璃的可见光透射率。尽管利用该方法便于与设计团队沟通，但是并没有考虑到时间和建筑朝向，忽视了遮阳和眩光控制的整合策略。

计算机硬件和软件技术的进步，使得您能够采用基于气候特点的设计方案，准确地预测建筑物的年采光量。您应该更加深入地研究怎样利用这些方法，尤其是因为不断发展进步的模型转换技术可以为您节省大量的分析时间。

图 5.32　渲染与采光亮度网格的叠加（图片来自 BNIM Architects）

图 5.33　假彩色光的研究（图片来自 BNIM Architects）

图 5.34　符合 LEED 采光评分的模型（图片来自 BNIM Architects）

第 6 章

可持续的 BIM：建筑系统

表现欲是一种原动力，

并且当您想要把一些东西呈现到世人面前时，

您必须向自然请教。

而这也正是建筑设计的精髓。

——路易斯·康

在前面的章节中，我们讨论了建筑形式和建筑围护结构的可持续概念和方法。在本章中，我们将着眼于建筑物的内部系统，并探讨如何利用 BIM 最大限度挖掘这些概念。在本章中，我们将讨论：

· 水收集

· 能耗模型建模

· 利用可再生能源

· 利用可持续材料

水收集

大部分可持续设计的重点是减少能源的使用。但是，根据您所在的地区和位置，水是最关键的，也是最容易被忽视的资源之一。水资源的可用量是有限的，将来也不会有比现在更多的水资源给我们利用。虽然地球表面的 70% 是水，但却只有 1% 可以利用。在这 1% 当中，普通美国人一般每天的用水量达到 53 加仑。随着人口继续增长，我们对水的需求量也在上升。

在建筑设计中，您通常只负责处理项目或建筑工地微观层面的水资源需求。了解了项目用水在宏观层面（地区和全球）的影响后，您再回到项目设计中来，看看如何更好地节约水资源。

米德湖和佐治亚州

近年来，美国西南部的人口出现了增长。由胡佛水坝拦蓄而成的内华达州的米德湖，是亚利桑那州全境以及加利福尼亚州和内华达州的部分地区的主要水源。这里的水主要来自科罗拉多河。在过去的几年里，该河的年降雨量一直低于平均值，而该地区水资源的一大部分都被拦蓄在了米德湖中。截至2007年10月，米德湖水位已经达到创纪录的最低点——当前水位已经低至50英尺。可以预测，如果人们不立即节约用水，米德湖就再也恢复不到原来的水位了。南加利福尼亚州的大部分农田都要依赖这里的水源灌溉。需要注意的是，下面图像中的白线表示的是过去几十年以来的水位高度。

这种情况使得拉斯维加斯市不得不采取各种形式的节水措施。拉斯韦加斯盆地有一个12个月的用水时间表，详细规定了对草坪和花园的灌溉用水要求。而且该市还规定，由于洗车耗水量很大，因此在私家车道上洗车已不再是合法的。拉斯韦加斯市还推广了旱生园艺（种植本土植物，减少景观美化对额外用水的需求）优惠方案，用于补贴当地居民用气候敏感型景观（即本土植物）取代耗水量大的草坪所导致的成本。

（图片来自 U.S. Department of Parks and Recreation）

亚特兰大市虽然不处在沙漠气候条件下，但其水资源状况也是堪忧。亚特兰大市的大部分供水来自拉尼尔湖，而且拉尼尔湖也是下游的亚拉巴马州和佛罗里达州的农作物灌溉的主要水源。而如今亚特兰大市正经历着百年一遇的干旱。目前，拉尼尔湖水位已降至历史最低点。截至2007年10月，全市现有的可利用水资源量仅够维持3个月之用。

了解气候的影响

我们应该了解气候会极大地影响我们的日常生活用水。我们的用水观念与世界上许多其他国家和地区人们的用水观念截然不同，而且我们的用水观念也会影响其他国家和地区居民的用水观念。

对于“米德湖和佐治亚州”的补充报道很引人注目。但有的人可能会认为，既然这是百年一遇的状况，所以形势最终会稳定下来。然而，由于我们越来越依赖于有限的资源，所以越来越难以处理这种极端状况。另外，100 年前，我们对资源的需求量也远没有今天对资源的需求量大。如果我们还是完全依赖于常规供水，当出现百年一遇的干旱状况的时候，就需要付出极大的艰辛和努力才能恢复过来。

减少用水需求

对于我们的设计师来讲，减少用水需求可能是他们最重要的事情。目前我们还没有意识到减少用水需求的重要性，但这种状况正在迅速发生变化。另外，有些东西，例如石油，即使是没有，我们也一样生存，而媒体关注的反倒是这些东西；水是生命的源泉，我们必须把它当作一种宝贵的资源来对待。技术发展日新月异，已经有很多技术可以使我们在不牺牲生活方式和安全的情况下，减少我们的用水需求。其实，在生活中使每一滴水都用到实处，是一件很简单的事情。下面列举了一些简单的方法，可以帮助您减少建筑物的整体用水需求：

减少用水——项目团队应该问自己，“我们真的一定要用水吗？”应该仔细思考答案。当然，您需要饮用水和清洁用水，但您需要水来冲洗便池或坐便器吗？您需要水用于景观美化吗？项目小组应该审视一下越来越多的可供选择的无水系统。选择了这些系统之后，您就可以开始使这些系统尽可能地发挥作用。

选择高效的设备——在第 4 章我们讨论了几种可供选择的高效的设备和系统。市场上有许多种有效的用水系统。建筑的建造方或业主经常会购买效率低下的用水系统，因为低效用水系统的初始成本较低。但是与建筑物生命周期内的用水花费相比，购买高效系统和购买低效系统的费用差距几乎微不足道。通常会被忽视的一项初始成本，就是最初节约下来的自来水费。

雨水收集——收集雨水再利用的过程消耗的能量很少。雨水经过简单的过滤就可以用于灌溉；再进一步处理一下，就可以用于冲洗厕所，而理想情况下，冲洗厕所只需要很少的水，甚至可能根本就不需要用水。

可再利用废水（灰水）——如果项目的用水量超出了可以收集到的雨水量，您可以考虑回收再利用灰水。这里的灰水是指从您的淋浴、水槽、饮水机、洗碗机或洗衣机中流出的水。灰水回收再利用系统可能会比雨水回收再利用系统要贵一些。

现场水治理——对于那些真的想要完整的水循环的业主来讲，项目运作所产生的废水可以在现场进行处理。有几个系统可用于此，如 John Todd 生态设计公司的生态机器（http：//www.toddecological.com/ ecomachines.html）。纽约 Rhinebeck 的 Omega 研究所和密苏里州堪萨斯城的 Anita Gorman 养护中心就使用了这种系统。

委托——测量和检验被选择和安装在建筑内的系统工作正常，并尽可能有效。这不仅给业主信心，让他们觉得没有花冤枉钱，同时也向他们保证系统组件运行正常，让业主了解怎样才能发挥系统的效能。

操作和维护——这点本不需要提及，但是设备必须得到保养和维护。无论它是否是最有效的设备，您都必须维护好它，从设备清洗、检查和故障排除，到局部更换。如果设备保养不当，将增加未来的局部更换次数，导致更多的浪费。

制定基线并确立目标

《1992能源政策法案》为部分用水设备设置了流量标准，但大多数地区灌溉用水的需求基线，只能通过各个地区的传统做法进行设置。美国绿色建筑委员会（USGBC）领先能源与环境设计（LEED）评级系统，要求节水效率评级3.1和3.2的得分分别达到20%和30%，比1992年的EPA基准要求更高。LEED节水效率评级1.1和1.2，要求使用饮用水进行灌溉要减量50%或不用饮用水进行灌溉。

在多数情况下，这四个评级都很容易实现。2003年12月，环境建设新闻杂志登载了第一批58个由LEED-NC2.0认证的项目的得分数据：90%的项目获得WE 1.1（节水效率评级），75%以上的为WE1.2，超过60%的为WE3.1，超过50%的为WE3.2。

在项目的概念设计或初步设计阶段把目标设定好是很重要的。对于Heifer国际中心，其高层次的项目目标是把水作为一种宝贵的资源，使所有的水都不流离现场。除了厕所污水之外，该目标在各个层次上都实现了。项目小组使用了综合性策略，包括无水小便器、低流量厕所、低流量水龙头、雨水收集、灰水回用、透水块石路面、绿化带和人工湿地。

利用BIM辅助水收集

现在，对于节约用水的相关问题，您已经有了自己的想法，而且我们已经有了解决问题的方法，并且已经针对节水基线设置了项目目标，接下来我们要做的是利用建模形成解决方案。

在第5章的开头部分，我们引用过一个项目实例：在美国中西部地区，一栋位于市外的办公楼。在开始利用建模解决方案来分析可持续设计决策之前，我们首先要梳理一下已经掌握的信息。由于现有的BIM模型不具备水回收建模功能，我们将使用以下三种不同的工具来收集和分析我们的信息：

- 项目的BIM模型
- 互联网，用来查找可靠的，记录在案的雨量数据资源
- 电子表格（在我们的案例中，使用微软的Excel）

如果您不嫌麻烦，您可以通过手工进行计算。但我们建议您使用电子表格，因为电子表格具有数学计算功能，使用方便，易于理解。如果您手头上没有Excel表格，也可以利用Google网站上的免费电子表格应用程序（http://docs.google.com）。在设计过程中，为了避免浪

费时间和出现人为错误，我们希望尽可能地实现自动化，因为我们需要把数据从一个应用程序转移到另一应用程序。对于工作流程，我们采用了 BIM 模型中创建的表单，并将其导出到一个 txt（文本）文件，然后使用宏把这些 txt 文件自动导入到 Excel 中，重新分析所有的计算。您可以根据对宏编程的熟练程度展开相应的工作。

为了在 BIM 模型中计算降雨量，我们需要确定一些关键的项目信息，这些数据可以帮助我们把项目设计成最适合某一特定区域的项目。

地理位置

我们知道这个项目位于密苏里州的堪萨斯城。通过互联网，我们可以查看项目所在地每年的降雨量数据。在此例中，我们利用堪萨斯城国际机场的统计数据。项目位于北纬 39°，西经 94°。该信息可以通过以下方式获取：

地块测量——在任何建筑项目开始之前，都要通过现场勘查获取项目的经度和纬度数据。

互联网——下文马上就要讨论降雨量的问题，许多网站上都能查到此类信息。

BIM——正如我们在上一章中讨论的，大多数 BIM 应用程序允许您管理项目位置。我们确定好了建筑物的太阳能利用策略后，应用程序可以为我们提供项目的经度和纬度。如图 6.1 所示，“管理项目位置”对话框。

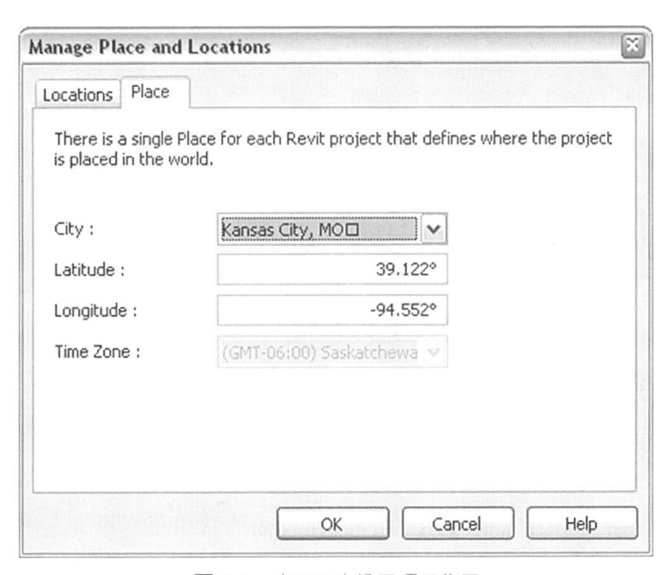

图 6.1 在 BIM 中设置项目位置

降雨量

气象数据可以在许多网站上查到。在我们的例子中，我们采用了 WorldClimate 网站（http://www.worldclimate.com）的信息。另一个可靠的数据来源是 http://www.weatherbase.com。在这个网站上，输入城市名称，可以快速搜索到您的项目所在地的降雨量数据，同时该网站还可以提供温度、供暖度日数和制冷度日数的信息。图 6.2 显示的是我们从该网站上摘录的气候资料。

美国密苏里州普拉特县堪萨斯城国际机场

平均最高气温

24 小时平均气温

平均最低气温

供暖度日数

制冷度日数

平均降雨量

平均降雨量

图 6.2 气候数据

通过点击“平均降雨量”链接，我们可以获取图 6.3 中的信息，包括月度和年度降雨量（英寸和毫米）。

	1 月	2 月	3 月	4 月	5 月	6 月	7 月	8 月	9 月	10 月	11 月	12 月	全年
毫米	29.7	31.6	66.8	87.7	138.3	102.0	114.9	98.5	119.8	82.9	55.5	42.6	971.4
英寸	1.2	1.2	2.6	3.5	5.4	4.0	4.5	3.9	4.7	3.3	2.2	1.7	38.2

图 6.3 平均降雨量

现场

通过与景观设计团队合作，我们了解项目的灌溉需求。根据项目计划采用的植被，我们可以确定这些植被需要多久浇一次水，用水量是多少。接下来，通过与土建工程师沟通，我们可以了解是否有可能收集雨水，并把雨水存放在蓄水池中。在这个项目中，我们种植的主要是本土植物，还建设了雨水花园、绿化带和湿地，因此最大限度上减少了（不是完全不需要）项目的灌溉需求。

景观设计师已经为我们预测并提供了年用水量的平均值（图 6.4）。从下图可以看出，在冬天，我们的项目基本上不需要灌溉用水，而在较热的月份里，即 7 月和 8 月，有较大的灌溉用水需求。

月份	1	2	3	4	5	6	7	8	9	10	11	12
现场灌溉用水量（加仑）	0.0	411.0	914.0	1424.0	2297.0	2679.0	3246.0	2876.0	1690.0	741.0	353.0	0.0

图 6.4 景观灌溉用水量

与土木工程师的早期合作

除建筑的需要外，这也是一个很好的机会，您可以利用这个机会与土木工程师就项目周边其他问题进行沟通，如下图中的停车场等问题。通过使用停车场的透水块石路面和停车位之间的绿化带，我们可以过滤落在地面上的地表水中的污染物，防止污染物进入地下水和附近的溪流中。绿化带除了可以给人以视觉享受，还能通过生态方式有效处理由于项目开发增加的地表水。

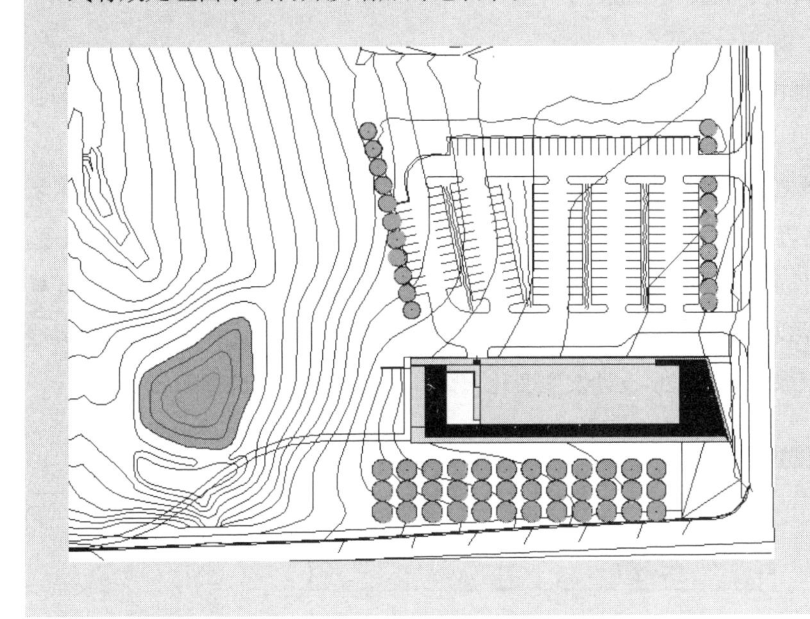

BIM 模型

BIM 模型是数据检索的最终资源。正如我们以前说过的，模型中的数据要与我们输入的数据一样准确。在利用分析结果前，您一定要确保数据的准确性。

到目前为止，除了现场设计方案，我们已经收集到的信息都是静态的。当然，建筑位置已经确定，基于此位置数据，我们可以计算出降雨量。但是，建筑设计应该是灵活的、动态的。在设计初期，想好节水措施，计算出用水量需求后，这些信息就可以用于不同的设计迭代。

我们需要通过 BIM 模型收集信息。通过这些信息，我们可以计算出利用现有的屋顶面积可以收集到的雨水量，以及我们的水槽、坐便器、饮水器和其他建筑设施的需水量。让我们首先搞清楚屋顶面积，看有多少雨水可以收集再利用。

屋顶面积

在 BIM 模型中，屋顶面积是非常基本的数据。我们需要弄清楚的是屋顶的规划面积，因为这将是可以用来收集雨水的区域。屋顶规划面积与计算光伏电量的面积稍有不同，因为其不限于朝南或水平屋顶的区域。其中一个重要的方面，就是要确保我们计算的是用于收集雨水的屋顶的面积。某些类型的屋顶可能要被排除在外，因为从利用屋顶收集雨水的角度来看，这些类型的屋顶可能不符合成本效益或不值得。在使用屋顶面积进行计算之前，您需要考虑所有的屋顶表面,看看它们是否适合用于收集雨水。尽管所有外露的屋顶都会有雨水落在上面，但是并不是所有的屋面都能很容易地(或者值得)用来收集雨水。这些类型的屋顶区域可能是：

- 入口的檐篷
- 绿色屋顶（雨水将用于灌溉屋顶植物）
- 已被占用的空间，如阳台和露台
- 其他的小屋顶，把雨水从这些地方汇集到的建筑物的中心位置，可能会影响建筑物外观或引起其他问题

确定了雨水收集区域之后，我们可以划分区域来计算屋顶的平面面积。图 6.5 的灰色区域是计算面积的区域。约束边界将适当参考屋顶边缘,因为它会由于设计上的变化而增长或缩短。这与简单地计算屋顶的平面面积不同，一旦屋顶设计发生变化，就需要重新计算。在 BIM 模型中，您可以利用“边界线”（Revit 中的术语）一次性地计算出屋顶的平面面积。这些边界线可以通过锁定屋顶边缘获取，如果屋顶设计发生变化，计算出的屋顶面积也将随之改变。

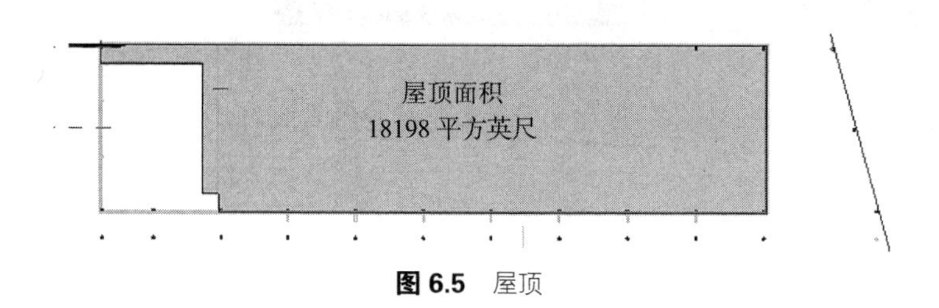

图 6.5 屋顶

在我们的应用中，粗外线表示被锁定的屋顶轮廓线。这样，如果建筑物的大小和形状发生变化，我们的屋顶面积将动态调整。从上图我们可以看出，我们用于收集雨水的屋顶的面积为 18198 平方英尺。可以利用下列公式，计算屋顶的雨水收集能力：

$$屋顶面积 \times 月降雨量 \times 0.8= 每月雨水收集量$$

之所以乘以 0.8，是因为我们无法收集所有落在屋顶上的雨水：由于自然蒸发，雨水会损失一部分；有些雨水会滞留在屋顶表面；在收集的过程中，也会丧失一部分雨水。利用电子表格可以快速计算出每月收集到的雨水量（单位加仑），当然也可以采用手工计算，如图 6.6 所示。

月份	1	2	3	4	5	6	7	8	9	10	11	12
屋顶雨水回用量（加仑）	35826.0	26484.1	33014.4	30112.0	32742.3	49793.7	54782.1	65303.2	46075.0	28298.0	21767.7	25486.4

图 6.6 雨水回用

现在，如果不需要回收利用建筑物内各种固定设备产生的灰水的话，我们已经有了足够的信息可以用来设计雨水蓄水池的大小，以便利用雨水进行灌溉或冲洗厕所。但是由于在这个特定的项目中，我们要尽量节约用水，所以接下来需要看看我们的灰水收集潜力。

灰水

灰水（grey water）是指从水槽、盥洗室、洗衣机和饮水器排出的废水。灰水与黑水不同。黑水（black water）指的是冲洗厕所后的废水或用于食品加工或处理后的废水。这个项目的黑水可以排走,在市政污水处理厂进行处理。为了弄清楚我们的建筑物有多少灰水可以回收利用，先需要看看目前的设计迭代，并且计算出建筑物内有多少用水设备，它们的用途以及每种用水装置能产生多少灰水。

我们要建立 BIM 模型，用 BIM 模型来统计用水装置的数量并进行计算。在模型（图 6.7）中创建一个简单的给水排水装置表格，我们就可以查看相应的数据报告。同样，如果在设计过程中添加或删除部分用水设备，这些报告也会动态更新。我们关注的报告项有：

用水设备说明——什么类型的用水设备？

用水设备的数量——这个项目中每种类型的用水设备有多少？

流速——每个用水设备的流速（加仑 / 分钟或加仑 / 次）是多少（取决于类型）？我们可以从每个类型的用水装置的说明书中找到这方面的信息，或者参数中可以注明只使用低流量的装置。

灰水——从用水装置中流出的是可以回收再利用的废水吗？因为我们不处理建筑物内产生的黑水，我们可以不用理会从厕所、小便池或拖把池中流出的废水。

在我们进行下一步计算之前，我们需要得到该项目的一些额外信息，尤其是建筑物用户的相关信息。我们需要收集的信息如下：

建筑物内用户的数量——该数字与法律允许的最大可容纳的人数不同，是业主认为的某一天内在建筑中工作或居住的人数。

建筑物每月的使用天数——每个月该建筑使用多少天？

给水排水装置表			
用水设备描述	数量	流速[加仑/分钟（次）]	灰水
饮水机-2D：饮水机-2D	6	1.5	☑
盥洗室面盆-单-2D：26″×22″	5	2.5	☑
厨房水槽-双：42″×21″	1	2.5	☐
水槽-梳妆台-圆形：19″×19″	18	2.5	☑
水槽-拖把-2D：水槽-拖把-2D	3	1	☐
厕所－商业－壁挂式3D：19″座椅高度	25	1.6	☐
小便池-墙-3D：小便池-墙	4	1	☐

图 6.7 建筑物内的给水排水装置表

建筑物内的设施每天使用多少小时——是 24 小时使用的设施，还是只在正常工作时间使用的设施？

对于我们的项目，我们设置的用户人数为 100，其中 60 个男士，40 个女士，而且建筑物只在每周的工作时间开放，这样每个月建筑物内设施的使用天数为 22 天。我们还需要设置一下用户使用楼内设施的频率：

- 对于男士来说，我们假定他们平均每天使用小便池 2 次，使用坐便器 1 次。
- 对于女士来说，平均每天使用 3 次坐便器
- 这似乎使得我们的数据收集过程变得相当繁琐和复杂。计算从屋顶收集的雨水量看起来还算简单方便。这就是为什么我们建议使用电子表格来帮助组织和收集这些变量的原因。打开电子表格，输入并保存数据后，您会发现这些数据在设计迭代或项目变更的过程中，变化不大。其中变化最大的数据是建筑物内用户的数量以及设施的数量和类型。

现在，我们已经收集了所有的相关信息，包括用水设备和未来用户的数量，我们可以判断出建筑物的整体水负荷，非饮用水的需求量，以及灰水回收利用的潜力。非饮用水的需求量将有助于我们了解有多少雨水和灰水可被回收用于冲洗坐便器和小便池以及植被灌溉，从而抵消一部分建筑物的整体水负荷。

建筑整体用水量

要确定节约的和回收利用的水量，我们需要弄清楚建筑目前的用水需求量是多少。相关的计算很简单。对于建筑内的每个类型的用水设备，通过电子表格用以下公式计算（图 6.8）。把每个类型的用水设备的所有计算结果加起来，就是建筑物的整体用水量，这一数字应该与全年所有月份的数据之和相等。

每种类型的用水设备的总数 × 使用频率 × 流速（加仑 / 分钟）= 该种类型设备的水负荷

月份	1	2	3	4	5	6	7	8	9	10	11	12
建筑物用水量（加仑）	28688.0	28688.0	28688.0	28688.0	28688.0	28688.0	28688.0	28688.0	28688.0	28688.0	28688.0	28688.0

年用水量：344256.0（加仑）

图 6.8 建筑物整体水负荷

建筑物非饮用水需求量

这种计算是非常简单的，我们已经掌握了计算所需要的所有资料。因为已经知道了灌溉用水的需求量，所以我们只需要弄清楚坐便器和小便池的用水量即可。

每个用户日常使用次数 × 加仑 / 冲洗 × 用户数量 = 每日用水量

图 6.9 显示的是坐便器和小便池用水量的计算结果。对于所使用的工具，我们必须指出，下图中的“用户数量”一栏显示的是我们在之前设定的男士和女士的人数。电子表格的计算公式中的变量值是我们之前讨论过的，即女士每人每天使用坐便器三次，加上 1/3 的男士每人每天使用坐便器 1 次。这就是为什么下图中“厕所坐便器”一栏显示的“用户数量”为 60 的原因。按照同样的方法，我们可以计算出其他用水设备的用水量。

冲水用水设备	每人每天用水次数	流量（加仑 / 冲洗）	用户数量	用水量
厕所坐便器	3	1.6	60	224
小便池	2	1.0	60	120

图 6.9 用水量

根据上表，我们可以计算出每人每天冲洗坐便器和厕所的用水总量：每天 344 加仑。现在我们计算每月需要的非饮用水量：

每天用水量 × 建筑物每月的使用天数 = 每月灰水量

我们的建筑每月需要的非饮用水量为 7568 加仑。

这个用水量，加上每月灌溉用水量，就是该项目所需非饮用水的总需求量。如果项目目标中没有在项目现场生产饮用水的要求，那么蓄水池的大小就可以参考这个用水量，这点我们将在本节后面详细讨论。

灰水收集潜力

在计算能够收集到的灰水量时，我们必须知道到灰水的来源。根据其使用情况，建筑内的用水设备都会或多或少地产生灰水。比如，如果您使用的是饮水机，则其内部的大部分都被您取走饮用，而没有进入排水管。相反，如果您是在盥洗室洗手，则大部分的水都流进了排水管。

根据 BIM 模型输出的“给水排水装置表”中的用水设备的类型。我们只从两个渠道收集灰水：盥洗室和饮水机。对于盥洗室，我们假定 90% 的水可以被回收；而对于饮水机，25% 的水可以被回收。灰水收集潜力计算公式如下，各变量的计算数据如图 6.10 所示：

每个用户每天使用次数 × 流速（加仑 / 分钟）× 使用时间 × 用户数量 × 回收百分比 = 每日灰水收集量

流水设备	每人每天用水次数	流量（加仑 / 分钟）	用户数量	用水量	日灰水回收量
饮水机 -2D：饮水机 -2D	3	1.5	100	135	34
盥洗室 - 单 -2D：26″ ×22″	3	2.5	100	375	338

图 6.10 计算灰水回收

我们每天的灰水回收量为372加仑。和计算非饮用水的总需求量一样，现在我们可以计算出我们每个月的灰水回收总量。

日灰水回收量 × 建筑的月使用天数 = 月灰水回收总量

我们的建筑物的灰水回收总量是每月8184加仑。

分析水收集

理想情况下，因为我们一直在收集这些信息，我们把信息按照一定的规律归纳整理，使之可以被快速复制，用于因建筑设计发生改变而需要进行的设计迭代。在最后阶段，我们需要结合收集到的雨水量和从用水设备回收利用的灰水量等所有信息，计算出建筑物所需要的市政供水量。这样，我们可以计算出建筑需要多大的蓄水池，以妥善保存收集到的所有水。

结合在前面计算过程中收集到的所有数据，我们可以计算出每个月可以节约多少水。图6.11显示我们的建筑物的月用水量和项目现场的用水量（如上所述），这两者之间的和就是项目的月用水总量。用水总量显示，回收利用的水量比我们的实际需水量要多。这样，如果我

月份	1	2	3	4	5	6	7	8	9	10	11	12
建筑用水量（加仑）	28688.0	28688.0	28688.0	28688.0	28688.0	28688.0	28688.0	28688.0	28688.0	28688.0	28688.0	28688.0
现场灌溉用水量（加仑）	0.0	411.0	914.0	1424.0	2297.0	2679.0	3246.0	2876.0	1690.0	741.0	353.0	0.0
月用水总量（加仑）	26688.0	29099.0	29602.0	30112.0	30985.0	31367.0	31934.0	31564.0	30378.0	29429.0	29041.0	28688.0
灰水回收利用量（加仑）	8184.0	8184.0	8184.0	8184.0	8184.0	8184.0	8184.0	8184.0	8184.0	8184.0	8184.0	8184.0
屋顶收集到的雨水量	10430.4	11881.5	22130.5	30656.2	48886.7	40270.3	40088.9	32107.4	42084.3	30202.7	20860.7	14874.6
回收利用总量（雨水+灰水）（加仑）	18614.4	20065.5	30314.5	38840.2	57070.7	48454.3	48272.9	40291.4	50268.3	38386.7	29044.7	23058.6
月用水总量减去回收利用的水量（加仑）	10073.6	9033.5	−712.5	−8728.2	−26085.7	−17087.3	−16338.9	−8727.4	−19890.3	−8957.7	−3.7	5629.4

年用水量：

建筑物用水量（加仑）	344256.0
现场灌溉用水量（加仑）	16631.0
月用水总量（加仑）	360887.0
灰水回收利用量（加仑）	98208.0
屋顶收集到的雨水量	344474.2
回收利用总量（雨水+灰水）（加仑）	442682.2
月用水总量减去回收利用的水量（加仑）	−81795.2

图6.11 最终用水量分析

们愿意的话，可以把部分回收的水转化成饮用水。

在上面表格的中间部分，先是月灰水回收利用总量，然后是每个月从屋顶上收集到的雨水总量，这两者之和是月回收利用的水量总和，单位是加仑。

最后一行显示的是最终需要从市政供水处购买的水量。这行的负数表示该月份回收利用的水有盈余。

为了重新利用收集的雨水和灰水，我们需要将它存储在一个地方。分析中最后一步就是确定蓄水池的大小，把盈余的水储存到蓄水池中。我们不能收集项目现场的所有雨水，因为这会对建筑下游造成不良影响（记住，从某种意义上讲，我们都处在别人的下游）。

对于您的项目，一旦您知道了能够收集到多少雨水，就需要一个地方把它存起来，以备以后使用。确定蓄水池系统的大小就是要平衡水的流入量和流出量。用于存储灰水和雨水的蓄水池系统的大小，取决于气候条件。基本上，我们要求蓄水池的大小能够满足干旱季节三个月的用水量，或雨季一个月的用水量。

优化水收集

您可能还会问，为什么这些计算都是利用电子表格，而不是直接利用 BIM 模型。有两个方面的原因：

首先，现有的 BIM 应用程序，还不具备综合利用气候数据和建筑系统数据进行快速分析的能力。

其次，在设计初期，需要不断调整建筑设计方案，以测试各种不同的情况。因为这是一栋办公楼，如果这个楼租给许多小公司会怎样影响我们对水的需求呢？这样会增加公司的密度，从而增加建筑的用户数量。另外，如果我们的建筑物变小了，又会怎样呢？我们用于收集雨水的屋顶面积又会有怎样的变化？利用电子表格可以很方便快捷地解决这些问题。

在理想的设计方案中，我们在设计流程的早期，就开始分析这些问题。我们直接与业主、景观设计师和土木工程师一起工作，从而确定蓄水池系统的最佳尺寸。现在您知道了如何计算节约用水量，这可以成为您未来项目早期设计阶段的一部分。

能耗模型建模

了解建筑物的能耗需求，对于可持续项目设计至关重要。据美国能源信息管理局提供的信息，美国的建筑物消费了全世界 30%的能源和 60%的电力，使得美国成为世界上最大的能源消费国，建筑行业也成为最大的能源消费行业（图 6.12）。作为建筑的设计者，我们责任重大，每次在做出一项决策之前都要深思熟虑。

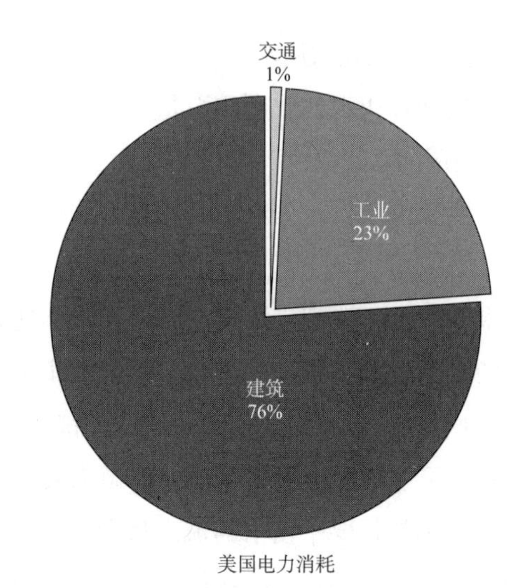

图 6.12 美国的能源使用（资料来自 U.S.Energy Information Administration）

建筑物的能源需求量取决于许多因素，不仅仅关于房间里的灯忘了关，冬天用空调供暖时温度设定得高了，夏天用空调制冷时温度设定得低了。建筑物内许多系统的运行都需要能源。举例来说，如果在建筑物的南面增加窗户，自然采光的效果就会好些，您也就可以相应地减少人工照明的用电需求。但是，如果没有适当的遮阳装置，窗子太大，进入房间的太阳光线增加，房间里的温度就会相应上升，用空调制冷的时候就会耗费更多的电量，也就抵消了自然采光节省下来的照明用电。

在探讨建筑物的能源利用时，所有与能源相关的问题都必须加以考虑，这就是我们为什么要采用能耗模拟。计算机模型将气候数据与建筑负荷相结合，例如：

- 暖通空调系统（HVAC）
- 日照得热量
- 用户数量和他们的活动程度
- 遮阳装置
- 日光调光
- 照明水平
- 其他变量

我们利用能耗模型和这些因素来预测建筑物的能源需求，从而确定建筑物的暖通系统的规模以及其他建筑组件的参数，避免使用的系统规模超过了我们的需求，同时也可以清楚我们的建筑设计会对全球环境产生什么样的影响。能耗模型可以随着设计的改变而实时更新，我们可以了解建筑体量、建筑围护结构、窗户的位置、建筑朝向等参数如何影响能源需求。

通过采用适当的建筑朝向，灵活的建筑体量，以及自然采光，我们已经减少了能源消耗量。现在，我们可以专注于建筑物其他方面能源需求，同时设法进一步减少能源消耗。

了解气候的影响

我们住在哪里，以及在相应的环境下我们是怎样生活的，这些都影响着我们的能源需求。如果生活在美国南部，一年当中，我们可能更需要一个凉爽的室内环境，而生活在北方则不同。北方的冬天长，因此就需要更多的热量和光照。个人喜好也会影响我们的能源需求。离开房间时，您会让电灯一直亮着，用电器一直开着吗？您会让您的办公室或家里持续供暖或制冷吗？我们有一些简单的，被动的节省能源的方法，这些方法可以很容易地融合到建筑设计中，例如：

- 利用盛行风进行自然通风
- 利用遮阳装置，避免窗户受太阳直射
- 利用日光照明策略，如采用合适的建筑朝向和遮阳装置
- 综合利用侧天窗和光线监控器，而不是用顶天窗
- 设定合理的温度和湿度范围

减少能源需求

减少能源需求不必以牺牲建筑中的人体舒适度为代价。我们要做的是减少需求，节约能源，而不是毫无限制地使用能源。以下是一些简单的策略，可以帮助我们减少建筑物的整体能源需求：

日光照明设计——使建筑物朝向正确，优化遮阳措施，并采用日光调光控制系统，优化室内自然采光，从而达到节约照明用电的需求。

选择高效的设备——目前市场上有许多高效能的设备出售。应当选购效率高的，大小合适的系统。人们通常喜欢采购低效的系统，因为这样建设单位或业主只需要花费较少的初始成本。但是，与设备系统在其生命周期内所消耗的能量相比，您购买高效系统和低效系统的成本差距是非常小的。

设计过程中模拟能耗性能——创建能耗模型有助于预测建筑及其内部系统的能源需求。通过设定目标和项目的迭代设计，您可以找到降低能源消耗的方法。

能源节约主要在三个领域：

- 照明
- 供暖 / 空调
- 动力

通过检查您在这三个领域的能源使用情况，您可以找到机会降低能源需求。比如：

- 为建筑围护结构采取保温效果更好的措施（外墙和屋顶）
- 更高效的供暖和空调设备

- 更高效的灯具（T-5和紧凑型荧光灯）
- 高效节能的电脑、电器和设备（有能源之星认证等）
- 调光和居住控制

项目委托——测算和校验被选择和安装在建筑内的系统工作正常，并尽量高效。这不仅给业主信心，让他们觉得没有花冤枉钱，同时也向他们保证系统设备运行正常，让业主了解怎样才能发挥系统的效能。

维护设备——这点本不需要提及，但是设备必须得到保养和维护。无论它是否是最高效的设备，您都必须对它进行定期维护，如设备清洗、检查和故障排除，以及局部更换，从而延长设备的使用寿命。如果设备保养不当，会导致设备低效运行，甚至产生更严重的问题。

能源使用基线和制定项目目标

要在设计初期与客户沟通，并确定能源使用量的基线，这一点很重要。采用LEED评级系统，关注碳排放量以及更严格的能效标准，都有助于促进这种新形式的沟通，以及项目目标的制定。目前最常见的两种能源利用基线为：美国供暖、制冷和空调工程师学会90.1（ASHRAE90.1）和美国环保署（EPA）的目标搜索（Target Finder）（http：//www.energystar.gov/index.cfm?c=new_bldg_design.new_bldg_design）。

LEED——LEED-NC（LEED-新建筑）评级系统，采用了ASHRAE90.1-2004作为基准能效的参考标准。ASHRAE90.1对建筑（除了低层住宅建筑）节能提出的要求最低，这也是ASHRAE90.1标准经常会被采用的原因。它有时还作为国际节能规范（IECC）中的一项被使用。您的项目团队对节能标准的要求应该高于这个最低标准。

在ASHRAE能源和大气评级EA1.1-1.10的基础上，一个项目可以在能源利用效率方面从LEED认证获得分数，上限为10分。2007年6月，美国绿色建筑委员会要求：要获得EA评级1.1和1.2，需要在总体上满足比ASHRAE90.1-2004高效14%的要求。《2005年能源政策法案》也采用这一基准，以此来作为那些超过ASHRAE基准50%的建筑课税津贴的参考值。

目标搜索——目标搜索（Target Finder）的基线数据，是根据美国能源部（DOE）能源情报署的商业建筑能耗调查（CBECS）数据。该数据来自针对已建成建筑物的运营数据的调查结果。CBECS信息只包括某些类型的建筑能源使用数据。简单地输入建筑物及其位置信息，目标搜索会报告预期的能源使用强度，用每平方英尺千英热单位来表示。目标搜索是一种被认可的方法，用于制定与《建筑2030》计划相关的项目目标。该计划已被美国建筑师学会（AIA）和美国市长会议通过。图6.13是针对堪萨斯城地区的学校，利用目标搜索制定的能源使用强度目标，与根据《建筑2030》计划高性能建筑数据库制定的能源使用强度目标（http：//www.eere.energy.gov/buildings/database）的比较结果。

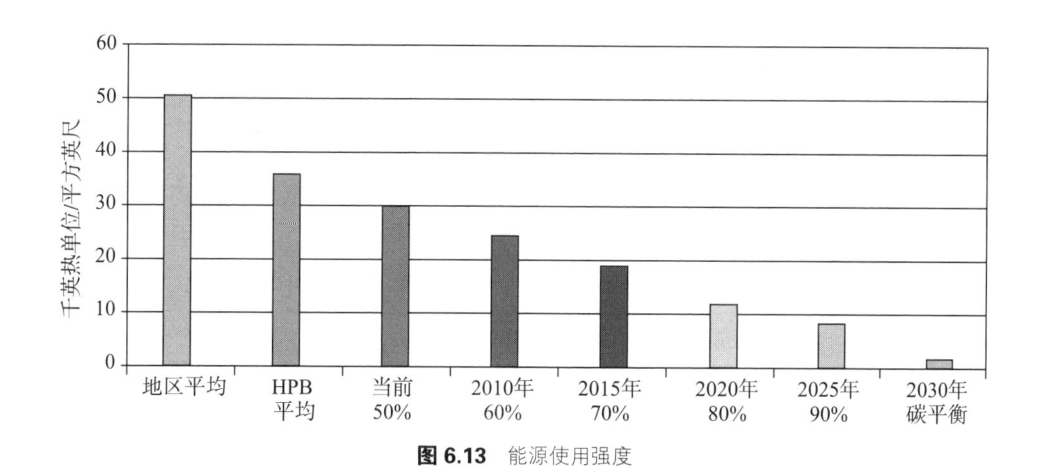

图 6.13 能源使用强度

Lewis 和 Clark 州立办公楼节能目标

考虑到建筑环境对温室气体排放的影响，项目必须制定能源效率和节能目标，这至关重要，而且最好是在项目的概念设计或初步设计阶段设定该目标。项目目标可以通过模拟，在初步设计和扩大初步设计阶段进行测试，逐步提高其精度。所以当您出施工图时，客户对于建筑物的能源使用情况应该已经有非常清楚的解了。

对于位于密苏里州杰斐逊城的 Lewis 和 Clark 州立办公楼，总体目标是根据客户的预算，向客户提供一栋"绿色"建筑，包括拥有全密苏里州最高效的暖通空调系统。然而，目前还没有针对某一项目是否实现了这个目标的量化评定系统。于是项目团队采用了一种全面的方法，综合利用建筑形式、内部系统和建筑朝向等要素，以最大限度提高建筑的性能。该建筑的设计性能要比 ASHRAE90.1 基准高出 56%。关键策略列举如下：

- 通过利用一种高效且大小合适的设备系统，并且以日光作为主要环境光源，使得建筑物在白天用电高峰时，其峰值电力需求达到最小化。住户感应器和调光器可以自动调控照明电力负载。窗户可以开关，在天气好的时候，可以采用自然通风。
- 建筑物的形状边线采用能耗模型迭代优化，使采光和自然通风效果达到最优化。
- 外围回热系统的资金预算被用于建筑外表皮，消除了回热需求使燃气的使用量减少了约 20%。
- 专用外部空气系统（OSA）比标准系统供应的空气温度要高，结合利用混合动力通风空气处理器，允许使用中等温度的冷却水，即 55 ℉，而不是 42 ℉。可以更高效地产生较高温度的冷却水——物理地通过高效率冷却器或由冷却塔蒸发产生。

- 为了延长自然制冷效果，冷却水蓄热箱是由冷却塔在凉爽的夜间补充，从而在炎热的日子里帮助减少制冷所需要的能源负荷。
- 综合利用日光采光控制系统和储热系统，可以显著降低高峰时电量的使用。
- 空气处理器专为低迎面风速而设计，可以有效降低风扇功耗达60%，且噪声小。空气处理器被封装在小柜子里使用，分布在建筑物的各处，减少管道的需求量。系统总压力可以下降到典型系统压力的1/3。
- 集成安装到直立屋面的光伏发电系统，提供了建筑物能源消耗量的2.5%，而太阳能热水系统可以供应生活热水。

利用BIM进行能耗分析

我们已经为项目制定了能源负荷目标，而且已经有了一个初步的设计。现在需要对设计方案进行测试，这样我们就可以根据建筑物的特点更改设计，以更好地优化能源使用。

请注意，能耗分析是一门科学。能耗分析领域的专家经过多年的分类研究，充分了解了不同的建筑系统和能源负荷会对彼此产生什么样的影响，又会对整体建筑性能产生什么样的影响。理解从能耗模型中获取的信息，对于了解这些信息对建筑设计的影响是至关重要的。就像BIM模型，如果输入的是垃圾信息，那么输出的就肯定是垃圾结果，不要把仿真模拟结果当成您的福音，而是要理解为什么会得到这样的结果。

如果您正在进行能耗分析，还应知道在建筑设计的不同阶段，您期望得到什么样的结果。在设计的早期阶段，更重要的是把分析作为一种比较的工具，而不是试图算出精确的能源负载。这是因为，如果建筑设计中的许多决定在设计的早期阶段悬而未决，您就不要指望一个精确的能源负载数据能与后续设计阶段的数据一致。然而，在后来的阶段中，随着设计过程的深入，我们很可能基于更小，更精确的更改作比较。例如，在概念设计过程中研究对建筑形式做较大改动的影响时，改动前后的能耗分析结果会比较相近。我们可能不用怎么考虑实际数据就会发现，一个高而窄的建筑比一个低矮且占地面积大的建筑更好。然而，在扩大初步设计或施工图阶段中，我们可能会发现，如果增加建筑物西立面的玻璃窗的数量，建筑物的能源负荷会从55千英热单位/平方英尺/年，变成71千英热单位/平方英尺/年，从而导致建筑物的能源负荷增加。

正如我们在其他章节所做的，我们需要建立自己的工具箱。对于能耗模型建模，我们需要以下工具：

- 我们项目的BIM模型
- 能耗模拟的应用程序

- 如果我们不熟悉如何进行模拟，或不知道如何分析或解释数据，则需要暖通工程师或能耗分析师的帮助。

如果您不熟悉能耗模型建模的过程，请记住，要想从 BIM 模型的使用中获益，您必须采取合作的方式，利用项目顾问的专业知识。

我们将再次收集建筑业主或物业的有关情况，但会更具体针对能耗建模程序，这部分内容我们将在下文讲解。

BIM 模型

为了成功进行能耗模型建模，首先需要一个稳定的高质量的模型。但这并不是说我们要掌握所有材料和细节，而是必须建立一些基本条件。为了项目质量，在项目的方案设计阶段，我们要对建筑物的西立面做一些设计上的改变，并做相应的比较（图 6.14）。

为了保证能够正确地在能耗建模应用程序中建立模型，我们必须确保模型中的几个要素正确无误。这听起来像是常识，但却是很重要的，否则会产生不良的结果：

- 模型必须有屋顶和地板。
- 墙体需要连接到屋顶和地板。
- 所有被分析的区域，都必须在建筑的几何尺寸之内。

如果建筑构件要素信息不全，能耗分析的结果就会有误。

我们需要具备把项目的必要部分的信息从一种工具（BIM）转移到另一种工具（能耗分析）的能力。在有些程序中,可以利用 BIM 模型进行基本分析,但是有些却不能。对于我们的项目，我们将使用一种行业标准的传输方法，即绿色建筑 XML 模式，简称为 gbXML。gbXML 是一种文件格式，可以被当前市场上许多能耗建模应用程序中读取。我们必须先定义 BIM 模型中的一些具体参数，才可以导出该文件类型。

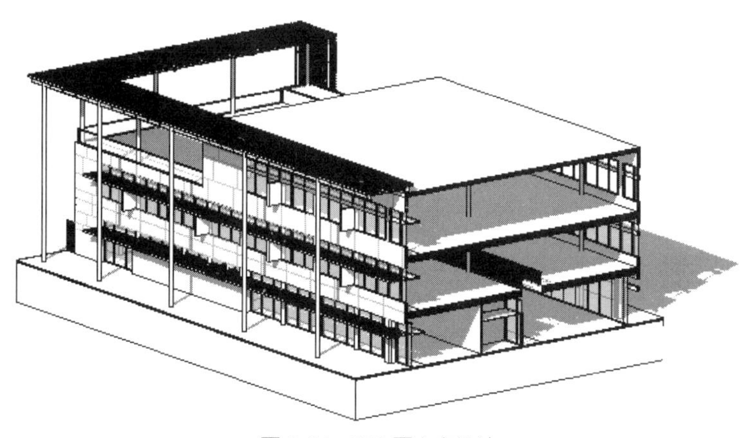

图 6.14 西立面方案设计

我们需要获取 BIM 模型中的几个关键要素，并将它们转移到能耗分析应用程序中：

- 项目位置
- 建筑围护结构
- 房间大小
- 应用程序具体设置

在下文中，我们将讨论为何这些元素对于能耗模型是至关重要的，以及如何获取 gbXML 文件中的此类信息。

项目位置

正如我们前面讨论的那样，气候是确定建筑物的外部负载的一个重要因素。我们需要在 BIM 应用程序中设置项目的位置。我们的项目位于堪萨斯城，如图 6.15 所示，在 BIM 应用程序中已经设置好了。

建筑围护结构

尽管这是个显而易见的概念，但是没有墙的建筑是无法准确进行能耗分析的。不需要考虑墙壁和屋顶的特定的组合方式，但是每个房间都需要由墙壁、地板和屋顶组成。这些是创建 gbXML 文件和定义建筑物内的空间或房间的关键要素。在能耗分析程序中，这些空间又可以被定义为不同的活动区域。

房间大小

根据您所使用的具体应用程序，这些构件的实际名称可以改变。Autodesk Revit 把这些构件称为“房间”（如图 6.16，标有“×”的部分）。但无论软件使用什么术语，我们都需要在项目中确定房间的大小。这些空间或房间必须是三维立体的，有平面，有高度，且彼此不能重叠。我们将把这些空间数据导出到的 gbXML 文件中，并用它们来计算该项目的能量负荷。有一点很重要，为了准确进行能耗分析，您所创建的空间的大小必须等于可用空间的大小。

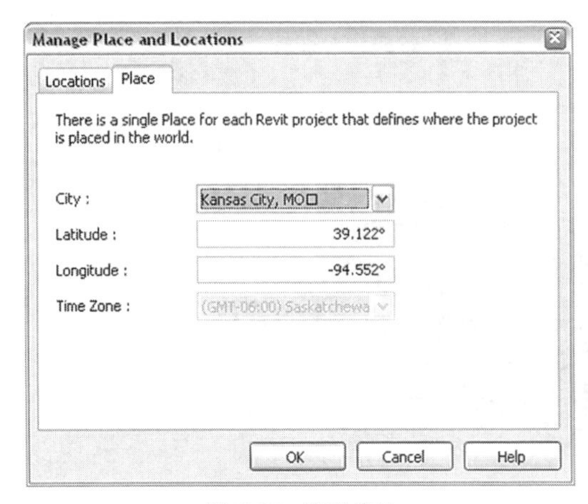

图 6.15 设置位置

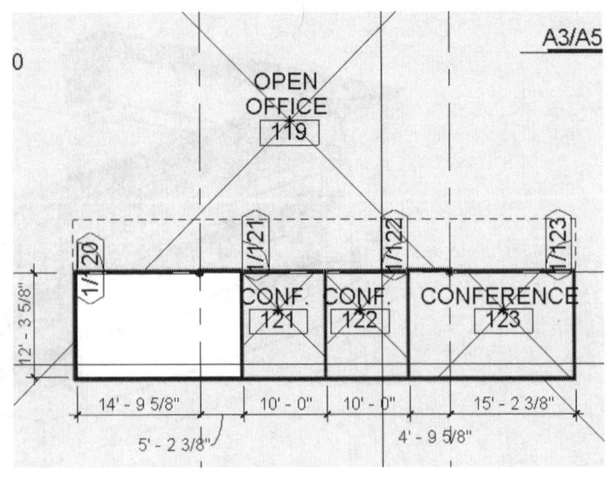

图 6.16 创建房间要素

应用程序具体设置

每个应用程序都需要进行具体的设置。虽然我们不能对所有的 BIM 应用程序的设置都做介绍，但会说明我们项目所采用软件程序的设置，以此向您展示进行能耗分析所要做的工作。

在 Revit 中，我们需要设置项目位置，这是上文中已经讨论过的。我们还需要让应用程序来计算房间大小（图 6.17）和“能耗数据”（图 6.18）（Revit 术语），目的是要预定义建筑类型和邮政编码。建筑类型以及邮政编码或建筑物的位置在其他能源应用程序中也可以进行设置。然而，在 Revit 中，必须先对其进行设置，否则 gbXML 文件将会出错。

完成以上设置后，我们准备创建 gbXML 文件。在大多数应用程序中，这个步骤很简单，只需点击“文件” > “导出”按钮。

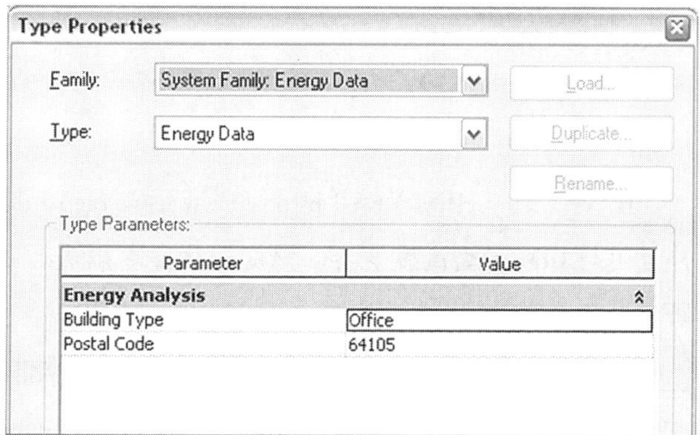

图 6.18 为能源数据设置位置

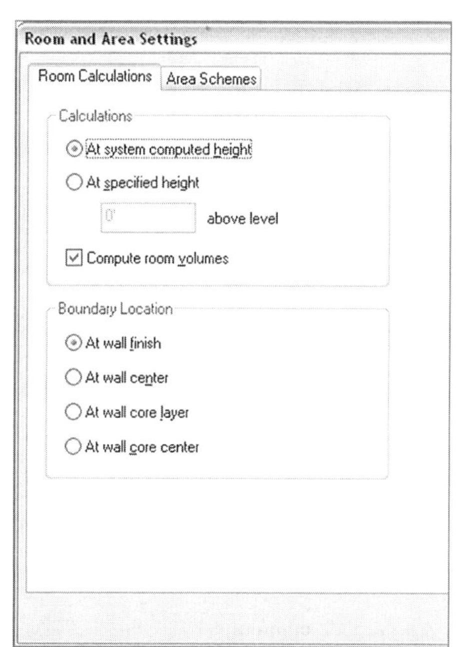

图 6.17 计算房间大小

分析能源使用

我们已经把几何模型、位置和建筑类型等设置好的信息，导出到 gbXML 文件中。为了获得一些额外的信息和实际的分析结果，现在需要把这些信息导入到一个能耗模型程序中。市场上有许多能耗模型程序可供使用，但它们的复杂程度各不相同，且它们与 BIM 模型的兼容性以及它们的深度水平也有很大差异。

正如我们前面所提到的，分析工具是否合适，要看您的技术水平，您消化分析结果的能力，您的时间是否充裕，以及项目目前所处的阶段。以下是市场上一些可用的应用程序（图 6.19），以及对各个应用程序的优点和缺点的分析：

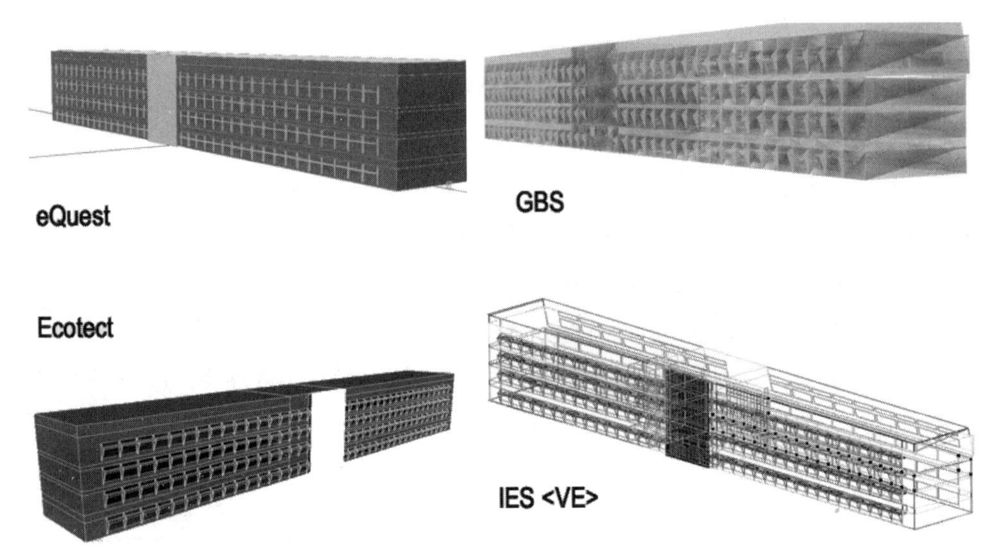

图 6.19 使用相同的模型，利用不同的应用程序进行能耗分析的输出图形比较

IES<VE>——IES<VE>（http://www.iesve.com）是一个强大的，精度很高的能耗分析工具，并且可与BIM模型高度兼容。该应用程序可以进行建筑环境分析，从能耗到采光，再到用于研究设备气流动力分析的计算流体动力学（CFDs）。

然而对用户来讲，该程序相对复杂，而且其软件成本较高。

Ecotect——该应用程序（http://www.ecotect.com）的图形界面很优秀，易于使用和操作。程序的创建者还有许多其他工具（http://squ1.com），包括日光照明和天气分析工具。虽然这款程序很容易使用，但是您所采用的BIM建模程序向该程序中导入几何模型可能会很具有挑战性。例如，谷歌SketchUp和NEMETSCHEK的Vector-Works可以直接导入几何模型，而Revit等程序则比较困难。

eQUEST——eQUEST是快速能源仿真工具（http://www.doe2.com/equest）的缩写。此应用程序是由美国劳伦斯伯克利国家实验室（LBNL）创建的一个免费工具。它包含了一系列的向导，可帮助您定义建筑的节能参数。但是，目前任何其他软件生成的几何模型都无法导入eQUEST。

绿色建筑工作室——绿色建筑工作室（GBS）(http://www.greenbuildingstudio.com）是一个在线服务程序。您可以在线上传gbXML文件，免费进行能耗分析。基于该建筑物的使用和能源负荷信息，该服务程序可以对建筑物的节能性能快速提供图形反馈信息。但是此服务细度做的不是很深，如果建筑类型或建筑物的使用情况不适合程序中现有的有限选择项，结果可能会不准确。

市场上还有许多其他类型的能耗模型建模程序。这四个是目前在建筑设计界最常用的应用程序。我们自己的实践中，在设计过程中会综合使用这些工具，在不同的设计阶段或针对期望得到的不同细节层次，使用不同的工具。我们建议您不要只使用一种工具，而是要尝试不同的工具，看看哪一种工具最适合您的工作流程和项目团队的需要。

我们的能耗分析中将使用 GBS 分析项目的能源负荷。因为不是在建筑深化设计的阶段(在此阶段，许多建筑系统都已经确定好了)，所以我们不会依赖于分析数字的准确性，而主要是比较不同模型的运行结果。设计改变后，这个模型的运行结果是否比其他模型的运行结果更好？我们的设计变化有助于提高能源使用效率吗？

进行实际分析之前的最后一步是，要在能耗分析程序中输入施工参数。图 6.20 显示这些负载数据被输入到 eQUEST 的向导中。

图 6.21 显示同样的信息正在被输入到 GBS 中。

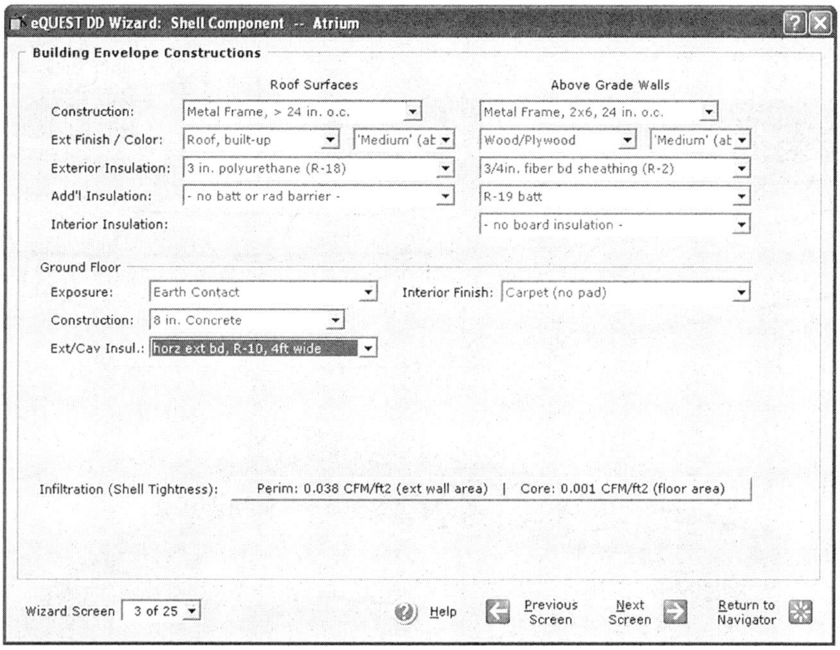

eQUEST DD Wizard: Shell Component -- Atrium

Building Envelope Constructions

	Roof Surfaces		Above Grade Walls	
Construction:	Metal Frame, > 24 in. o.c.		Metal Frame, 2x6, 24 in. o.c.	
Ext Finish / Color:	Roof, built-up	'Medium' (ab	Wood/Plywood	'Medium' (ab
Exterior Insulation:	3 in. polyurethane (R-18)		3/4in. fiber bd sheathing (R-2)	
Add'l Insulation:	- no batt or rad barrier -		R-19 batt	
Interior Insulation:			- no board insulation -	

Ground Floor

Exposure: Earth Contact　Interior Finish: Carpet (no pad)

Construction: 8 in. Concrete

Ext/Cav Insul.: horz ext bd, R-10, 4ft wide

Infiltration (Shell Tightness): Perim: 0.038 CFM/ft2 (ext wall area) | Core: 0.001 CFM/ft2 (floor area)

Wizard Screen 3 of 25　Help　Previous Screen　Next Screen　Return to Navigator

图 6.20　在 eQUEST 中输入建筑施工参数

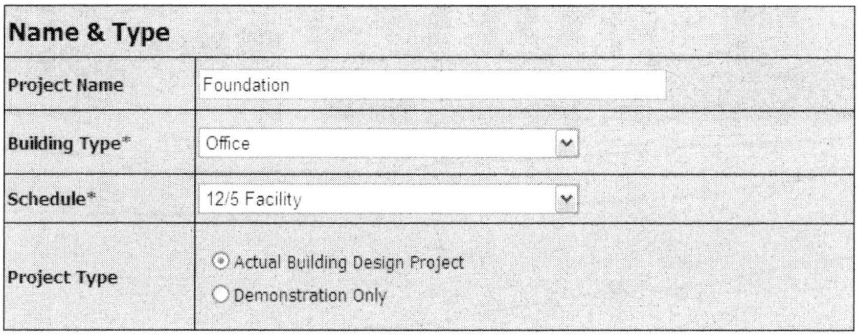

Name & Type	
Project Name	Foundation
Building Type*	Office
Schedule*	12/5 Facility
Project Type	⊙ Actual Building Design Project ○ Demonstration Only

图 6.21　在 GBS 中输入能量负荷数据

优化能源使用

在我们的分析中，比较了西立面的两个设计方案，了解这两个设计方案会对建筑物的能量消耗产生什么样的影响。图6.22显示的是采用了两个不同设计方案的建筑物外观。我们已经确定要在项目的西立面增加了遮阳装置，就是希望了解这样的变动会对建筑物的能量消耗产生什么样的影响。设计方案1没有遮阳装置，设计方案2有遮阳装置。我们需要向业主证明，

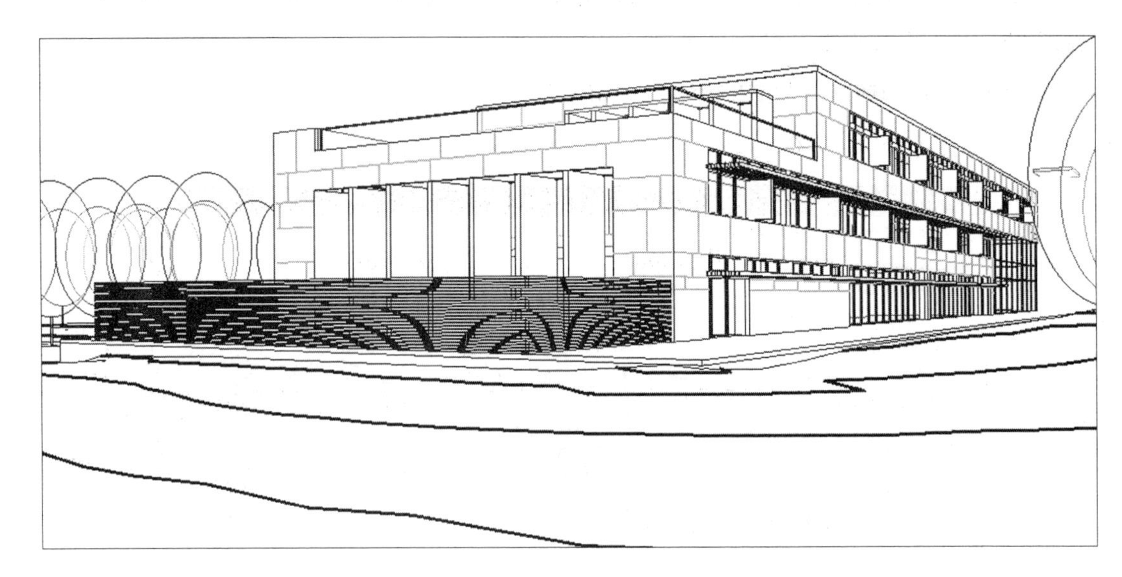

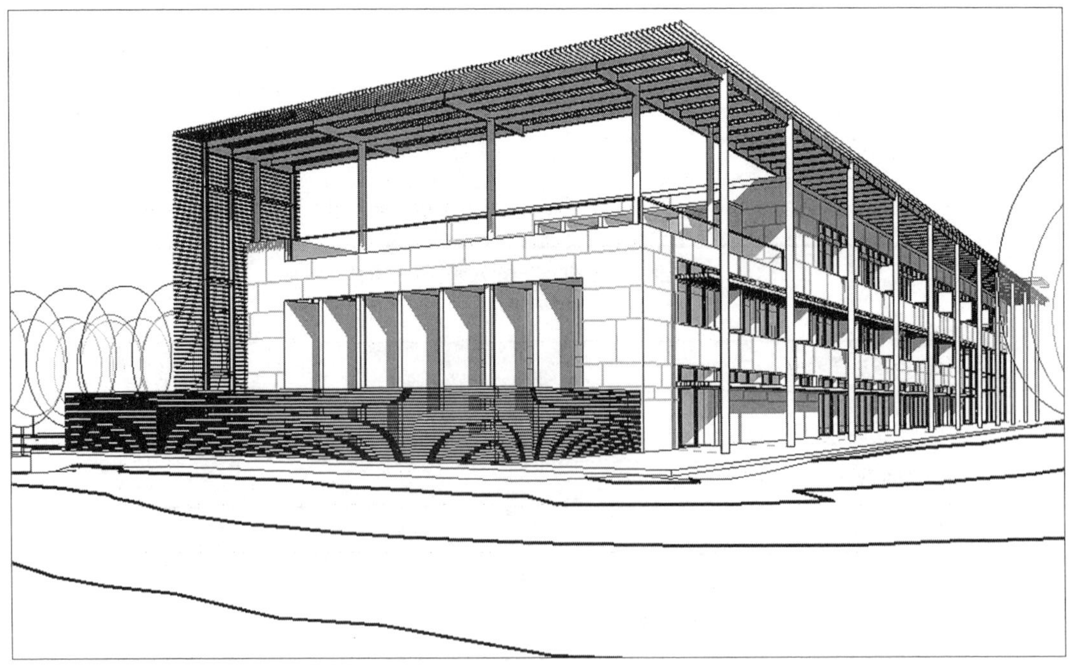

图6.22 两个设计方案的能量消耗对比

遮阳装置能减少建筑生命周期内的能耗成本。从而证明建筑因添加遮阳装置而增加的初始成本是合理的。

针对每一种设计方案，我们都把 BIM 模型导出到一个 gbXML 文件中，然后把该文件上传到 GBS 服务程序，进行能耗分析。结果如图表 6.23 所示。从图表中我们可以看出，在增加了遮阳装置以后，建筑物每年的能源消耗和全生命周期内的能源消耗都降低了。用同样的方法，我们可以继续对建筑设计进行修改，然后评估设计变更对建筑物的能源利用产生的影响。

一般信息		**位置信息**	
项目名称：Foundation		建筑物：密苏里州堪萨斯城，邮编 64108	
运行标题：Foundation.xml		电力成本：0.057 美元 / 千瓦小时	
建筑类型：办公楼		燃料成本：1.286 美元 / 美燃气热量单位 *	
建筑面积：53017 平方英尺		天气：密苏里州堪萨斯城（典型气象年 2）	
预计能源消耗及成本汇总		**碳平衡能力** [1]**（二氧化碳排放量）**	
年能源消耗成本	46929 美元	基础运行：	需要 Corporate Acct. & v.3 run.
生命周期内能源消耗成本	639168 美元		
年二氧化碳排放量		现场可再生潜力：	不可用
电力	684.0 吨		
现场燃料	70.3 吨		
悍马 H3 当量	68.6 辆悍马	自然通风潜力：	不可用
年能源消耗量			
电力	549811 千瓦小时		
燃料	13.154	现场燃料抵消 / 生物燃料使用：	不可用
年用电峰值	300.0 千瓦		

一般性信息		**位置信息**	
项目名称：Foundation		建筑物：密苏里州堪萨斯城，邮编 64108	
运行标题：Foundation.xml		电力成本：0.057 美元 / 千瓦小时	
建筑类型：办公楼		燃料成本：1.286 美元 / 美燃气热量单位 *	
建筑面积：59967 平方英尺		天气：密苏里州堪萨斯城（典型气象年 2）	
预计能源消耗及成本汇总		**碳平衡能力** [1]**（二氧化碳排放量）**	
年能源消耗成本	31996 美元	基础运行：	需要 Corporate Acct. & v.3 run.
生命周期内能源消耗成本	435780 美元		
年二氧化碳排放量		现场可再生潜力：	不可用
电力	329.2 吨		
现场燃料	76.3 吨		
悍马 H3 当量	36.9 辆悍马	自然通风潜力：	不可用
年能源消耗量			
电力	264560 千瓦小时		
燃料	13.154	现场燃料抵消 / 生物燃料使用：	不可用
年用电峰值	300.0 千瓦		

图 6.23 方案 A 和方案 B 的能耗分析结果（注：* 美燃气热量单位相当于 4184 千焦的燃气）

利用可再生能源

正如我们在第4章讨论的，可再生能源的来源是免费的，可再生的。据美国环保署称，目前美国约2%的电力来自可再生能源，其中最大的来源是生物质的燃烧，如木头。在前面的章节中，我们讨论了如何降低一个建筑的整体能源需求。现在，已经知道了我们的能源需求，再来看看如何才能利用现有的可再生资源满足这个能源需求。

有七种公认的可再生能源：

- 太阳能
- 风能
- 生物质
- 氢气
- 地热
- 海洋
- 水力发电

我们现在可以开始研究，如何使这七种资源在我们的项目中发挥最大的潜能。

了解气候和地域特点的影响

使用最普遍的可再生能源（如太阳能和风能）的能力，直接取决于气候和地域特点。光伏发电系统和太阳能热水器都需要阳光照射，但是有些地区可能没有足够的阳光，便不可能依靠这两种系统作为主要电源。例如，新墨西哥州的阿尔伯克基平均接收6.77千瓦小时/平方米/天的太阳辐射，这是一个很大的供应量，而芝加哥仅能平均接收3.14千瓦小时/平方米/天，还不及阿尔伯克基接收量的一半。无论在什么情况下，要想利用太阳能吸收系统，就必须能够受到阳光照射。对于小型的太阳能吸收系统而言，附近的植物或较高的相邻建筑物，可能会挡住阳光。

风力是按照距离地面50米高空处的可测风速进行分类的。风力分为七个级别，只有3级及3级以上的风力，才对当今风电机组技术有利用价值。据美国能源部网站上的“风力美国”（http：//www.eere.energy.gov）栏目中的“州级风力资源地图”，堪萨斯城东部的大部分地区的风力都在3级或3级以上，而密苏里州超过90%的地区的风力为1级。尽管如此，最好还是在微观层面上测量风力，因为风力的大小与具体的地理位置直接相关。例如，如果您是站在一个小山顶上，或在大草原的中间，那么您的风能获取能力是非常强的；但是，如果您是在一个小山的背风面，在一个山谷中，或旁边有大量林荫区，那您的风能获取能力就没有那么好了。

还有其他三种主要的可再生能源技术，它们主要受地域特点的影响：水能，地热能和生物质能。目前，只有地热能可以在小规模的项目中使用。但是，所有这三种可再生能源都可以在较大规模的项目中使用，如大学校园，新建住宅小区或公用事业公司等。

在公用事业公司层面上，地热能的利用包括：从超过一英里深的地下提取蒸汽或热水，并利用它们来推动涡轮机发电。这两者都可以直接用于供暖系统。据美国能源部的信息，大多数能在这个层次上利用地热能的州都位于西部，如夏威夷和阿拉斯加。在建筑物层面上，我们可以通过热泵和简单的热交换器利用地面以下接近静态的温度（~55 ℉）进行供暖和制冷。如果项目位于地下蓄水层或水体表面，您可以用同样的方式使用热泵或者热交换器，只是用水接触代替接地接触。

使用水力的能力需要移动的水体，因此直接与地理位置相关。所以，项目地址必须是在河流或海洋附近。虽然生物质原料容易运输，但如果使用生物质燃料产生能量的项目就在燃料来源的附近，效果会更好。因此，可以说生物质能的利用，也依赖于地理位置。根据美国能源部的信息，生物质能“是从植物或动物转化而来的有机材料。国内生物质资源包括农林废弃物、城市固体废物、工业废物，以及仅用于能源目的的陆地和水生作物。”

不同建筑类型有显著不同的需求，这些需求又随着气候的变化而不同。对于太阳能的利用，具有较小物理尺寸的建筑物或能量消耗大的建筑（如实验楼），其屋顶面积可能不够大，因而无法容纳所需的太阳能电池板。这样就需要一个场地布置太阳能电池板阵列，从而获取足够的阳光照射，如图 6.24。在一些炎热的气候带，某些建筑类型可能一年当中大部分时间都处在制冷模式下，这样的项目可能就无法使用地热系统。这是因为该项目需要不断地排热，会使周围地面的温度升高，从而令地热交换区域温度饱和。

图 6.24 光伏电池板用作停车位的遮阳结构（图片来自 Brad Nies）

我们讨论过的每一种可再生资源系统使用的都是免费资源，但是用于从土地、风、太阳和水中捕捉能量的系统设备却需要消耗大量资源。在这些设备的使用周期中，它们在制造过程中所消耗的资源与生产、安装和维护它们所需要的资源相抵——特别是因为这些可再生能源系统的运行不会产生温室气体排放。

减少能源需求

为了最大限度利用可再生能源系统，我们必须根据气候和地理位置特点选择合适的系统。此外，还有其他多种因素需要考虑。系统的效率、系统占用的空间大小、系统维护等，都是在选择可再生能源系统时要考虑的因素。

例如，市场上现有的光伏板的效率范围从8%到20%不等，但是其尺寸却大体相同。使用最有效的系统，能节省材料和时间。风力涡轮机的切入风速不同，因此要根据项目当地的风力级别选择合适的风力涡轮机。生物质能源要转化为能量才可以被利用，因此项目要尽可能靠近它们的来源地。因为，在某些情况下，把生物质转移到发电设施所在地，会产生更多的碳排放，这个过程消耗的能量有可能比生物质能转化出来的能量还要多。在某些地区，地层钻探需要耗费大量的能源，因此您应该考虑这些内含能与可能获得的能源相比，是否值得。

可再生能源的负面影响仍有争议。使用可再生资源可能会破坏当地生物的栖息环境，由此给当地生态带来负面影响。这主要涉及风力发电机、水力发电建设的水坝、波浪生成技术，以及各种规模和类型的地热系统。

对于水电站的水坝和风力涡轮机，有些人不关心它们的外表，美观，或可能产生的噪声。有人声称，获取生物质或制作光伏电池板所消耗的能量，或许比它们能生成的所有能量要多。这些说法都没有得到证实，但其结果会因地理位置、系统效率和其他一些因素的不同而不同。就像所有的选择一样，总有一些因素要权衡：考虑到我们目前正面临着的温室气体问题及其对气候变化可能产生的影响，使用这些可再生能源发电可以减少温室气体排放，因此其潜在负面影响又居于次要地位了。在某些时候，用来制造再生系统需要的能量本身就是再生系统，可以显著减少当前的内含能。

降低能量负荷的一个共识是可再生能源系统的成本较高。由于从电网获取能量需要支付的成本，州政府和联邦政府退税的规定，以及净计量法规不同，所以可再生能源系统的投资回收期也有所不同。在加利福尼亚州，住宅光伏系统可能需要15年能收回成本，而同样的系统在堪萨斯城可能需要40年才能收回成本。

BIM辅助利用可再生能源

在我们的项目中，选择使用合适的可再生资源主要依赖于地理位置和这些资源为我所用的可用性。当通过调查，定位潜在的可再生资源系统后，可以使用BIM模型来帮助我们正确地配置建筑朝向，计算出能源的回报潜力和每个系统的可行性。我们建立好系统之后便可以调整该模型中的设计，以优化每个系统的性能。

以地热系统为例。如果在建筑工地打好一些取样井，我们可以模拟取样井所示的各种基质。有了这些信息，我们可以通过调整地热井场的位置，避开潜在的难挖的土壤类型，或者以某种土壤类型或水源为目标，获取更多的热交换。在设计的每个阶段，都有许多方法可以获取可再生能源：

预设计——在预设计阶段，我们应该知道现场的风速、风向和风力，可用的太阳辐射量，以及项目所在地的地热潜能。

为了在一年当中尽可能多地获取太阳能辐射，我们知道光伏电池板的最佳安装角度，应该等于该项目的纬度。我们也应该知道哪个方向是正南，并正确定位建筑朝向，以便最大限度获取太阳能辐射，同时我们还应该知道项目周围都有什么，看看是否会有什么物体的影子早早地就笼罩在建筑物上。

如果项目采用的是水热式地热系统，那么我们应该知道项目距离水源地的距离；如果要打地热井的话，要弄清楚当地的岩土特性和岩层位置。

在任何情况下，我们都应该注意那些影响到项目资源可用性的具体问题，如项目的相邻建筑物是否会挡风。

方案设计——在方案设计阶段，我们应该清楚用于安装光伏面板或收集雨水的屋顶面积，以及屋顶方向和屋面坡度。我们可以开始搜集这些信息，预测项目的年能源消耗量。

扩大初步设计——在扩大初步设计阶段，我们应该知道项目的预期年能源消耗量，以及屋顶的哪些面上可以安装光伏电池板。在设计的时候，要给这些集成的系统留出一定的空间。如果要使用风力涡轮机，我们需要知道涡轮机与建筑物的相对位置，如果涡轮机被安装在建筑物上，则要计算其高度，以及风向和风速。

对一个项目来讲，要想把各种可用的可再生能源都用上很不现实。在我们的项目中，重点利用光伏发电系统，为项目解决部分电力需求。

我们已经开始进行 BIM 模型分析，在这里再把一些情况简单地梳理一下。从图 6.25 所示，我们已经知道了项目的地理位置，包括建筑物的经度和纬度。就太阳能电池板而言，从一年的时间范围来看，其最佳倾斜度应该等于该建筑物的纬度。因此，我们建筑的太阳能电池板的倾斜度应该是 39°。

接下来定义用于安装太阳能面板阵列的屋顶面积。在此项目中，我们把太阳能面板阵列放在屋顶。已计算出屋顶用于收集雨水的区域面积，用于安装太阳能面板的屋顶区域与用于收集雨水的区域面积不同。在计算收集雨水的屋顶面积时，我们采用的是规划面积（从高处向下俯视屋顶的面积）。对于光伏发电，我们需要按照屋顶的实际面积计算。这意味着，对于一个 10 英尺 ×10 英尺的屋顶，如果屋顶是平的，面积是 100 平方英尺；如果屋顶是 45° 斜

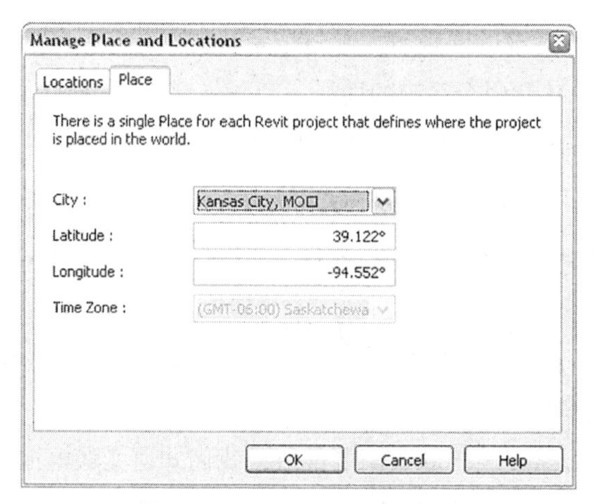

图 6.25 在 BIM 中设置地理位置

面，我们还有 100 平方英尺的面积可用。为了收集雨水，我们就不能把所有的屋顶面积都安装上太阳能电池板。以下是一些基本准则，用于指导计算可用于安装光伏电池板的区域面积。请记住，这些只是一些基本准则。太阳能光伏电池板阵列应该与您的项目巧妙地结合起来。

- 不包括被占用的空间，如屋顶平台。
- 使太阳能电池板朝南，可直接接受阳光照射。朝北的（在北半球）屋顶很少或根本没有能力来有效地收集太阳能。

由于项目的屋顶是平的，我们可以遵循这些指导方针，很方便地利用屋顶面积。如图 6.26 所示，我们有大约 16200 平方英尺（1505 平方米）的屋顶面积。与其他区域和表格一样，如果我们在设计过程中改变建筑和屋顶的形状，这个面积也会动态地发生变化。

分析可再生能源

现在我们已经掌握了一些基本信息，包括建筑物的位置和可以利用的可再生能源等，于是可以开始计算我们能够从太阳能电池阵列中收获多少能量：

寻找可用的阳光。首先，我们必须确定有多少可用的阳光。要做到这一点，可以看一下美国太阳能辐射资源地图网站（http：//rredc.nrel.gov/solar/old_data/nsrdb/redbook/atlas/Table.

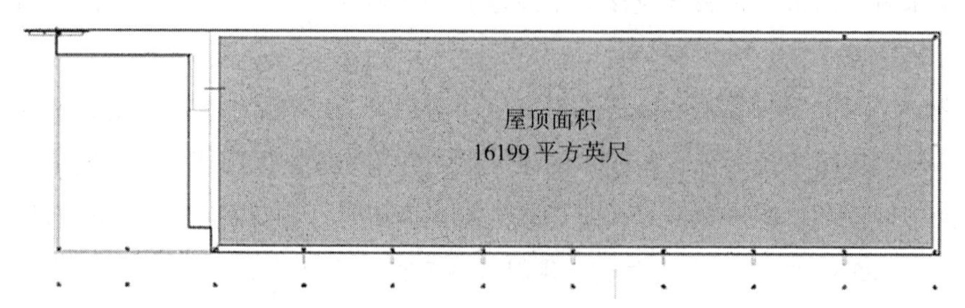

图 6.26 计算用于安装太阳能面板的屋顶面积

html）给出的总平均日辐射量。

这个网站提示您回答几个问题，例如您想取一年中哪个月的平均值，或您所使用的是什么类型的太阳能电池板。对于我们的建筑，取6月份的平均值，太阳能电池板倾斜度与建筑物所在位置的纬度相同。该网站以图形的形式，显示整个美国的太阳能辐射状况，如图6.27所示。从图表中我们可以看出，该项目为平均4~5千瓦小时/平方米/天。

确定太阳能电池板阵列的平均日产量。现在我们知道了有多少有阳光可以利用，然后需要弄清楚我们的光伏电池板每天输出的能量有多少。可以假设一个平板集热器的基本效率为5%，所以能量收集量可以用下面的公式计算：

能量收集量 =4.5千瓦小时/平方米/天 ×0.05× 屋顶面积（单位为平方米）

对于我们的项目，能量收集量为338.6千瓦小时/天。

系统中的能量损失。无论是什么电气系统，由于线路损耗或使用了连接器、逆变器

图6.27 6月份美国各地的平均太阳辐射（资料来自United States Solar Radiation Resource Map website）

等，都会产生能量损失。我们预期最终能有 65%的可用电量，也就是 220 千瓦小时 / 平方米 / 天。

然后，项目团队可以把这个数字与通过能耗模型模拟得出的能源需求量进行较。为了弄清楚太阳能电池板阵列所提供的电量占总用电量的百分比，我们用平均每年收集到的电量总数，除以年均电量需求负荷总数。比方说，一栋只用电的建筑，每年需要 70 千英热单位 / 平方英尺，而且我们知道该建筑为 45000 平方尺，所以：

70 千英热单位 / 平方英尺 / 年 ×45000 平方尺 =3150000 千英热单位 / 年

下一步将千瓦小时转换为千英热单位：1 千瓦（电）=3.412 千英热单位，所以：

220 千瓦小时 / 天 ×3.412=750.64 千英热单位 / 天

750.64 千英热单位 / 天 ×365 天 =273983.6 千英热单位 / 年

然后算出太阳能电池板阵列所提供的电量占总用电量的百分比：

273983.6 千英热单位 / 年 ÷3150000 千英热单位 / 年 =8.6%

这样，设计团队成员就知道，他们可以利用这个光伏系统产生多少能量，以及产生的这些能量占建筑物的整体能量需求的比例。他们还可以向业主提供安装光伏系统的成本估算，随着时间的推移节省下来的运营成本估算，以及通过利用可再生能源减少的碳排放量。

优化太阳能电池板阵列

既然太阳能电池板阵列已经安装好了，我们对自己的电力需求也有了基本的了解。然后就可以开始进行设计操作，以更好地了解如何优化可再生能源的潜力。例如，我们可能会决定：

- 优化的屋顶面积和坡度，提高发电能力。
- 把太阳能电池板阵列从屋顶转移到专用场地。
- 在一些较小的地方增加太阳能电池板，如把它们集成到外遮阳装置上，以最大限度利用每一块暴露在太阳照射下的面积。
- 对于高层建筑，或者如果建筑物需要的电力远远大于其采光面积和建筑物外可利用场地所能提供的额度，我们可以利用建筑物南立面上有利于采用光伏系统发电的区域。

暂且不顾迭代设计，真正重要的是以项目为基础探索可用的可替代能源。

使用可持续材料

在 AEC 行业中，建筑材料的使用是没法避免的。即使您设计的项目没有能源消耗，也不需要用水，但您还是需要建筑材料。顺便说一句，这些建筑材料的制造需要能量和水。我们这个行业只知道如何获取建筑材料，以及原材材料是有限的。建筑材料中的内含能只是这些材料生命周期中的一部分——当材料或产品的最终用户用完了这些材料或产品后，怎么办？这些材料能够被重用吗，可以回收吗，是完全可循环再造的吗？我们从一开始就需要这些材料吗？

您知道了建设大楼所需要的材料或产品，但您对它们了解吗？在同样的情况下，您是如何决定优先使用这种，而不是另一种材料或产品的？使用这些材料可能会带来什么样的负面影响？您能在材料的生命周期内，回答关于您所选择的材料的生产、安装、使用和最终处理等问题吗？下面列出了一些要素，是您在选择材料的过程中需要考虑的：

- 该产品或组件能降低建筑物在其生命周期的能量消耗和水资源消耗吗？
- 在其整个生命周期内，该产品或组件含有能够对人类健康或环境造成不良影响的物质或生产工艺吗？慎重考虑这些产品或组件对空气、大气、水、生态系统、生物栖息地和气候的影响，考虑它们是否会产生有害的副产物和污染，考虑这些产品或组件的原材料提取物对生态系统的影响，考虑它们会对交通产生什么样的影响。
- 该产品或组件能够消除危害室内空气质量的隐患吗，能够提高室内环境质量和居住者的幸福感吗？
- 该产品或组件的功能，能很好地发挥至少 100 年吗？
- 该产品或组件是用回收物料生产的吗？减少对原始材料的需求了吗？
- 该产品或组件是使用能快速再生的材料生产的吗？其原材料稀有或濒危吗？
- 该产品或组件的生产过程产生的固体废弃物多吗？这些材料在建筑物寿命结束后可以重复使用或回收再利用吗？这些材料可以被拆分成可回收或可重复使用的组件吗？

由于决策时间始终是很短的，您不能总是进行真正的生命周期分析。众多的材料指南，认证体系和选择方法可以帮助建筑专业人士收集信息并作出明智的决定。然而，根据我们的经验，它们使用的方法不同，因此不可能提供一个一致的行业评价标准。虽然它们并不完美，但它们正在不断地提供更多的信息作为决策的依据。

在不久的将来，我们希望这些评估工具或信息数据库能与 BIM 直接关联或集成在 BIM 中。接下来，我们继续看一下，拥有了这些信息后，BIM 是如何帮助设计者决定选择什么样的可持续材料，以及 BIM 是如何帮助设计者减少材料的使用数量的。我们还将向您展示如何量化一些指标，以达到绿色建筑评级系统所要求的分数。

了解气候、文化和地域特点的影响

材料与地域有很大的关联：原料是从哪里来的，它们是在哪里组装成产品的，它们是在哪里被汇集用于建设的，用完以后它们都去了哪里。在这些地方之间，物料需要互相转运——有时比我们需要的更频繁。除了利用项目现场的土壤制砖或者砍伐现场的树木用作木材，再环保的材料也有运输导致的碳排放。

从某种角度来讲，我们有能力几乎可以在任何时间向任何地方运送物资，而这个能力改变了我们的地域观念。我们可以在一个地方使用来自另一个遥远的地方的建筑材料，试图把那个遥远地方的文化，通过建筑迁移到一个新的地方。想想那些西班牙风格的购物区，或者铺满了意大利大理石的公司大堂吧。而另一方面，又有成千上万的连锁餐厅、娱乐街区和零售店，而且看起来这里的建筑跟那里的建筑都是一样的，毫无地域特色。

我们坚信最好尽可能在本地选择建筑材料。这样做可以与当地更好地对接，刺激周边社区经济的发展，而且在大多数情况下对环境影响较小。当然，有些材料或成品必须从其他远的地方运输，例如地毯等一些东西可能在当地无法获取。只要我们还依赖基于化石燃料的电力电网，在建筑物的生命周期内，即使那些可以提高项目能效的产品的运输增加了碳排放量，也可能是值得的。

在得克萨斯州大学休斯敦护理学院的健康科学中心项目的建设过程中，由 BNIM 建筑事务所带领的项目团队使用了一种叫作 BaseLineGreen™的工具来评估，项目选择使用当地材料对经济和环境的影响。BaseLineGreen™是由“最大潜能建筑系统研究中心”（CMPBS）的 Pliny Fisk 和 Rich MacMath 以及来自 Sylvatica 公司的 Greg Norris 博士共同研究开发的。该分析工具专注于测量材料对上游的影响。在 BaseLineGreen 中，对上游的影响主要是在一个 输入 / 输出经济模型中，考虑有毒物质的排放，标准空气污染物和温室气体。BaseLineGreen 分析的输出有两种类型：上游外部环境成本和对上游就业的影响。

上游外部环境成本被表示为“外部环境成本的比例”（EECR），是指上游环境负担的外部成本（单位为美元）与建筑输入的市场成本的比值。EECR 主要考虑三个环境负荷指标：总的空气污染，全球变暖（温室气体）和有毒物质排放。

对上游就业的影响可以表示为“就业影响比”（EIR），指的是与由建筑输入提供就业数量与建筑输入的市场成本之间的比率。EIR 专注于美国经济的整个建筑行业的经济输入 / 输出模式。该模型包括原材料、能源、设备、装配式成品、中间产品和服务等的输入，这些输入内容与项目的不同地理位置和建筑规模相关联。

该分析利用美国环保署和美国经济分析局的数据库以及该项目的相关说明进行。项目组评估在设计阶段选择的材料，并根据初步评估结果做出改进。基于上述关联的数据库，项目团队可以看到材料的选择如何影响三个层次的经济：县、州和联邦政府。根据 BaseLineGreen 的反馈信息，团队修改他们的选择，在提高区域经济利益的同时，也降低了项目的内含能的碳排放量。图 6.28 显示出了两个分析的结果。需要注意的是，项目团队对区域特性的专注，对社会也是一个很大的进步。统计学已经表明，具有了较高的家庭收入，可以有更好的人类健康和更长的寿命预期——主要是因为它提高了人们的医疗保健能力。项目在当地选用建筑材料，对当地社区的经济发展会有很大的贡献。

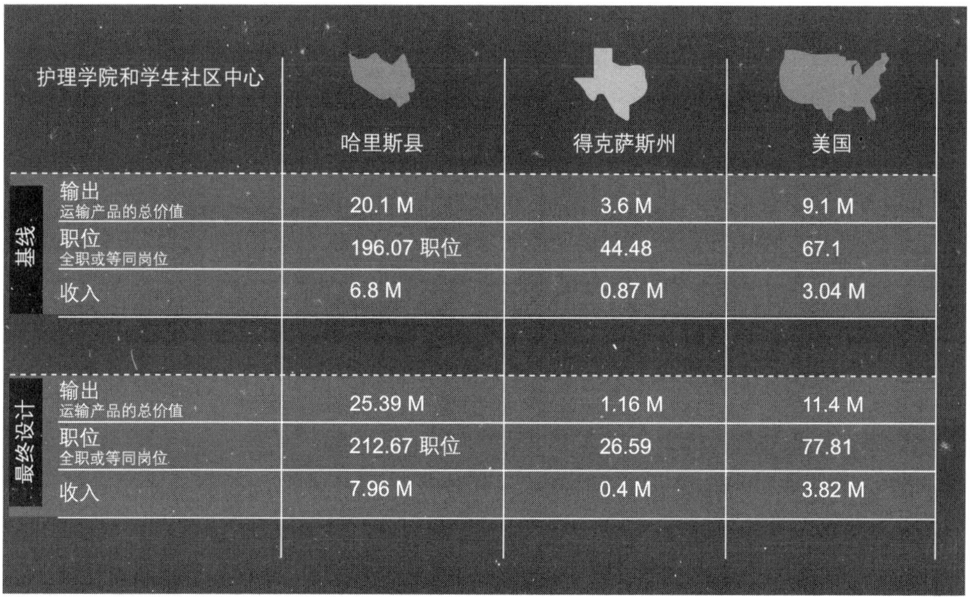

	护理学院和学生社区中心	哈里斯县	得克萨斯州	美国
基线	输出 运输产品的总价值	20.1 M	3.6 M	9.1 M
	职位 全职或等同岗位	196.07 职位	44.48	67.1
	收入	6.8 M	0.87 M	3.04 M
最终设计	输出 运输产品的总价值	25.39 M	1.16 M	11.4 M
	职位 全职或等同岗位	212.67 职位	26.59	77.81
	收入	7.96 M	0.4 M	3.82 M

图 6.28 利用 BaseLineGreen 分析 UTHSCH 护理学校项目优化选择利用本地材料和产品的影响（资料来自 BNIM Architects）

减少材料需求

项目团队用于降低项目对环境的负面影响和初始成本的最基本的方式是，详细检查和理解所使用的材料，要详细到每立方码或平方英尺的材料的用途。正如在第 4 章介绍的，在规划设计阶段就要考虑了：客户真的需要这多大的空间吗，整个建筑和每个房间都要这么大吗？

项目小组应该遵循上面的思路，认真考虑有关材料选择的决策。这些材料或产品对项目和项目的最终用户有什么用？会给他们带来好处吗？能为他们提供多种好处吗？例如涂成白色的外露结构，既不用再做吊顶装饰又可以提供很大的日光反射面。再或者外部遮阳装置本身又是结构构件。项目团队可以在很多地方展示他们的创意。

设置基线

我们的项目中已经确立了一个目标，即主要使用三种材料：

- 再生或回收的材料
- 回收材料或含有回收物的材料
- 本地生产的材料

虽然我们的建筑材料不可能只是在上述材料中选择，但会优先选择它们。例如，我们的项目要用到大量的混凝土。混凝土具有很高的内含能，但也是目前最广泛使用的建筑材料之一。混凝土的内含能体现在它的整个生命周期内：从开采和提炼，到把混凝土运到项目现场进行现场浇筑，或者是在某个地方做成预制件。波特兰水泥是混凝土的主要成分之一，需要花费大量的资源进行开采和精炼。波特兰水泥也是混凝土拌和料中内含能最高的材料。

用粉煤灰替代部分波特兰水泥可以降低混凝土的内含能。粉煤灰是燃煤发电厂的副产品，是一种无机不燃物。由于全国各地的煤电厂数量众多，因此粉煤灰作为混凝土拌和料的添加剂可能在当地就有。

在我们的示例项目中，选择了一些当地生产或回收的材料。这里要专门研究的是我们使用的混凝土，该项目的混凝土拌和物中粉煤灰的比例达到了 45%。

利用 BIM 选用可持续材料

现在，我们已经确立了目标。为了实现期望的混凝土配合比，BIM 模型能帮助我们做点什么？在项目设计的早期阶段，我们把所有的利益相关者召集到一起，与承包商和混凝土供应商确定了 45%的混凝土配合比。为了估算建筑的总造价和粉煤灰的用量，我们必须计算这两种材料的体积。

正如前面提到的，用电脑进行计算方便快捷。我们已经在 BIM 模型中确定使用混凝土作为主要建筑材料，地板、墙壁和地基等都采用混凝土浇筑。利用 BIM 模型，我们可以很方便地查询这些元素及其用量。由于在混凝土运输和浇筑过程中会有损耗，因此我们要与混凝土供应商或承包商讨论，确定需要额外增加的混凝土拌合料的数量。

许多 BIM 应用程序都具有创建动态表单的功能。在项目的设计和建造过程中，这些表单只需要创建一次，然后会根据进度持续更新。在我们的例子中，在 BIM 模型中创建动态表单后，可以在表单中增加混凝土构件（墙体、柱、楼板等），然后混凝土和粉煤灰的总量在表单中就会实时更新。

不同的应用程序有不同的表单创建方法。在我们的工作流程中，先前已经确定使用 Autodesk 系列的 Revit Architecture 软件，所以我们是基于此应用程序来建立工作流程的。

先要创建一个表单并确定参数。在程序中，没有表单可以用来具体计算混凝土的用量，所以要根据我们的参数创建一个。先选择一个表格，里面包含了模型中当前所有的初始构件，如门、墙、台柜、窗户等。显然这多于我们的需要，所以要过滤掉不需要的内容，并在里面增加一个表来计算混凝土中粉煤灰的用量。

利用基本表选择需要的内容，选择“材料：产品名称”和“材料：体积”（图 6.29）。

现在，因为我们不能把粉煤灰直接添加到混凝土材料中，可以选择创建一个自定义字段来实现。这类似于我们在 Excel 或其他电子表格应用程序中的处理方法。用于计算粉煤灰在混凝土中的比例的公式如下：

体积（混凝土）× 0.12（波特兰水泥在混凝土中的量）× 45%（用于替代水泥的粉煤灰的量）

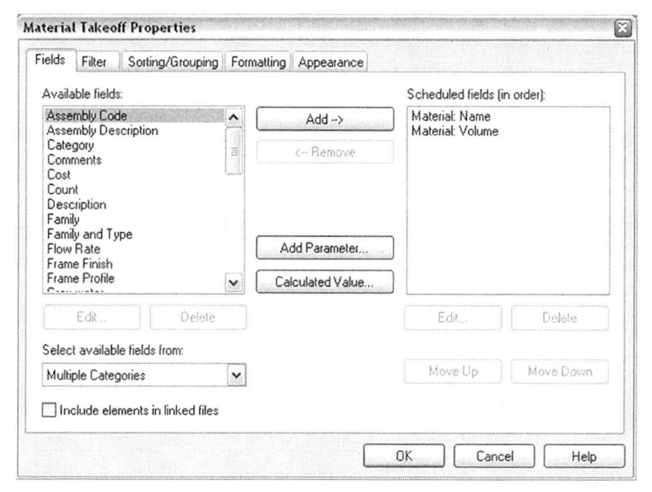

图 6.29 选择材料

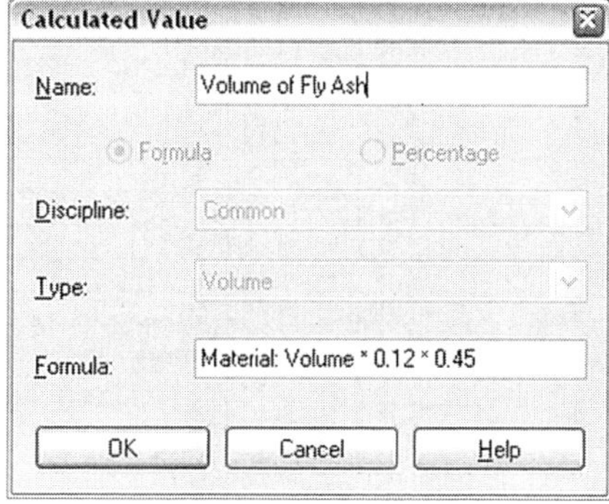

图 6.30 计算粉煤灰用量

图 6.30 展示了我们是如何在模型中操作的。

正如前面提到的，除了混凝土，我们要过滤掉表中所有的内容，否则系统会认为我们是给模型中的所有材料添加粉煤灰。通过选择“只”过滤含有混凝土的材料，我们可以创建仅限于该材料（图 6.31）的动态表单。

最后，我们选择了“计算总量”复选框，来计算模型中水泥和粉煤灰的总量（图 6.32）。

现在，单击 OK（确定），就会显示出图 6.33 所示的表格。表格中的数据显示项目需要的混凝土总量和粉煤灰的用量。由于在整个设计过程中，建筑模型会发生变化，这些最后的数字也会发生相应的变化，所以设计人员要保证能够让承包商和混凝土供应商及时了解到这些变化。

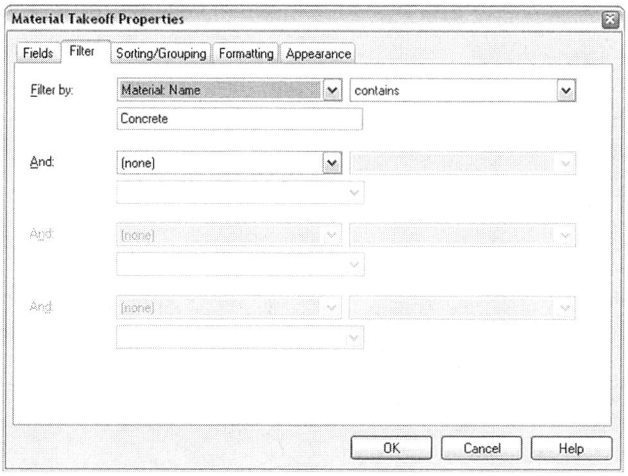

图 6.31 过滤掉不需要的材料

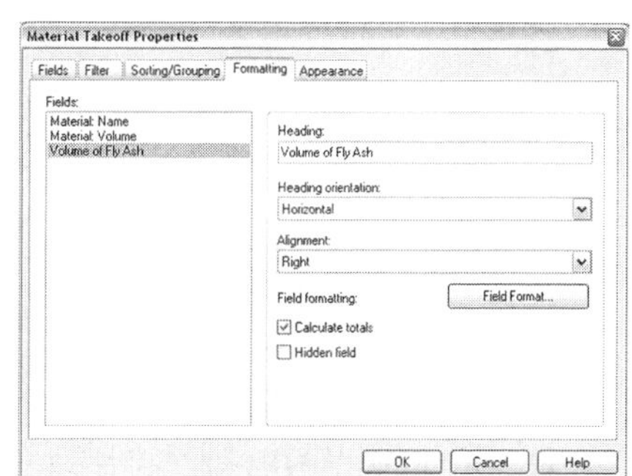

图 6.32 设置最终参数

混凝土		
材料名称	材料数量（立方英尺）	扬尘数量（立方英尺）
混凝土 — 现浇混凝土	258.04	13.93
混凝土 — 现浇混凝土	210.28	11.35
混凝土 — 现浇混凝土	239.44	12.93
混凝土 — 现浇混凝土	66.89	3.61
混凝土 — 现浇混凝土	805.50	43.50
混凝土 — 现浇混凝土	230.04	12.42
混凝土 — 现浇混凝土	700.39	37.82
混凝土 — 现浇混凝土	86.00	4.64
混凝土 — 现浇混凝土	272.33	14.71
混凝土 — 现浇混凝土	4286.46	231.47
混凝土 — 现浇混凝土	477.20	25.77
混凝土 — 现浇混凝土	230.29	12.44
混凝土 — 现浇混凝土	191.17	10.32
混凝土 — 现浇混凝土	258.04	13.93
混凝土 — 现浇混凝土	5102.40	275.53
混凝土 — 现浇混凝土	0.00	0.00
混凝土 — 现浇混凝土	537.95	29.05
混凝土 — 现浇混凝土	13.70	0.74
混凝土 — 现浇混凝土	13.88	0.75
混凝土 — 现浇混凝土	13.88	0.75
混凝土 — 现浇混凝土	12.33	0.67
混凝土 — 现浇混凝土	211.37	11.41
混凝土 — 现浇混凝土	19.87	1.07
混凝土 — 现浇混凝土	12.89	0.70
混凝土 — 现浇混凝土	10.96	0.59
混凝土 — 现浇混凝土	10.96	0.59
混凝土 — 现浇混凝土	10.96	0.59
混凝土 — 现浇混凝土	10.96	0.59
混凝土 — 现浇混凝土	10.96	0.59
混凝土 — 现浇混凝土	10.96	0.59
混凝土 — 现浇混凝土	18527.22	1000.47
总计：31	32843.34	1773.54

图 6.33 粉煤灰最终分析

使用 BIM 模型优化材料应用的另一种方式

现在，我们已经知道了如何在 BIM 模型中追踪这种类型的数据。还有什么其他方法可以设计出更可持续的方案吗？可持续设计不是一个一成不变的过程。您用于设计这个项目方法，可能并不适用于其他项目。每个设计都需要我们有一定的思想和创造力水平，以发挥其所有潜能。

还有一个不同的例子，我们最近设计了一个位于美国中西部地区的大型写字楼。该建筑不是位于市区，而是位于一块未开发的耕地上，占地面积很大。通过与承包商和勘察小组的通力合作，我们发现该场地内存在下卧岩层，且岩层顶标高起伏较大。利用 BIM 模型，我们模拟了岩层，并创建了该岩层和建筑结构基桩之间的参数关系。利用该参数关系，基桩可以动态延伸或缩短，以使其嵌入岩层。通过在不同的方向上移动建筑物 10 或 15 英尺，我们得以优化建筑物的位置和结构桩的长度。在对建筑物进行定位的过程中，我们使用一个类似的动态表单，跟踪混凝土的用量和结构桩的长度。通过优化结构桩，我们实现了对资金和能源的双重节约。

第 7 章

BIM 与可持续设计的未来

到目前为止，BIM 的应用还主要集中在利用三维模型改善图纸产品。事实上，BIM 的真正前途在于它在整个项目中的应用，特别是在改进建筑性能方面的应用。

——技术行业分析师杰里・莱瑟琳

要想使得可持续设计的解决方案效果更显著且更容易实现，BIM 和可持续设计必须做到完美结合，但这种结合的实现尚需时日。我们已经认识到，在设计领域，通过广泛沟通和知识管理能激发出更好的设计，而这样的设计有助于我们最大限度地降低碳排放，从而为创建一个更加健康的地球家园作出贡献。为了更好地实现这些目标，在本章中，我们将讨论我们还需要做些什么。

与 BIM 一起前行

BIM 的应用还处于起步阶段。BIM 的未来以及我们向自然学习的意愿，可以帮助我们更快速地迈向一个可持续发展的未来：一个恢复本来面貌的世界，一个健康的地球。

如果我们不改变工作、生活和娱乐方式，我们就没有前途，没有未来。如果我们愿意改变，那么有几件事情是不可避免的。

参数化建模将远远超越对象和组件之间的映射关系（图 7.1）。设计师必须了解当地气候和地域特点，模型中也必须包含此类信息。模型中还应该包括建筑类型、隔热值、太阳能得热系数和结构构件等信息。通过模型，设计团队能够了解到他们的选择会对上游和下游产生什么样的影响。建筑模型建好后，设计人员立刻就能看到他们选择的建筑朝向和建筑围护结构对设备系统规模的影响，可以分析设计方案对于《美国残疾人法案》（ADA）的合规性和其他与法律相关的问题，可以计算降雨量，确定雨水蓄水池的大小以满足建筑物和景观灌溉的用水需求。BIM 模型是一个完整的系统，可以实现与建筑关键信息的交互，因此所有系统之间的设计集成和数据反馈是即时的。建筑物投入使用以后，BIM 模型将有机会创造建筑使用状况和建筑生命周期信息的反馈回路。

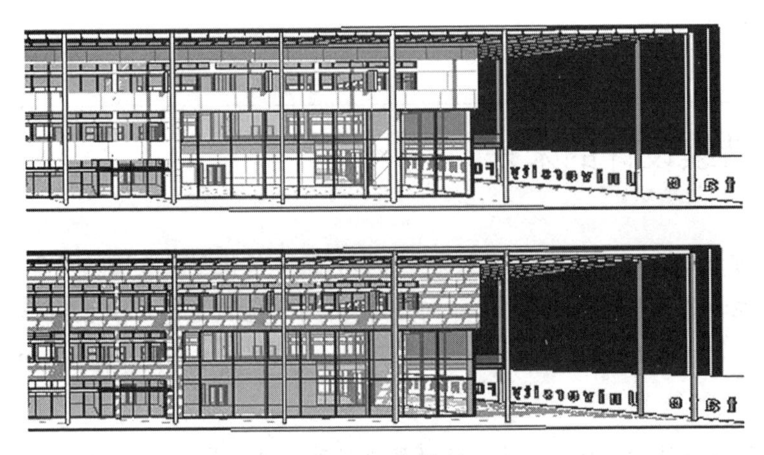

图 7.1 BIM 模型

但是，BIM 不会自己形成解决方案，这还需要我们依靠自己的努力，充分利用各种工具的优势来解决问题。通过使用 BIM，我们能够把零散的、非智能化的文件系统中的信息转移到一个集中的，并且几乎能在瞬间将参数模型数据分析完毕的文件系统中。在传统系统中，除非打印出来，个别图纸和线条没有任何价值；而利用 BIM，模型内部不同组件之间的信息可以实现互通，这样团队成员就可以综合掌握各种信息，而且文件的形成过程也需要设计团队的沟通和融合。如果我们选择面对设计的终极挑战，即实现人与自然以及建筑与环境的融合，那么我们需要重新思考自己实践的态度。

把 BIM 作为实现整合的工具

尽管已经发展了几十年，但是当今世界上最低效，且最浪费资源的设计过程可能还是通过二维抽象（图纸），把三维视觉（设计）转换成三维现实（建筑物）。近几十年来，建筑师们一直在争论二维图像的制作技巧（线条粗细、页面组合，以及图集组织），他们把大部分时间用在信息协调上，而不是用在设计的深化和质量上。BIM 的出现是一次飞跃，是设计领域的变革与创新，BIM 的使用意味着一个可持续发展的未来世界，其整合能力贯穿于整个设计过程中。

真正可持续性的一项基本原则

真正的可持续设计的一项基本原则是实现所有的建筑系统之间，以及这些建筑系统与外部经济和环境的整合。当整个设计团队能够共享和使用三维虚拟模型（图 7.2）衡量每个人的工作对整个建筑的影响时，真正整合一下子变得更加真实和必要。

但在今天的 BIM 世界，大部分新生代的设计方法刚刚萌芽，有的已经在成长。例如，在信息协调方面，结构和设备模型现在可以与建筑学模型进行交互。在这个虚拟模型内部，系统协调更准确，更流畅，因而不再需要昂贵的现场协调。然而，正如我们前面看到的，我们还不具

图 7.2 三维虚拟模型（图片来自 BNIM Architects）

备利用软件对真正可持续设计的所有关键环节进行建模和分析的能力。我们只能是把 BIM 模型数据导入到不同的虚拟世界（或软件程序），设计团队再利用从虚拟世界里获取的反馈信息对设计进行相应的调整。另外，材料和系统的选择对环境的影响仍然是以传统的目录和手册的形式进行收集和整合，然后再输入到模型中去。如果利用 BIM，这些参数可以被嵌入到模型内。

由于设计和建造团队正逐渐向完善并纯净的 BIM 世界靠拢，从概念设计到后期入住，我们都可以看到平台和应用程序之间真正的互用性。下一步是要获取重新创建和预测真实的物理环境的能力，使得我们能准确预测光从墙面和桌面上的反射量，精确地模拟房间内冷或热空气的流动，或直观地显示出一个房间内的声音振动。今天，我们只能适时地做一些“快照”（图 7.3），但在未来的 BIM 以及自然环境的模拟中，BIM 模型会根据模拟的物理环境做出反馈，而我们将可以看到上述现象动态变化的全过程。

图 7.3 9 月 21 日下午 3 时，中庭空间的采光研究（图片来自 BNIM Architects）

与可持续设计共同前行

近年来，从一些主流媒体（如电视、电影、期刊和流行文化）的报道可以看出，越来越多的人理解并接受了全球变暖现象。由于建筑是温室气体排放的主要来源，而且我们所使用的建筑材料和产品的内含能对于建筑的整个生命周期来说就等于很高的碳排放量。因此，我们作为设计者和建设者应承担实施变革的责任。为了让地球更适于居住，需要努力使我们的建筑环境更加具有可持续性。

我们不能只是关注建筑某个构件的个体标准，也不能只是关心建筑使用了多少可回收利用的材料，我们应该为建筑的建设和后期运维设定更低的碳排放标准。除此之外，我们还要确定建筑内部的空气是否健康，而不只是关注建筑的形式和色彩。未来，对建筑设计好坏的判定标准将不是您利用最新发明在多大程度上给自然打下了人类存在的烙印，而是您在多大程度上把建筑与自然融为一体。

然而，我们希望建筑能成为生态系统内在的一部分，而不仅仅是存在于生态系统之中。可以想象，每有一个愿意接受这种挑战的业主、设计师、承包商或用户，很可能有比他们多十倍的人还没有真正理解建筑对环境的影响。所以，我们作为行业的领导者必须继续加大宣传教育的力度，创造新的机会，向社会普及相关知识。

最重要的是，要看我们能否针对不同的建筑类型和气候状况，利用示范绿色建筑的工程实例给世人以启迪。我们要以身作则，引领市场转型。在不久的将来，必定会有大量的真正的可持续建筑问世。

以身作则

美国绿色建筑委员会（USGBC）（www.usgbc.org）在“2007年绿色建筑”（图7.4）会议上，在近23000人面前承诺，生命周期分析将是下一版“能源与环境设计先锋奖”评级系统（LEED V.3.0）的主要组成部分。此外，权重体系是LEED v.3.0的一个新亮点，于是采用现场可再生能源和采用自行车停放架，不再会使一个项目获得相同的分数。再者，新版评级系统还针对生态区域的概念增加了4项评分标准，主要是因为人们认识到生态区域的具体问题和相应的解决方案具有很高的价值。

2006年3月，当BNIM建筑事务所设计的“Liwis和Clark州立办公楼”获得白金评级时，美国绿色建筑委员会的所有LEED项目中，获得白金认证的还只有17个。但是在接下来短短的18个月内，LEED白金认证项目就达到64项，增加了近3倍。2007年10月下旬，Aldo Leopold遗产中心获得了所有白金认证建筑的最高得分——61分，成为地球上最环保的建筑，也就为下一年及以后的建筑设定了一个新的基准。在评级过程中，该建筑在8项评分标准中没有得分，而这8项中有5项不适用于该建筑，因为该“中心”不位于市区，而且也没现成的建筑可以被回收利用。

图 7.4 在 2007 年绿色建筑大会上，人们排队等候 Paul Hawken 的主题演讲（图片来自 Brad Nies）

“建筑 2030”计划

“建筑 2030”计划（www.architecture2030.org）正日益受到人们的关注。据“建筑 2030”行动方案，来自 47 个国家的超过 25 万人参加了 2007 年举办的“2010 年势在必行宣讲会”。2007 年 10 月 18 日，加州公共事业委员会通过了一项决定，要求加利福尼亚州的投资者拥有的公用工程准备“2009—2020 年全州能源效率战略规划”。该决定指出，全州所有新建的住宅楼应于 2020 年达到净能量消耗为零，而所有新的商业楼宇则要在 2030 年达到净能量消耗为零。

社会上有越来越多的工具可用来了解“建筑 2030”中提出的基准和目标，因此，满足它们可能会成为一个普遍的要求。2007 年，笔者有机会参观了位于得梅因以北的艾奥瓦州市政公用事业协会（IAMU）的办公楼和培训大楼（图 7.5）。这栋面积达 12500 平方英尺的建筑，每平方英尺仅消耗 28.7 千英热单位（KBTU），这使得它能够满足“建筑 2030”对 2010 年建筑的要求。而该建筑早在“建筑 2030”提出之前的 2000 年就已建成。

我们在自己的项目中，为满足“建筑 2030”的基准和目标而进行的流程和对话越来越多（图 7.6）。2007 年，在我们参与的 30 多个项目中，我们针对每个项目都拿出一定的时间来探讨这些问题。

生态建筑挑战

在“卡斯凯迪亚生态建筑挑战计划”（www.cascadiagbc.org/lbc）的基础上，首届“生态建筑挑战”于 2007 年开始。本次大赛有两大类：第一，“跳板奖”——用于奖励那些只是满足

图 7.5 IAMU 的办公楼和培训大楼（图片来自 Jean D.Dodd）

了 16 项要求中的一个或几个要求的项目；第二，"入围奖"——用于奖励那些虽然尚在设计过程中，但是打算满足所有 16 项要求的项目。根据卡斯凯迪亚地区绿色建筑委员会（Cascadia GBC）提供的信息，2007 年有十个项目提名"入围奖"，但最终的赢家是欧米茄中心的"可持续生态 Omega 研究所"。卡斯凯迪亚 GBC 公司的首席执行官 Jason McLennan 在"2007 年绿色建筑"大会上宣布获奖者的同时，也宣布举行"居住地和基础设施挑战"活动，把真正的可持续设计推广到建筑领域之外。

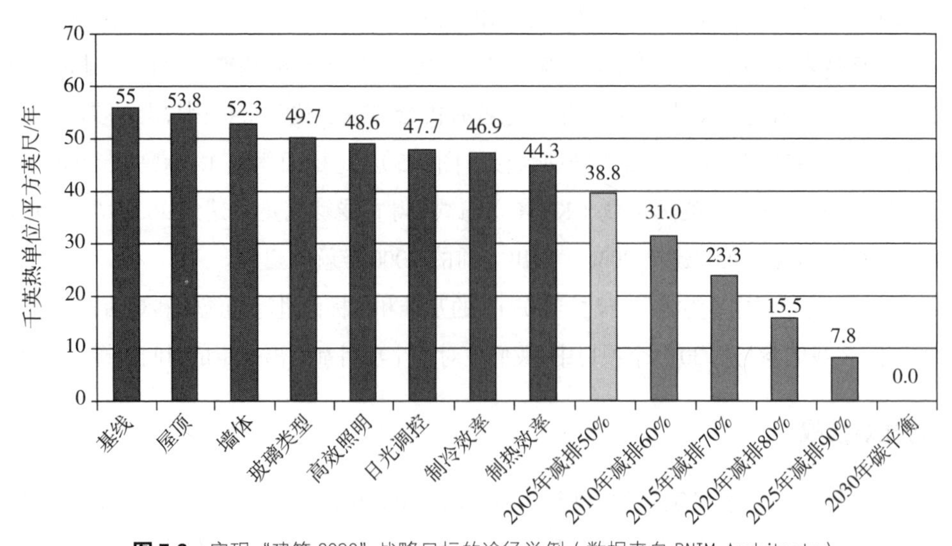

图 7.6 实现"建筑 2030"战略目标的途径举例（数据来自 BNIM Architects）

Omega 研究所——可持续生态中心

2006 年，欧米茄研究所委托 BNIM 建筑事务所，在 4.5 英亩的土地上设计一个新的占地面积为 5300 平方英尺的工厂，作为一个新的高度可持续废水过滤设施。该项目的主要目标是通过使用替代处理方法，彻底改变位于纽约州莱茵贝克镇上的大学校园的废水处理系统。大学校园占地面积 195 英亩。作为欧米茄研究中心废水创新处理策略的一部分，该项目对于研究所的来访人员、内部员工以及当地社区都很有教育意义。因此，Omega 决定在一栋有许多房间和一个教室 / 实验室的建筑内展示该系统。处理后的水除了用于花园灌溉之外，存储在一个灰水回收系统内，Omega 把该系统和建筑作为他们教育计划中的教学实例，这些教育计划主要是围绕着他们系统的生态影响而设计的。这些课程将提供给校园游客、当地的中小学生、大学生以及其他当地社区居民。

该项目的初步工程设计工作，是由 Chazen 公司（的土木工程师）和 John Todd 生态设计公司（的污水处理工程师）完成的。前期考察对于整个设计团队在建筑和场地的初步设计是非常宝贵的。整个设计团队包括 BNIM 建筑事务所、环境保护设计论坛、Tipping Mar 及其合伙人结构工程设计公司、BGR 咨询工程师公司、Chazen 公司、John Todd 生态设计公司和 Natural Systems International 公司。

为了实现客户的愿景和项目目标，设计团队首先从基础设计入手，设法降低整个建筑的能源和水资源需求，然后试图采用适当的技术，努力减少或消除项目对环境的负面影响。通过整合所有的设计和工程专业，项目团队制订出协同解决方案，实现了这一目标。

该建筑的设计旨在满足美国绿色建筑委员会的 LEED 白金级标准，并作为生态建筑通过“卡斯凯迪亚 GBC 的生态建筑挑战”获得认证。项目的目标之一是使之成为首屈一指的生态建筑，即使不是在全国范围内，至少在该地区是最好的。为了达到这个目的，整个设计和施工过程依靠来自于废水处理、土木工程、景观设计、设备和结构设计等领域的高度协作的专家团队来完成，他们都拥有高性能建筑的设计和建造经历。通过定期的团队会议和工作过程中的协作，由 BNIM 领导的团队的目标是创作出一个高度整合的设计，最终建造出高度整合的建筑和场地，无论有没有“生态建筑”这个称号。

在项目设计过程中，BNIM 建筑事务所、Tipping Mar 及其合伙人结构工程设计公司以及 BGR 咨询工程师公司都使用了 BIM 模型。但是，BNIM 是团队成员中唯一能够形成完整 BIM 文档的。

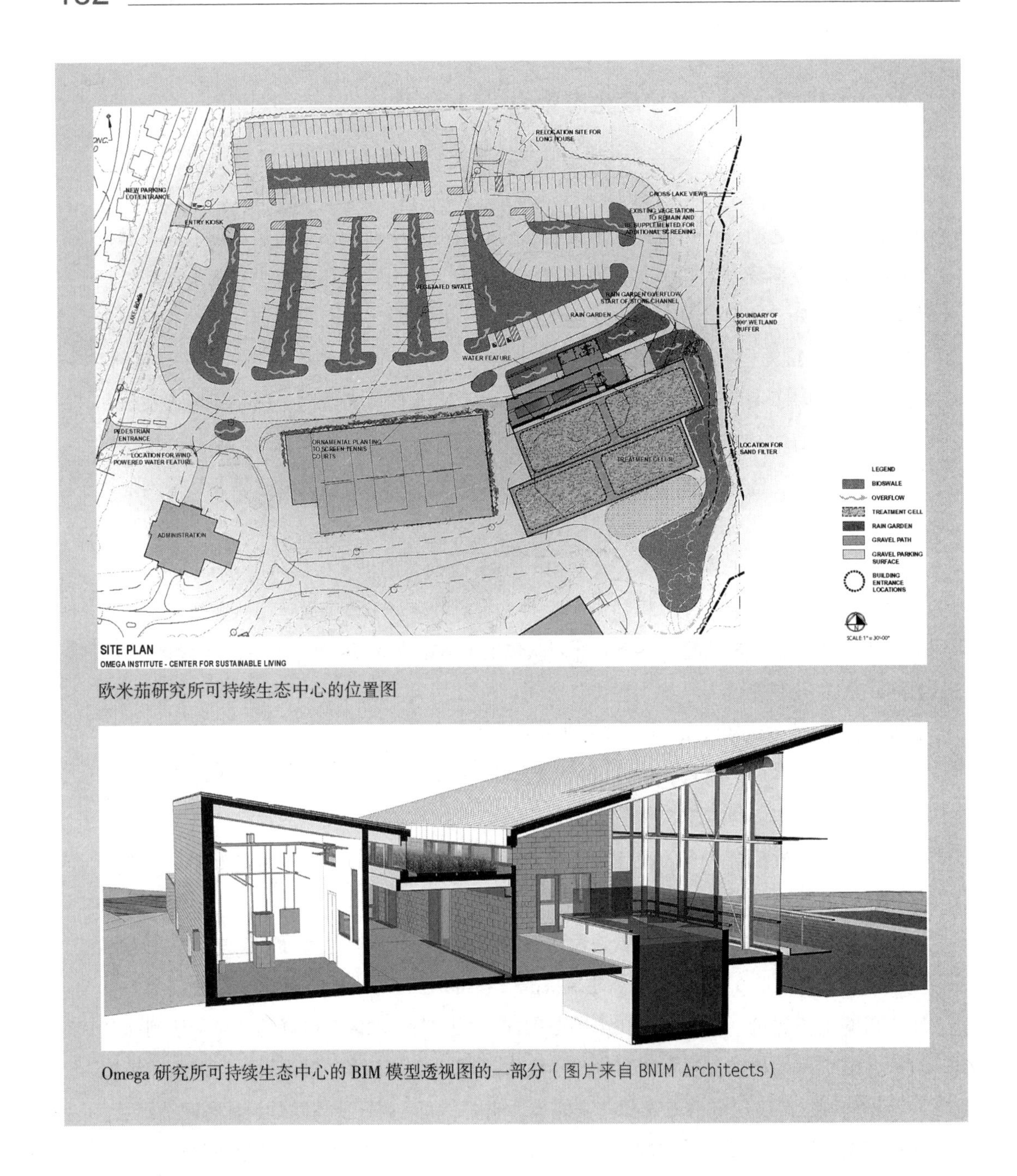

欧米茄研究所可持续生态中心的位置图

Omega 研究所可持续生态中心的 BIM 模型透视图的一部分（图片来自 BNIM Architects）

资助绿色设计

资金将继续作为绿色建筑行业向前迈进的一个关键问题。尽管大量的研究（例如那些在第 1 章中提到的）表明，绿色建筑的成本可以控制在高于市价 6%以内，但是其初始成本仍然是推广绿色建筑的一大障碍。另外，开展绿色建筑研究也需要资金。在“2007 绿色建筑”大会期间，卡内基 - 梅隆大学建筑学院的 Vivian Loftness 教授（美国建筑师学会资深会员），道出了关于绿色建筑研究的一些惊人事实：根据美国绿色建筑委员会（USGBC）研究委员会编制的统计数据，只有0.21%的联邦研究经费花在了资助绿色建筑的研究上，而前两名的联邦研究资助领域分别是国防（57%）和健康（23%）。Loftness还宣布，2008年美国绿色建筑委员会将出资100万美元用于此项研究。

就像许多非银行金融机构投资数十亿美元研究应对全球气候变化的举措一样，更多的研究资金将会来源于积极的行动：2007年3月，美洲银行宣布推出一项为期10年，耗资200亿美元的行动计划；2007年5月，花旗银行宣布推出一项为期10年，耗资500亿美元的行动计划，重点是研究可再生能源和清洁技术的发展和市场供应情况。这样的投资将通过贷款、融资、慈善和创造新的产品和服务，促进环境可持续实践的发展。

全球非政治团体，如克林顿气候行动计划（CCI）（http://www.clintonfoundation.org/cf-pgm-cci-home.htm），将在绿色建筑及其资金来源方面扮演重要角色。该网站称：

> 克林顿总统长期致力于保护环境，他于2006年8月发起“气候行动计划克林顿基金会”，旨在采用面向企业的方法，以实际的、可衡量的和有效的方式应对气候变化。在第一阶段，CCI与世界各地的城市合作，努力减少温室气体排放。

实施CCI的40个城市包括：亚的斯亚贝巴，雅典，曼谷，北京，柏林，波哥大，布宜诺斯艾利斯，开罗，加拉加斯，芝加哥，德里，达卡，河内，香港，休斯敦，伊斯坦布尔，雅加达，约翰内斯堡，卡拉奇，拉各斯，利马，伦敦，洛杉矶，马德里，墨尔本，墨西哥城，莫斯科，孟买，纽约，巴黎，费城，里约热内卢，罗马，圣保罗，首尔，上海，悉尼，东京，多伦多和华沙。在http://www.c40cities.org网站上，您可以找到更多信息。2007年11月7日，在芝加哥举行的“绿色建筑”大会上，美国总统克林顿推出了全新的绿色学校计划。该计划与美国绿色建筑委员会合作，出资50亿美元，用于对美国现有的校园进行升级改造。

变革的机遇

近期出现的各种整合模式表明，许多不同但相关的学科有殊途同归的趋势。从技术层面上来讲，我们可能已经拥有了实现这种整合所需要的信息和工具，但必须从全球的高度，重新审视我们的资源消耗及其对环境的影响。利用现有的工具和人类智慧，我们可以团结起来，高效地共同重建一个可持续发展的地球，一个适宜人类居住的地球，甚至能使地球重新充满活力。要实现这一目的首要的一点就是，作为人类的我们要向大自然学习——从根本上愿意去改变。

利用BIM和整合设计工具，我们可以更好地预测设计会对地球产生什么样的影响。在真正开始建造之前，通过创建虚拟建筑，我们可以实现：

- 提高生产效率，降低人力消耗

- 减少专业及职业之间的冲突
- 缩短工期
- 降低复杂度相关的成本
- 降低设计者和制造者之间因沟通不畅造成的信息 / 意图丢失
- 减少材料浪费
- 减少错误和遗漏
- 增强快速测试许多不同复杂选项的能力
- 提高量化和测试变量的能力
- 提高制造精度
- 提高生产力和工作效率
- 促进沟通与协作
- 增加突破性和恢复性解决方案的机会

这些目标都是使建筑环境更具可持续性的解决方案的一部分。利用BIM可能能够实现这些目标。虽然这些目标都很美好，但是它们也含糊不清，不能很好地量化。BIM和可持续性设计之间的统一，什么时候能够实现？建筑行业应该专注于哪些对建筑环境影响最大的设计元素？

BIM的未来

我们可以采用多种方式利用BIM来创造一个更加可持续的世界。由于BIM的使用过程变得越来越整合化，许多解决方案将变得更加透明。为了实现这一目标，我们必须在对环境有最大和最直接影响的领域，进行改革和创新。当然，事情并不能一蹴而就。我们希望目前的努力方向是那些具有最大的初始影响的领域。下面列出的是我们认为，为了实现可持续的建筑环境，必须首先着眼革新的领域：

软件之间的兼容性——BIM是建筑几何尺寸的重要来源。它包含建筑在结构、机电和建筑学方面的思想和概念，是完工项目的三维数字化形式。然而，要成为一种理想的分析工具，它还有很长的路要走。一种工具不可能是无所不能的——实现更好的可持续解决方案，最主要和最明显的需求是BIM软件之间需要有更好的兼容性。分析软件已经在许多领域内得到广泛的应用，如成本、人力、能源、舒适度、采光和生命周期分析，而且分析软件的应用范围会继续扩大。把建筑的几何形状和必要的辅助数据从BIM模型中转移到分析软件内的能力是至关重要的。根据我们自己的项目和性能分析，我们发现，用于创建和分析能耗模型所花时间的50%，都用于在新程序中进行单纯的几何建模。图7.7显示了两个能耗建模程序所花费的时间的比较。第一栏表示的是几何模型重建所花费的时间；第二栏表示将信息添加到能耗模型（如建筑物负荷、用户等）所需用的时间；第三栏代表计算机运行该分析所需要的时间。如果第一步能够被跳过去，那么仅能耗分析的设计迭代次数就有可能翻倍。

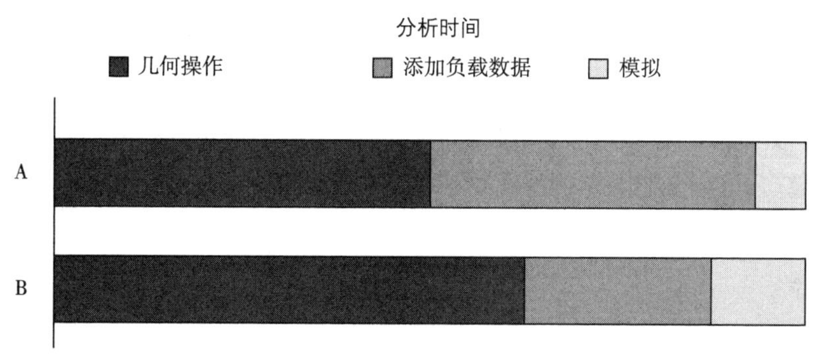

图 7.7 能量消耗分析时间比较

拥有了把变量数据从 BIM 模型转移到分析软件的能力才只是个开始，真正有价值的是能够把分析软件修改过的数据，再导回 BIM 模型中。

设计师对 BIM 模型的更多投入——随着建筑领域越来越趋向于采用可持续解决方案，设计师需要的知识也要跟着不断变化。设计工作不再仅仅是选择一面墙上是否要有玻璃那么简单。玻璃的类型、建筑朝向，以及在不同气候条件下建筑物接受阳光直射或处于阴影中的时间长短等，都是设计出精品建筑的关键因素。

设计人员不仅要懂得玻璃装配对建筑的热性能和视觉特性的影响，并且还要清楚它对建筑内的空间质量有何影响。另一个例子是，我们需要清楚不同类型的坐便器的流量，以便计算蓄水池的尺寸，用于收集和再利用雨水。同样，我们也需要了解构成我们建筑的其他系统的性能。目前，BIM 还不具备跟踪查看能量消耗、用水和照明效率的能力。能够把这些指标直接输入建筑设计模型，将成为利用未来的设计工具进行迭代设计的必备能力。如果设计师能够熟练掌握 BIM 应用程序，他或她则可以利用自定义的方法让 BIM 包含这些信息。图 7.8 显示的是一款商用坐便器的性能参数，其中包括流量和灰水复选框，这样，这些数据就可以被跟踪和调用。

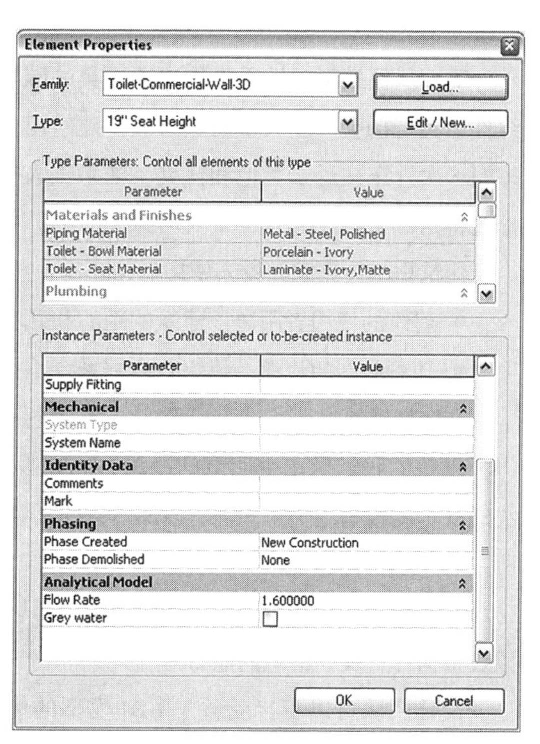

图 7.8 元素参数

现在，市场上有许多地方可以查到这些信息。大部分规模较大的建筑材料制造商都会在他们的网站上开辟一块区域，用于介绍他们在可持续发展方面所做的工作。此外，其他一些网站也为您提供此类数据的整合服务，如国际玻璃装配数据库（http://windows.lbl.gov）和 USG 的有关墙面和吊顶材料的网站（http://www.usgdesignstudio.com）。这两个网站可以为您的设计团队提供材料的透光率、反射率及其他材料特性。然而，直到现在，这些特性的重要性在设计行业也没有引起足够的重视。一些应纳入 BIM 模型中的元素及材料的特性如下：

- 光反射率
- 透光率
- 太阳能得热系数
- R 值（或 U 值）

这四个值将有助于直接从建筑信息模型创建能源消耗和采光模型。

碳排放核算整合——目前还没有整合的软件解决方案能够在项目设计阶段追踪建筑物的碳排放量。建筑物的碳排放量是目前用于衡量其可持续性的主要因素，因为建筑物碳排放贯穿整个施工和使用的生命周期。下列是造成建筑物碳排放的一些因素：

建筑材料的内含能——包括获取用于制造初级产品的原材料所消耗的能量，利用原材料生产出初级产品所消耗的能量，转移初级产品到特定地点进行装配所消耗的能量，把成品转移到建筑现场进行安装所消耗的能量。

建筑物建造过程中的碳排放——包括现场设备的碳排放，以及切割作业或所使用的材料造成的废气，如油漆或密封剂干燥时释放出的废气，用于粘接中密度纤维板或胶合板的胶释放出的废气。

工人从住处到工地乘坐的交通工具的碳排放——如果建筑组件是在场外制造的，把这些组件运到现场会产生大量的碳排放。建筑组件运到建筑现场往往是单程的，而建筑工人需要每周 5 次开车往返于工地和住处。如果工人住得较远，而建筑项目又较大，那么这部分的碳排放将是很大的。

建筑物建造完成并投入使用后，还有一些因素会增加碳排放，例如：

- 建筑的使用者距离该建筑的距离和开车时间长短
- 随着时间的流逝，建筑物内部系统运行效率的降低

在选择建筑场地（城市或郊区）、建筑材料和生命周期成本时，能够追踪建筑物的碳负荷，将可以帮助我们做出更明智的决策——在哪里取材和为什么要在那里取材。但是很多时候，我们根本就没有这方面的信息来帮助我们做出此类决定，因此我们的决策常常会被初始成本所左右。

快速计算——BIM 是一个数据库。与其他数据库一样，它具有追踪并计算元素的能力，以及根据计算反馈信息的能力。

设计团队可以直接受益于 BIM 模型的使用，但是当前还有几种计算方法无法直接利用 BIM 模型实现。在这里我们列出了其中的一部分：

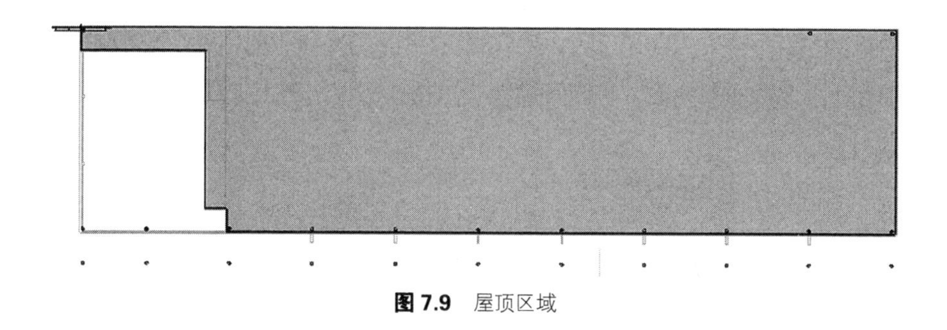

图 7.9 屋顶区域

屋顶面积计算——通过计算屋顶的规划面积（图 7.9），您可以直接把这个数据导入建筑物所在地区的雨水表中，这样您就可以获得从屋顶区域收集到的雨水量。然后，您可以将这个数字导入公式，计算出用于收集和再利用雨水的蓄水池的尺寸。此外，许多城市会对非块石铺装的路面依法征税，所得税款用于雨水治理。

同样，您还可以根据建筑朝向，计算可以用于光伏发电的屋顶面积。

窗－墙比——主要建筑朝向（图 7.10）上的窗－墙比报告，是有助于可持续设计的另一个关键计算。这种计算可以帮助设计人员平衡每个立面的热量吸收和可用日光量，从而使得设计与当地气候相适应。

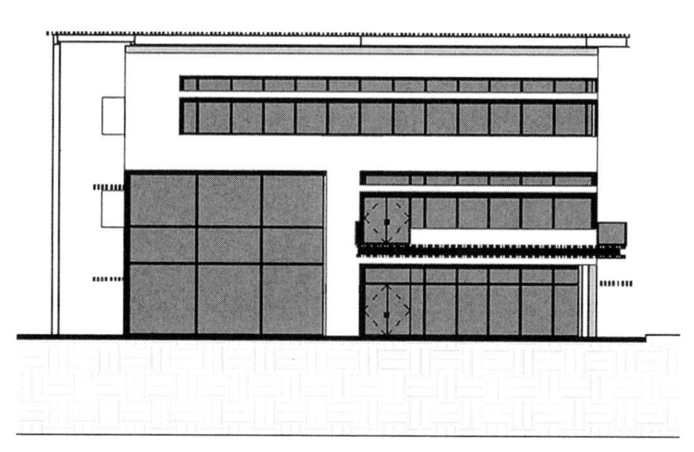

图 7.10 窗－墙比

西晒阳光影响最小化

在我们最近负责的一个项目中，团队的能耗建模师要求西立面只有 17%的面积装配玻璃。这个数值是计算出来的，在最大化采光的同时将中西部气候下午的西晒阳光带来的负面影响减到最小。设计团队必须创建自己的方案，然后手工计算每个立面的玻璃装配量。

气象数据的交互——在BIM模型中可以设置项目的经度和纬度位置（图7.11）。然后把该位置信息与网上气象数据相结合。许多环境统计数据都可以从网上下载。

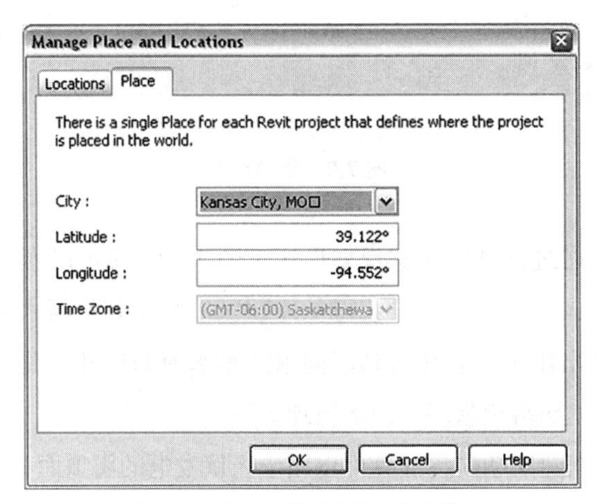

图7.11 在BIM模型中设置位置信息

最终的结果是使模型和设计师获取环境因素的信息，如风、雨和阳光，如图7.12。这也是在模型环境中创建建筑物周边的物理环境的第一步。

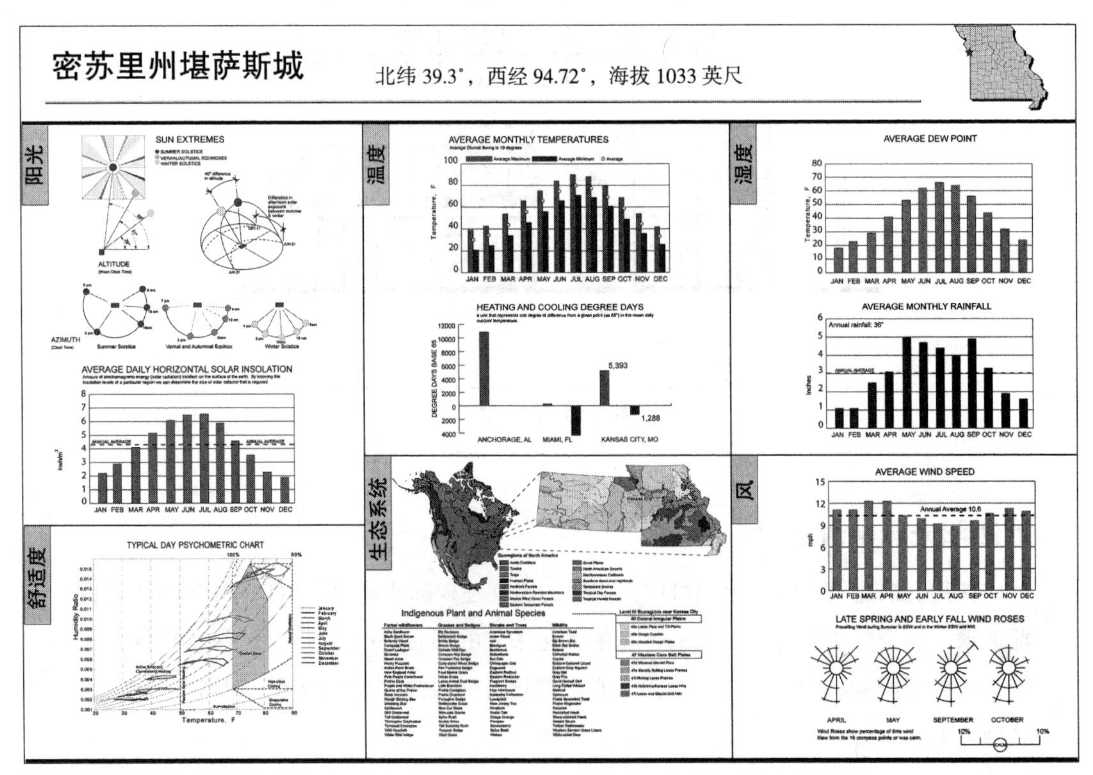

图7.12 了解当地的气候有助于减少对环境的负面影响，并提高用户的舒适度（图片来自BNIM Architects）

机遇

BIM 和可持续发展相结合的未来，可以让我们更自如地加速迈向一个得到修复的世界和更健康的地球。如果我们不改变工作、生活和娱乐方式，我们的前途将暗淡无光，没有未来。BIM 与可持续设计之间的关系无比重要，而且有几件事情是不可避免的。

参数化建模将远远超越对象和组件之间的映射关系。设计师必须了解当地气候和地域特点，模型中也必须包含此类信息。模型中还应该包括建筑类型、隔热值、太阳能得热系数以及项目对其所在地的社会经济环境的影响等信息。通过模型，设计团队能够了解他们的选择会对上游和下游产生什么样的影响。

建筑模型建好后，设计人员立刻就能看到他们选择的建筑朝向和建筑围护结构，对设备系统的大小和居住者舒适度的影响。项目屋顶能收集到的雨水量和太阳辐射值可以很容易就计算出，以确定雨水蓄水池和可再生资源系统的大小。未来的 BIM 模型可以完全实现与建筑物关键信息、气候信息、用户需求以及三重底线影响的交互，因此所有系统之间的设计集成和数据反馈是立竿见影并互惠互利的。建筑物投入使用以后，BIM 模型会形成建筑使用状况和建筑生命周期的反馈信息。

如果我们选择接受终极设计挑战——大自然与人类之间，以及建筑与自然环境之间的融合——我们需要重新思考我们对待实践的态度。

近期出现的各种整合模式表明，许多不同但相关学科的观点有殊途同归的趋势。从技术层面上来讲，我们可能已经拥有了实现这种整合所需要的信息和工具，但必须从全球的高度，重新审视我们的资源消耗及其对环境和社会公平的影响。利用现有的工具和人类智慧，我们可以团结起来，高效地共同重建一个可持续发展的地球，一个适宜人类居住的地球，甚至能使地球重新充满活力。要实现这一目的首要的一点就是，作为人类的我们要向大自然学习——从根本上愿意去改变。

英中名词对照表

A

activity level	活跃程度
American Institute of Architects（AIA）	美国建筑师学会
Americans with Disabilities Act（ADA）	《美国残疾人法案》（ADA）
amount of light	光量
Anasazi	阿那萨吉人
assemblies	组件
assembly	组件
Average Daily Horizon Solar Insolation	平均每日地平线太阳辐射
average monthly rainfall	月平均降水量
Average Rainfall	平均降雨量
azimuth angles	方位角

B

ballast	镇流器
base drawing	底图
biomass	生物质
BTU	英热单位
Building Envelope	建筑围护结构
building footprint	建筑物的形状边线
building mass	建筑体量
Building orientation	建筑朝向

C

carbon footprint	碳足迹
carbon offset	碳补偿
Cast-in-Place Concrete	就地浇筑混凝土
cistern	蓄水池

civic structure	城市结构
Climate Atlas of the United States	美国气候图集
Climate Consultant	气候顾问
climate zone	气候区
clock time	时钟时间
comfort level	舒适水平
comfort zone	舒适区
commitment	投入
Committee on Environment（COTE）	环境委员会
component	构件
computational fluid dynamics （CFDs）	计算流体动力学
computer numerical control（CNC）-routed door panel	电脑数字控制刳刨门板
contractor	承包商
cooling degree days	制冷度日数
cooling mode	制冷模式
cooling strategies	降温策略
cost benefit	成本效益
Critical Planet Rescue	拯救危险地球计划
critical thinking	判断思维
cumulative effects	累积效应
cut-in speed	切入风速

D

daylight autonomy	自主采光
daylight dimming	日光调光
design development	深化设计
Design iteration	设计迭代
drip irrigation system	滴灌系统

E

earthen material	土制材料
element	元素
embodied energy	内含能
end-grain block floor	粒块地板
energy collection	能量收集量

energy consumption methodology	能源消耗的方法论
Energy Flows and Energy Future	能量流和能源未来
energy load	能量负载
Energy modeling	能源建模
Energy performance matrix	能源绩效矩阵
Entry canopies	入口的檐篷
envelope construction	围护结构
environmental footprint	环境足迹
Environmental Resource Guide	环境资源指南
Equinox	春秋分日
estimator	概预算工程师
exterior views	外视图
external shading	外遮阳

F

façade	正面
facility group	设施团队
FFE	软装
first cost	生产成本
fixtures	用水设备
flashing	防水板
flat film collector	平板集热器
fly ash	粉煤灰
foot candle	英尺烛光（照明单位，指每英尺距离内之照度）

G

Glare	眩光
glass office tower	玻璃幕墙的办公楼
glazing factor calculation	玻璃因子计算法
Graywater	可再利用废水（灰水）
Green Building Council	绿色建筑委员会
Green Building Initiative	绿建筑倡议
Green Glazing	绿色玻璃
greenfield projects	绿地项目
gypsum board	石膏板

H

happiness	幸福度
Heat Islands(HI)	热岛
heating and cooling loads	供暖和降温负荷
heating degree days	供暖度日
heating degree days	供暖度日数
heating load	热负荷
heating mode	制热模式
high-carbon footprint	高碳足迹
hot return air	吹热回风

I

Illuminance	照度
Industry Foundation Classes(IFC)	工业基础类
insolation amount	日晒强度
integrated design	整合设计
interior layout	室内布局
involuntary muscles	不随意肌

L

Landscape materials	景观材料
Leadership in Energy and Environmental Design	能源与环境设计领袖
lifecycle assessment, LCA	基于全生命周期评估
Light reflectance	光反射率
Light to Solar Gain Ratio	光热比
Light transmittance	透光率
Living Building	生态建筑
long side of the project	项目的长轴面
Loose Fit	动配合
low-face velocity	低迎面风速
Luminance	亮度

M

mapping relationships	映射关系
mean daily outdoor temperature	日平均室外空气温度
Measures of Sustainable Design and Performance Metrics	可持续设计和性能度量标准

mental function 心智功能
metal deck 金属板
metal stud 金属立杆
Microculture 子文化
moist air 湿空气

N

narrow footprint 狭长足迹
natural convection 自然对流
non-water-based systems 无水系统

O

object 物体
operable windows 可操作窗户
Organizational culture 企业文化
organizational stakeholders 组织的利益相关者
overhead distribution system 悬挂配电系统

P

panel array 太阳能面板阵列
Parametric modeling 参数化建模
passive heating 被动式供暖
Passive solar 被动式太阳能
passive solar techniques 被动式太阳能技术
Perspective 透视图
photovoltaic electric system 光伏电力系统
photovoltaic panels 光伏板
Pilkington Sun Angle Calculator 皮尔金顿太阳角度计算器
postoccupancy 使用状况
predesign 设计前期
Prevailing Winds 盛行风
project iterations 项目迭代
Project Location dialog box 项目位置对话框
prototyping 原型设计
psychometric chart 焓湿图
Pueblo 普埃布洛印第安人

PV panels	光伏电池板

R

Rainwater harvesting	雨水收集
ready-mix concrete	预拌混凝土
recyclability	可再利用性
recycled content	再生成分比例
reheat system	回热系统
Renaissance	文艺复兴
rendering	渲染（模型）、透视图
runoff	径流

S

schedule of information	信息表
schematic design	方案设计
Scientific Advisory Group on the Environment	环境科学顾问组
screw	螺栓
sealant	填缝料
sedentary civilization	农业文明
sense of place	属地感
shading	遮阳效果
sheet rock	石板
solar access	太阳能利用率
solar collectors	太阳能集热器
solar exposure	日光曝晒
Solar Heat Gain Coefficient	太阳能得热系数
Solar heat gain	日照得热量
Spectrally Selective Glazing	光谱选择性玻璃
stack inducing elements	热压通风综合条件
stakeholder	利益相关者
standing seam roof	直立屋面
stud	铆钉
Sun angles	日照角数据
sun diagram	太阳图
sunshades	遮阳篷

sunshading	遮阳
sustainability	可持续性
sustainable	可持续的
Sustainable Built Environment	可持续建筑环境国际促进会
sustainable design	可持续设计
sustainable materials	可持续材料
sustainable strategy	可持续策略

T

Target Finder	目标搜索
The Energy Policy Act of 1992	《1992 能源政策法案》
thermal mass	蓄热体
thermal properties	热工性质
thermal resistance	热阻
Trajectory of Environmentally Responsive Design	环境响应式设计的轨迹
triple bottom line impacts	三重底线影响

U

U.S. Environmental Protection Agency	美国环境保护署
U.S. Green Building Council (USGBC)	美国绿色建筑委员会
U.S. Green Building Council (USGBC)	美国绿色建筑委员会
useful daylight illuminance	有益采光照度

V

Visual acuity	视觉灵敏度
Visual Light Transmittance	可见光透射率

W

walled perimeter office	无自然采光的办公室
Water harvesting	水收集
Water-free urinals	无水小便器
weighting system	权重体系
wind resistance	抗风性
workflow	工作流程
World Commission on the Environment and Development	世界环境与发展委员会

X

xeriscaping	旱生植物

附　英制 – 公制对照表

1 inch 英寸 =25.4 millimetres 毫米

1 foot 英尺 =12 inches 英寸 =0.3048 metre 米

1 yard 码 =3 feet 英尺 =0.9144 metre 米

1 (statute) mile 英里 =1760 yards 码

=1.609 kilometres 千米

1 nautical mile 海里 =1852 m. 米

Square Measure 面积

1 square inch 平方英寸 =6.45 sq.centimetres 平方厘米 1 square foot 平方英尺 =144 sq.in. 平方英寸

=9.29 sq.decimetres 平方分米

1 square yard 平方码 =9 sq.ft. 平方英尺

=0.836 sq.metre 平方米

1 acre 英亩 =4840 sq.yd. 平方码 =0.405 hectare 公顷

1 square mile 平方英里 =640 acres 英亩

=259 hectares 公顷

Cubic Measure 体积

1 cubic inch 立方英寸 =16.4 cu.centimetres 立方厘米 1 cubic foot 立方英尺 =1728 cu.in. 立方英寸

=0.0283 cu.metre 立方米

1 cubic yard 立方码 =27 cu.ft. 立方英尺

=0.765 cu.metre 立方米

Capacity Measure 容积

公制到英制换算

Linear Measure 长度

1 millimetre 毫米 =0.03937 inch 英寸

1 centimetre 厘米 =10 mm. 毫米 =0.3937 inch 英寸

1 decimetre 分米 =10 cm. 厘米 =3.937 inches 英寸

1 metre 米 =10 dm. 分米 =1.0936 yards 码 =3.2808 feet 英尺 1 decametre 十米 =10 m. 米 =10.936 yards 码

1 hectometre 百米 =100 m. 米 =109.4 yards 码

1 kilometre 千米 =1000 m. 米 =0.6214 mile 英里

1 mile marin 海里 =1852 m. 米 =1.1500 mile 英里

Square Measure 面积

1 square centimetre 平方厘米 =0.155 sq.inch 平方英寸 1 square metre 平方米 =1.196 sq.yards 平方码

1 are 公亩 =100 square metres 平方米

=119.6 sq.yards 平方码

1 hectare 公顷 =100 ares 公亩 =2.471 acres 英亩

1 square kilometre 平方公里 =0.386 sq.mile 平方英里 Cubic Measure 体积

1 cubic centimetre 立方厘米 =0.061 cu.inch 立方英寸 1 cubic metre 立方米 =1.308 cu.yards 立方码

Capacity Measure 容积

1 millilitre 毫升 =0.002 pint (British) 英制品脱

1 centilitre 厘升 =10 ml. 毫升 =0.018 pint 品脱

1 decilitre 分升 =10 cl. 厘升 =0.176 pint 品脱

1 litre 升 =10 dl. 分升 =1.76 pints 品脱

1 decalitre 十升 =10 l. 升 =2.20 gallons 加伦

1 hectolitre 百升 =100 l. 升 =2.75 bushels 蒲式耳

1 kilolitre 千升 =1000 l. 升 =3.44 quarters 八蒲式耳

Weight 重量

1 milligram 毫克 =0.015 grain 谷

1 kilogram 千克 =1000 g. 克 =2.205 pounds 磅

1 ton (metric ton) 吨，公吨 =1000 kg. 千克